『锐眼撷花』文丛

野莽 主编

为一个光棍说话

晓苏 著

中国言实出版社

图书在版编目（CIP）数据

为一个光棍说话 / 晓苏著 . -- 北京 : 中国言实出版社，2019.10
（“锐眼撷花”文丛 / 野莽主编）
ISBN 978-7-5171-3208-0

Ⅰ . ①为… Ⅱ . ①晓… Ⅲ . ①中篇小说－小说集－中国－当代②短篇小说－小说集－中国－当代 Ⅳ . ① I247.7

中国版本图书馆 CIP 数据核字（2019）第 210271 号

出 版 人：王昕朋
总 监 制：朱艳华
责任编辑：丰雪飞
责任校对：史会美
出版统筹：胡　明
责任印制：佟贵兆
封面设计：竹　子

出版发行　中国言实出版社

地　址：北京市朝阳区北苑路 180 号加利大厦 5 号楼 105 室
邮　编：100101
编辑部：北京市海淀区北太平庄路甲 1 号
邮　编：100088
电　话：64924853（总编室）　64924716（发行部）
网　址：www.zgyscbs.cn
E-mail：zgyscbs@263.net

经　销　新华书店
印　刷　北京中科印刷有限公司
版　次　2020 年 1 月第 1 版　2020 年 1 月第 1 次印刷
规　格　880 毫米 ×1230 毫米　1/32　9.5 印张
字　数　200 千字
定　价　39.80 元　ISBN 978-7-5171-3208-0

山花为什么这样红

——『锐眼撷花』文从总序

在花开的日子用短句送别一株远方的落花，这是诗人吟于三月的葬花词，因这株落花最初是诗人和诗评家。小说家不这样，小说家要用他生前所钟爱的方式让他继续生在生前。我从很多的送别文章里也像他撷花一样，选出十位情深的作者，自然首先是我，将他生前一粒一粒摩挲过的文字结集成一套书，以此来作别样的纪念。

这套书的名字叫“锐眼撷花”，锐是何锐，花是《山花》。如陆游说，开在驿外断桥边的这株花儿多年来寂寞无主，上世纪末的一个风雨黄昏是经了他的全新改版，方才蜚声海内，原因乃在他用好的眼力，将好的作家的好的作品不断引进这本一天天变好的文学期刊。

回溯多年前，他正半夜三更催着我们写个好稿子的时候，我曾写过一次对他的印象，当时是好笑的，不料多年后却把一位名叫陈绍陟的资深牙医读得哭了。这位牙医自然也是余华式的诗人和作家：

“野莽所写的这人前天躺到了冰冷的水晶棺材里，一会儿就要火化了……在这个时候，我读到这些文字，这的确就是他，这些故事让人忍不住发笑，也忍不住落泪……阿弥陀佛！”“他把荣誉和骄傲都给了别人，把沉默给了自己，乐此不疲。他走了，人们发现他是那么的不容易，那么的有趣，那么的可爱。”

水晶棺材是牙医兼诗人为他镶嵌的童话。他的学生谢挺则用了纪实体：“一位殡仪工人扛来一副亮锃锃的不锈钢担架，我们四人将何老师的遗体抬上担架，抬出重症监护室，抬进电梯，抬上殡仪车。”另一名学生李晁接着叙述：“没想到，最后抬何老师一程的是寂荡老师、谢挺老师和我。谢老师说，这是缘。”

我想起八十三年前的上海，抬着鲁迅的棺材去往万国公墓的胡风、巴金、聂绀弩和萧军们。

他当然不是鲁迅，当今之世，谁又是呢？然而他们一定有着何其相似乃尔的珍稀的品质，诸如奉献与牺牲，还有冰冷的外壳里面那一腔烈火般疯狂的热情。同样地，抬棺者一定也有着胡风们的忠诚。

一方高原、边塞、以阳光缺少为域名、当年李白被流放而未达的，历史上曾经有个叫夜郎国的僻壤，一位只会编稿的老爷子驾鹤西去，悲恸者虽不比追随演艺明星的亿万粉丝更多，但一个足以顶一万个。如此换算下来，这在全民娱乐时代已是传奇。

这人一生不知何为娱乐，也未曾有过娱乐，抑或说他的娱乐是不舍昼夜地用含糊不清的男低音催促着被他看上的作家给他写稿子，写好稿子。催来了好稿子反复品咂，逢人就夸，凌晨便凌晨，半夜便半夜，随后迫不及待地编发进他执掌的新刊。

这个世界原来还有这等可乐的事。在没有网络之前，在有了文学之后，书籍和期刊不知何时已成为写作者们的驿站，这群人暗怀托孤的悲壮，将灵魂寄存于此，让肉身继续旅行。而他为自己私定的终身，正是断桥边永远寂寞的驿站长。

他有着别人所无的招魂术，点将台前所向披靡，被他盯上并登记在册者，几乎不会成为漏网之鱼。他真有一双锐眼，撷的也真是一朵朵好花，这些花儿甫一绽放，转眼便被选载，被收录，被上榜，被佳评，被奖赏，被改编成电影和电视，被译成多种文字传播于全世界。

人问文坛何为名编，明白人想一想会如此回答，所谓名编者，往往不会在有名的期刊和出版社里倚重门面坐享其成，而会仗着一己之力，使原本无名的社刊变得赫赫有名，让人闻香下马并给他而不给别人留下一件件优秀的作品。

时下文坛，这样的角色舍何锐其谁？

人又思量着，假使这位撷花使者年少时没有从四川天府去往贵州偏隅，却来到得天独厚的皇城根下，在这悠长的半个世纪里，他已浸淫出一座怎样的花园。

在重要的日子里纪念作家和诗人，常常会忘了背后一些使其成为作家和诗人的人。说是作嫁的裁缝，其实也像拉船的纤夫，他们时而在前拖拽着，时而在后推搡着，文学的船队就这样在逆水的河滩上艰难行进，把他们累得狼狈不堪。

没有这号人物的献身，多少只小船会搁浅在它们本没打算留在的滩头。

我想起有一年的秋天，这人从北京的王府井书店抱了一摞西书出来，和我进一家店里吃有脸的鲽鱼，还喝他从贵州带来的茅台酒。因他比我年长十岁，我就喝了酒说，我从鲁迅那里知道，诗人死了上帝要请去吃糖果，你若是到了那一天，我将为你编一套书。

此前我为他出版过一套“黄果树”丛书，名出支持《山花》的集团；一套“走遍中国”丛书，源于《山花》开创的栏目。他笑着看我，相信了我不是玩笑。他的笑没有声音，只把双唇向两边拉开，让人看出一种宽阔的幸福。

现在，我和我的朋友们正在履行着这件重大的事，我们以这种方式纪念一具倒下的先驱，同时也鼓舞一批身后的来者。唯愿我们在梦中还能听到那个低沉而短促的声音，它以夜半三更的电话铃声唤醒我们，天亮了再写个好稿子。

兴许他们一生没有太多的著作，他们的著作著在我们的著作中，他们为文学所做的奉献，不是每一个写作者都愿做和能做到的。

有良心的写作者大抵会同意我的说法，而文学首先得有良心。

野莽

2019年9月

目 录

生日歌

一

邱金从监狱刑满释放出来，一看日期，发现明天居然是父亲大人的七十岁生日。出来得早还不如出来得巧！邱金在心里说。坐了三年牢，三年没给父亲大人祝寿，这一次老人家满七十岁，一定要好好弥补一下。邱金这么想着，心里不禁有点儿激动。说实话，他已经好些年没这么激动过了。

邱金家在油菜坡，那里住着父亲大人，还有三个弟弟和一个妹妹。他已经离开油菜坡三年了，三年来他一直在想念着那个生他养他的地方，当然更是想念着父亲大人和弟弟妹妹。三个弟弟都已成家另立了门户，妹妹也嫁了人，但他们的房子都在油菜坡上，离父亲大人居住的老屋都说不上远。邱金去坐牢之前和父亲大人一起住在老屋里，作为老大，照顾父亲大人是他不可推卸的责任。邱金的老婆名叫金蛾，他们一起生了一儿一女两个孩子。离家坐牢后，父亲大人和两个孩子都交给金蛾了。金蛾应该说是一个不错的女人，尊老爱幼，心地善良。唯一让邱金不满意的是，金蛾和他的弟弟妹妹搞不好关系。在狱中服刑期间，这一直是邱金的一块心病。

油菜坡是一个村子，归老垭镇管辖。邱金从劳改农场坐长途班车在老垭镇下车后，没有急着回油菜坡，而是去了一个卖肉的摊子。他打算买些肉回家，一方面可以让父亲大人的生日显得排场一些，另一方面也免得金蛾在做饭时为菜烦恼。摆肉摊子的是一个满脸横肉的男人，浑身上下都是猪油。他举着一把锋利的刀问邱金，你想买点儿什么？邱金看了看肉案，然后指着一颗猪头说，就买它吧。满脸横肉的人马上提起猪头放到弹簧秤上过秤，他看着显示器说，四十一块五。邱金将手伸进装钱的那个口袋，从中摸出了一张面值五十元的票子和一把硬币。邱金把那张五十的票子递了过去。满脸横肉的人说，五十块我找不开，请拿零钱来。邱金的那把硬币最多不超过二十块钱，这他心中是有数的。邱金就说，我没有零钱。满脸横肉的人这时从肉案上拎起一根猪蹄来，说，那我就只好用这根猪蹄当钱找给你了，不瞒你说，这根猪蹄单独卖至少可以卖十块，而我只把它当成八块五给你，够意思吧！邱金想了想说，好吧，也只有这样了。肉案边放着一些蛇皮袋子，看来是专为顾客装肉准备的。邱金指着蛇皮袋子对满脸横肉的人说，请你把猪头和猪蹄都给我装进蛇皮袋子吧，我再去找一根棍来，好撅着回家。邱金说着突然发现不远的一条沟渠旁横放着一条竹竿，他双眼陡然一亮，马上跑了过去。邱金捡回那条竹竿时，满脸横肉的人已给他把猪头和猪蹄装进了蛇皮袋子，并且还在袋子口那里扎了一根绳子。

邱金用竹竿将装肉的蛇皮袋子撅在身后，一个人从老垭镇往油菜坡走。他走得不快不慢，走着走着就想起了三年前的那件往事。那也是父亲大人过生日的头一天，他提着一个空酒瓶去一个杂货铺买散装酒。杂货铺本来卖的有瓶装酒，但邱金手头紧买不起，只能买散装的，散装酒比瓶装酒几乎便宜一半。杂货铺的老板是一个喜欢短斤少两的人。邱金当时买了酒没仔细看，提着瓶子就离开了杂货铺。走出不远邱金突然想到应该看看酒瓶，而他一看便停住了脚步，他发现酒瓶没装满，顶多只有九两酒。邱金便转身回到了杂货铺，要求老板给他把那两酒补起来。老板哪里肯补酒，他不但不补，还倒打一耙说是邱金出门后把酒喝了一两。邱金顿时气炸了肺，顺手抓起柜台上的一把剪子，呼啦一下便朝老板戳过去，老板先是尖叫了一声，接着就喷出了一股血……第二天就是父亲大人的生日，邱金正在给老人家敬酒时，公安局来人了。邱金知道公安局的人是来干什么的，他给父亲大人磕了一个头，又给金蛾交代了几句，便老老实实地跟着公安局的人走了。这一去就是三年。

二

村口不知不觉就出现在邱金的面前。这里有一片茂密的柳树，柳树掩映着几栋火砖房。实际上这里就是油菜坡村委会所在地。在这片柳树中间，夹着一棵杨树，杨树长得比柳树还高，树上还坐了一个鸟窝，黑黑的，像是一顶黑帽子。杨树下也有一间房子，红砖砌的，不高，只有两层，这会儿大门开着，门口的铁丝上晒着几件衣服。邱金一到村口就快步走到了杨树下面，对着红砖房喊了两声，邱木，邱木！

红砖房里应声出来了一个三十五六岁的男人。这人就是邱木。邱木比邱金小两岁，在邱家五兄妹中排行老二。邱木一见到邱金就激动异常，一边喊着大哥就一边把邱金迎进了家中。邱木的老婆也在家里，她很快给邱金上了茶。邱木与邱金贴身坐着，问他出来时怎么不打个招呼，也好亲自骑摩托车去镇上接他。邱金说，坐牢出来又不是什么光荣的事，没必要接的。

接下来，邱金就和邱木说到了父亲大人的生日。邱金说，我刚出来，没什么钱，只是买了一点肉。他说着扭头朝他放在门口的那个蛇皮袋子看了一下。邱木也看了一下那个蛇皮袋子，一拍脑门儿说，哎呀，你要不说，我还差点儿忘了明天是父亲大人的生日呢。

邱木的客厅里有一面硕大的镜子，邱金无意中从镜子里看到了自己。他发现他嘴上的胡子已经长得像一把乱草了，看上去真像一个刚从牢里出来的人。邱金这时问邱木，这一带有刮胡子的吗？邱木说，有，隔壁不远处就是剃头铺。邱金想了一会儿说，这样吧，邱木，请你先骑摩托车把装肉的蛇皮袋子送回老屋，这样好让金蛾早点儿处理一下，以免肉臭了。我呢，要去刮刮胡子，现在这样子回去，不把父亲大人吓坏才怪哩。邱木马上答应说，好的，我收拾一下就走。他说着朝门口场子边的那辆摩托车看了一眼。

邱金刮胡子花了二十分钟。从剃头铺出来回到邱木家门口时，他发现那辆摩托车和那个蛇皮袋子都不见了，心想邱木早已去了老屋。邱金本想进门给邱木的老婆说声再见，但想了想没进去。

邱金顺着一条机耕路朝村里走，路面上布满了摩托车碾出的沟凹，走起来不免左右摇晃。幸好装肉的蛇皮袋子让邱木送走了，这使邱金身上轻松了许多。约莫走了半里路，邱金突然看见邱木骑着摩托车朝他迎面而来。邱金奇怪地问，你怎么这么快就转来了？邱木红着脸说，我只送到邱水那儿就回来了，我让邱水把肉给大嫂送去，邱水答应了。邱金问，你怎么不直接送去？邱木低下头说，我打算把红砖房再加高一层，这两天正忙着准备材料呢。他说完就把摩托车一溜烟儿开跑了。

邱金走完机耕路便可以看见邱水的家了。邱水的家就坐落在这条机耕路的尽头。邱金快到邱水家门口时，他忽然停下来，两眼愣愣地看着邱水家的那栋黑瓦屋。三年前邱金离开油菜坡时，邱水住着这栋黑瓦屋，三年过去了，她还住着这栋黑瓦屋，可见她的日子并没有多少起色。邱水排行第三，现在也有三十好几了。出嫁前她是长得很漂亮的，结婚后很快当了两个孩子的母亲，家庭条件又不好，所以就迅速拖垮了。邱水婚后生的第一个孩子是女儿，她对女儿不满意，于是希望赶快生个儿子。生第二胎她被罚了两千块钱，结果生的还是一个女儿，真让她哭笑不得。要不是两年之内连生两个孩子，邱水的家境是不会这样糟糕的。邱金望着那栋黑瓦屋想。

邱金迈着沉重的步伐走到了黑瓦屋前面，抬头一看，门上却挂着锁。邱水呢？邱金没来得及细想就已经找到了答案，他想邱水肯定是送那个蛇皮袋子去老屋了。至于邱水的丈夫和两个女儿，邱金不用猜就知道他们有的出门打工，有的上学去了。

邱金转过身，正要挪步离开时，邱水突然从黑瓦屋旁边的那条小路上走过来了。邱金见到邱水不由一惊，他看见邱水挺着一个大肚子，如果她不先开口喊大哥，邱金是不敢肯定她就是邱水的。邱水走路已经有些吃力了，她慢慢走到门前，费了好大的劲才把门锁打开。邱金跟着邱水进到屋里，还未坐定就问，你把蛇皮袋子送给金蛾了吗？邱水说，我把它送给邱火了，让邱火送给大嫂。邱金问，你为什么不亲自送去？邱水红着脸说，我走路实在不太方便，所以就……邱金一听便理解了邱水。过了一会儿，邱金扫了一眼邱水的肚子问，你怎么又怀上了？邱水低下头说，我还是想生个儿子！邱水还告诉邱金，她丈夫现在出去打工挣钱就是为将来超生罚款做准备的。

邱水本来留邱金吃饭的，但邱金拒绝了。他说他要去邱火家看看，三年不见了，他迫切想与每一个亲人见上一面。邱金说完便走出了邱水的黑瓦屋，然后顺着一条羊肠般的小路朝邱火家走去。

邱火排行老四，是五兄妹中最瘦最矮的一个，给人一种发育不良的感觉，头发也是黄的，就像是几根稻草搭在头顶上。而他的老婆却生得人高马大，长得丰乳肥臀，和邱火走在一起，谁也不会想到他们是一对夫妻。邱火实际上是一个倒插门女婿，他现在住的房子就是他岳父的。他和他老婆生了一个儿子，但儿子不姓邱，而是跟他妈一个姓。邱火这样做，也是没有办法的事，否则他就可能打一辈子光棍。

邱金离邱火家还有半里路，就听到了邱火老婆的喊声。她似乎是站在她家门口菜园里喊的，喊声被风扩大后飘出老远。她喊道，邱火，你不要把蛇皮袋子一直送到老屋，只要交给邱土就可以了，交给邱土后就赶紧回来，我们家今晚上有客，你必须早点儿回来帮我一把。接下来邱金便听见有人答应说，知道了，我送到邱土那儿就返身。邱金当然明白这是邱火的回答，心想老四还是和从前一样怕老婆啊！

邱金走到邱火家门口了，他看见邱火的老婆在菜园里扯葱。邱金咳了一声，邱火的老婆抬头发现了他。哎呀，大哥回来啦！

邱火的老婆兴奋地叫着。但她并没有从菜园里出来的意思，又低头扯了一把葱。邱金说，你忙吧，我走了。邱火的老婆就说，不进门喝口水？邱金说，不了，你忙吧。邱火的老婆说，也好，邱火这会儿不在家，让你进门也没人陪你。

邱火是一路小跑着从邱土那里返回的。邱金在路上碰到了他，他跑得气喘吁吁，满头大汗，像是要回家去救火似的。邱金有些不满地说，你怎么怕老婆怕成这样？邱火红着脸说，在人家的屋檐下，怎能不低头？邱金听了再不好说什么，只是苦笑着摇了摇头。接下来邱金问，邱土把蛇皮袋子送走了吗？邱火说，我离开他那儿时他还没有走，现在恐怕送走了。邱金又问，他怎么不马上送去，肉坏了怎么办？邱火小声说，邱土最近出了点儿麻烦，他赌博，派出所要罚他的款。刚才他家来了一个朋友，说是跟派出所的人很熟，告诉他送点礼去派出所就可以免罚。邱火一边跟邱金说话，还一边朝他家的方向瞅，生怕老婆发现了他在路上偷懒似的。他只跟邱金匆匆地说了几句话便急不可待地与他擦肩而过。

邱金到邱土家时，只见到邱土的老婆和一个陌生人，没见邱土的影子。邱金就问，邱土呢？他老婆说，去老屋给大嫂送肉了。邱金心想，邱土还不错，丢下客人去送肉，对父亲大人还算有点儿孝心。邱金在邱土家门口土场上坐下来，他想等邱土回来后再走，但等了许久不见邱土回来。邱土的老婆说，他可能不会直接回家，最近要给派出所的人送礼，恐怕是去谁家借礼物去了。邱金站起来说，那我就先走了，三年没看见父亲大人，我想死他了。然而，邱金起身刚刚走出土场，背后有人喊大哥，他扭头一看竟是邱土。邱金疑惑地问，你是什么时候回来的？邱土一边系裤带一边说，回来一根烟工夫了，在屋后厕所里蹲了一会儿。邱金接着问，蛇皮袋子送去啦？邱土说，送去了。我亲手交给了大嫂。大嫂听说你回来了，高兴得直流泪呢。父亲也高兴坏了，还一个劲儿地夸监狱的人，说他们积德，抢在他过七十大寿前把你放了出来。

当时已到吃午饭的时间，邱土留邱金吃了午饭再走，而邱金却匆匆走了。他归心似箭。

三

父亲名叫邱老根。邱老根过生日那天，油菜坡是个难得的好天气，艳阳高照，晴空万里。邱家门前有一棵大槐树，一群喜鹊大清早就在树上叫个不停。邱老根那天的精神也特别好，还特意从箱底把他觉得最好的一套衣服翻出来穿在身上。邱金看着这套衣服有点儿眼熟，忙问是谁买的，邱老根笑着说，还是三年前你买给我的，自从你走后我就一次也没舍得穿。邱金一听，眼睛不禁猛然一热，差点流出泪来。

客人们在早饭过后不久便陆陆续续来了。邱木夫妇，邱水，邱火和一个孩子，还有邱土和他老婆，都来了。最先来的是邱水，她说父亲大人过生日，怕大嫂在厨房里一个人忙不过来，就早点儿来打个帮手。接着来的是邱火，他说他家里还有一个客人，是他老婆的一位远房叔叔，所以老婆就走不开，于是把孩子带来了。邱木一来就向邱老根道歉，责怪自己来晚了。他老婆解释说，为了把房子升高一层，邱木已有个把月没睡过早床了，每天天不亮就去河里拖沙。邱土离老屋最近，可他来得最晚。邱土的老婆有点儿难为情，便说都怪邱土，昨晚上又打了一夜麻将。邱金看了邱土一眼，发现他的眼圈果然是红肿的。

金蛾才四十出头，由于操劳过度，看上去比实际年龄要大四五岁。这会儿金蛾正在厨房里忙活着，她是个非常能干的女人。邱水进到厨房要帮忙，金蛾硬是把她推出去了，说自己一个人能行。邱木的老婆也到厨房来了，刚洗了一棵白菜，金蛾就说，让我自己来吧，平时我一个人不是都挺过来了吗？邱木的老婆觉得金蛾话中带刺，立即起身而去。邱土的老婆正要进厨房的门，迎面碰上邱木的老婆破门而出，忙问，二嫂怎么啦？邱木的老婆说，你不用去帮她，她不会让你插手的。

酒席摆在堂屋里，并排摆了两桌。好多年前邱金买过一台收录机，他去坐牢后金蛾将它收在了柜子里，这天邱金把它从柜子里找出来，居然还有响声。邱金又从一个抽屉里找到了一盘磁带，里面正好有一首《生日歌》。寿宴开始的时候，邱金把收录机打开了，所有的人都举杯而立，在《生日歌》的旋律中给寿星邱老根敬酒。歌声把生日的氛围一下子就渲染出来了。邱老根一边喝酒一边老泪纵横。

桌子上的菜非常丰盛，而且色香味俱全，足见金蛾的手艺出众。酒过三巡之后，邱金认真地审视了一下桌子上的菜碗，突然发现没有猪蹄这道菜。

猪蹄呢？我昨天买回来的猪蹄怎么没做出来吃？邱金问金蛾。

金蛾正伸手夹菜，听了邱金的话，手中的筷子顿时就僵在空中不动了。金蛾问，什么猪蹄？你昨天买猪蹄啦？

是的，我在老垭镇买了一个猪头和一根猪蹄，总共花了五十块钱，一起装在蛇皮袋子里。邱金说。

金蛾有点儿激动地说，这就怪了，昨天打开蛇皮袋子时，我就只看见了猪头，压根儿没看见什么猪蹄！

酒席上的气氛立刻紧张起来，大家纷纷放下酒杯，停了筷子，你看我，我看你，什么也不喝，什么也不吃。只有收录机里还在反复唱着那首快乐的《生日歌》。许久之后，邱老根苦笑了一下说，我们接着吃吧，有这么多菜吃，也不缺一个猪蹄。邱金也随口说，父亲说得对，我们接着吃，只当没买那个猪蹄就是了。他说着又举起酒杯与邱老根喝了一杯。

然而，桌子上的其他人还是一动不动。邱土这时把筷子往桌子上一拍，对着金蛾说，大嫂，我可没拿那个猪蹄，邱火哥把蛇皮袋子交给我，我看都没看就给你送来了，只知道里面装着肉，根本不晓得还有一个猪蹄！邱土话音未落，邱火的老婆偷偷地推了邱火一下，邱火马上站了起来，望着邱土说，邱土，你该不是说我拿了猪蹄吧？实话告诉你，我也是从邱水姐手里一接过蛇皮袋子就送给你了，我也不知道里面有猪蹄啊！邱水不等邱火坐下便弹起来了，她用手指着邱火问，你怀疑是我拿了猪蹄吗？我要是拿了猪蹄就烂手！邱木哥从摩托车上提下蛇皮袋子交给我，我连门都没进就送给你了，难道我知道里面装着猪蹄？邱木这会儿咳了一声，推了推面前的碗，看看满桌的人，然后不紧不慢地说，照你们这么说，那猪蹄肯定就是我拿了。但我可以发誓，我没拿！我压根儿就没打开过蛇皮袋子，我压根儿就不知道里面装的是什么肉！

收录机里还在唱着《生日歌》，而父亲大人却怎么也高兴不起来了。他放下酒杯，摇摇晃晃站起来说，你们别吵了，就当那个猪蹄是我吃了，行吗？说着便歪歪倒倒地走下了饭桌。

邱老根一走，满桌的人都散了，最后只剩下邱金一个人。邱金呆呆地坐着，眉头紧皱，一脸疑惑。邱金在心里说，真是奇怪，难道那个猪蹄长翅膀飞了？

金蛾收罢碗，一边擦手一边朝邱金走过来。她先贴着邱金坐下，然后小声说，我估计是邱土拿走了猪蹄，说不定拿去送给派出所的人了！邱金瞪了金蛾一眼说，不要瞎猜！金蛾讨了个没趣，立即起身走了。

金蛾刚走，邱土不声不响地来到了邱金身边。他勾下头贴着邱金的耳门说，会不会是邱火哥截下了猪蹄？他老婆的叔叔昨天来了，不是正好缺肉待客吗？而邱火哥一向是怕老婆的。邱金黑着脸色说，你不要瞎猜！

邱火在邱土离开堂屋后也来了。他站在邱金的对面认真地看了邱金一会儿，然后神秘兮兮地说，我看邱水姐有拿猪蹄的可能，她马上要生孩子了，正需要猪蹄汤发奶呢。邱金一挥手说，你不要给我瞎猜！

邱水是摸着她的大肚子来到邱金身边的。邱金没等邱水开口就抢先问，你该不是来告诉我猪蹄是邱木拿走了吧？邱水一怔说，哎呀，大哥怎么和我想到一块儿去了？这猪蹄肯定是邱木哥留下了，他很快就要开工升房子，需要不少肉啊！邱金猛然拍了一下桌子说，你不要瞎猜好吗！邱水没想到邱金会发火，不禁吓了一跳，扭身就走开了。

邱金独自在桌边闷闷不乐地坐了许久，正要起身时，邱木慢条斯理地朝他走来。大哥，我想跟你说一句话。邱木用商量的口气说。邱金挥挥手说，别说了，什么都别说了！我这会儿想出去走一走！

桌上还剩下半瓶酒，邱金一把抓过酒瓶，对着嘴一口喝了个净光，然后扔掉酒瓶摔门而去了。

四

那天傍晚时分，邱金高一脚低一脚地走到了老垭镇。他径直找到了那个卖肉的摊子。当时太阳还有一半悬在西边的山顶，夕阳的光芒照过来，像是给卖肉的摊子洒上了一层血水。那个满脸横肉的人一眼认出了邱金，连忙凑过脸来热情地问，今天想买点儿什么？是猪头还是猪蹄？

邱金没有马上说话，而是鼓凸着两颗被酒精烧红的眼珠，直直地瞪着满脸横肉的人。

满脸横肉的人问，你今天不是来买肉的吧？

算你说准了！邱金打了一个酒嗝说，我是来你这儿取猪蹄的。

满脸横肉的人一惊问，什么？你的猪蹄在我这儿？

对！邱金又打了一个嘹亮的酒嗝说，昨天我在你这儿买了一颗猪头和一根猪蹄，可你只在蛇皮袋子里放了猪头，没把猪蹄放进去。我想你大概是一时疏忽了，所以我今天特地来取，请你把猪蹄给我吧。

满脸横肉的人冷笑了一声，扯大喉咙说，我看你是喝酒喝昏了头，跑到我这儿敲竹杠来了！昨天我把猪头和猪蹄都装进了蛇皮袋子，还是先装的猪蹄呢，你凭什么说我没给你猪蹄？

邱金一时嘴笨了，不知如何与对方争辩，只是说，你就是没给我猪蹄，就是没给！我不找你扯皮，我只要你把猪蹄给我就行了！

满脸横肉的人打了一个嘹亮的哈哈说，你想得美！赶快给我走远些，别在这儿影响我的生意。告诉你，我不会给你猪蹄的，除非你再出钱买！

邱金无言以对了，于是沉默下来。这时肉摊子四周已围满了看热闹的人，他们都用怪异的目光看着邱金，有的在交头接耳，有的在指手画脚，有的在捂嘴暗笑。

邱金一直沉默着。他似乎连呼吸也憋住了。

这时候，满脸横肉的人突然狂笑了一声，然后指着邱金对围观的人们说，大伙儿看看，什么样的人是敲竹杠的人？他就是！

邱金这时再也沉默不下去了。他朝满脸横肉的人走近一步，平静如水地说，我问你最后一次，你到底给不给我猪蹄？

不给！满脸横肉的人毫不犹豫地说。

邱金说，那好！

邱金的动作真快，他话音未散便一伸手抓过了肉案上的一把刀，眨眼之间就朝那个满脸横肉的人捅了过去……

娘家风俗

一

我们乘坐的长途班车快要停靠妻子娘家所在的那个无名小站的时候，妻子雨花突然把她的头贴在了我的胸口，然后仰着两只明晃晃的眼睛一眨不眨地看着我。凭我的经验，雨花又有什么要紧的话对我说了，因为她平时有什么要紧的话对我说之前总要做出这种姿态来，大概她以为她用这种姿态跟我说话更容易达到理想的效果吧。

你又要对我说什么啦？我俯视着雨花漂亮的脸蛋问。

雨花苦笑了一下说，到了我娘家，晚上我们俩就不能同房了，你要做好思想准备。

我大惑不解地问，这是为什么？我们的新婚蜜月还没度完呢，为什么不能同房？这是油菜坡的风俗，每个地方都是有自己的风俗的。在油菜坡，女儿回到娘家是绝对不能和女婿同房的，否则就会被视为伤风败俗。你应该入乡随俗才是。雨花循循善诱地对我说。她一边说还一边用她葱一样的嫩手摸我的下巴颏儿。

我长长地叹了一气说，这个风俗真缺德，简直是违背人性嘛！

的确有点儿不近人情，但又有什么办法呢？其实我也不想和你分开睡呀。雨花无比温柔地对我说。

班车在我们说话时不知不觉就停在了无名小站上。这个无名小站实际上是一片小集镇，从这里到油菜坡还得步行三里路，前年我和雨花谈恋爱的时候曾经来过一次油菜坡，当时也是在这个无名小站下的车，所以我对这一片小集镇并不陌生。不过，两年没来了，这片小集镇也多多少少发生了一些变化，最明显的就是出现了一家旅社。我提着行李包一下车就看见了那家旅社，它离停车的地方不足五米，旅社两个大红字分外夺目。我的眼睛看到旅社两个大红字之后没有马上移开，居然还在那两个大红字下面发现了一行小字。我的视力很好，那行小字一共六个：每人每晚十元。

雨花也随后从车上下来了，她肯定也看见了那家旅社，但她没有像我这样仔细端详，她顶多只是看了一眼。我知道雨花此时的心情，她这时候什么也不想看，只想早点儿看到她的父母和弟弟妹妹。雨花已经快一年没见到他们了。

但我的目光却还一直停留在旅社那里，我想我的目光肯定有点儿走神儿。我的这种走神儿的目光是由我当时的心理活动决定的。当时我在心里想，干脆每天晚上和雨花到这家旅社来过夜吧，一来这地方离雨花娘家不远，吃过晚饭后散个步就到了，二来每人每晚十元钱也不算贵，虽然我和雨花都是打工的，但这点儿钱还能出得起。我自己觉得我的这种想法很好，于是就有些激动。人的心里一激动目光就会走神儿。

雨花见我站着不动便开始催我了。快走吧。她对我说。我却说，别慌，你过来我跟你商量个事。雨花很听话地走到了我身边，我将嘴巴伸过去贴着她的耳朵说了我的想法。雨花听后先是开心地笑了几声，然后就瞪了我一眼说，亏你想得出来，要是我爹我妈知道我们住旅社，非打死我不可！

雨花这话无异于朝我火热的心上泼了一桶冷水，我顿时沮丧到了极点。

就在这时，一个头戴草帽的中年男人朝我们快步走了过来，他像是与雨花很熟，老远就喊雨花的名字。他们果然很熟，雨花亲热地称他为钱叔。钱叔的脸在草帽下面半边明亮半边阴暗，给人一种是用两块脸拼凑起来的感觉。雨花告诉我，钱叔也是油菜坡人，他的家与她娘家之间仅隔着一口水塘和一块菜地。

钱叔是到这片小集镇来赶集的，这会儿正要回油菜坡，这样一来我们就成了同路人。钱叔赶集是卖黑木耳，黑木耳已经卖了，现在他背上只剩下了一只空背篓。走了一会儿，他发现我和雨花一人提了一个大包，就说，把你们的包放到我的背篓上吧，我看你们长期不走山路怪累的。我说，谢谢你的好意，我们还是自己提吧，你这么大岁数，我们怎么好意思让你为我们背包。钱叔说，没关系的，如果你们真的不好意思，背到后给我两包烟钱就是了。听钱叔这么说，我们就再不好推辞了，只好老老实实地把包放进了他的背篓里。

那天钱叔一直把我们的包背到雨花娘家才放下来。我掏出十块钱递给他，他毫不客气地收下了。钱叔收钱时，岳父正从屋里跑出来迎接我们，于是就看见了。岳父疑惑地问我，你给他钱干什么？我说，他刚才帮我们背了包的。岳父愤愤地说，他真是钻到钱眼儿里去了！我想幸亏钱叔收下钱后就匆匆忙忙走了，不然他听了岳父的话将是多么难堪啊！

二

雨花娘家的房子其实很宽敞，楼上楼下七八间，并且有四间寝室，岳父岳母住一间，雨花的弟弟雨点和妹妹雨珠各住一间，楼上还空着一间。如果油菜坡没有那种怪风俗，我和雨花就可以堂而皇之地同住楼上那间寝室了。但是，那个风俗害死人，岳父岳母宁愿将楼上那间寝室空着也不让我和雨花住。他们安排我和雨点住一间房，雨花和雨珠住一间房。

寝室安排完毕之后，岳父还用十分民主的口吻问我们，你们看这样搭配可以吗？一向乖巧的雨花迅速回答说，好，这样很好！其实岳父关心的并不是他女儿的态度，而是我这个女婿的反应。我对岳父的安排肯定心怀不满，但我没有用语言表达出来，只是脸色有些难看。岳父大概从我的脸上看出了什么，末了把我拉到一边，先给我上了一支烟，然后一语双关地对我说，这里的条件不好，你就将就着住几天吧，反正一个星期过起来也快。岳父说完还亲自用打火机为我把烟点燃了。我顿时有点受宠若惊，便强迫自己在脸上露出了几丝笑容。我一边笑一边说，请岳父大人放心吧，这里的一切我都会习惯的。

岳母本来就是个勤劳好做的女人，我们一回去她更是忙得脚不停手不住。一直到晚饭过后，她才算闲了下来。岳母取下围裙和袖套从厨房里出来时，我以为她要去堂屋里倒杯茶喝，但她没有去堂屋，只见她提着一把木椅走到了我所坐的门口土场上。岳母将木椅放在我坐的木椅旁边，紧贴着我坐了下来。

我想岳母和我这样亲密地在一起肯定是想和我说点儿什么，但我一点儿也没想到她会跟我讲她年轻时候回娘家发生的一个故事。当时岳母和岳父也刚结婚，自然是岳父陪着岳母回娘家的。入夜，岳母的父亲安排岳父和岳母分别住在了两间房里，约莫在半夜光景，无法入眠的岳父悄悄起床，轻手轻脚地溜到了岳母那间房的门口。岳父正要推岳母的房门，岳母的父亲突然出现在岳父前面。岳母的父亲当场把岳父骂了一个狗血淋头，次日天一亮就把他赶走了……

岳母讲完这个故事便起身去了堂屋。她说大半天没顾上喝茶，嘴巴差不多干裂了口。岳母显然是去堂屋里喝茶去了。岳母走后，我一个人默默地思考着她讲的故事。我觉得这个故事应该属于岳母的隐私。那么岳母为什么要把她的隐私讲给我听呢，我想她的深刻用意是显而易见的。

那次在雨花娘家所度过的第一个夜晚平安无事，用古典小说中常用的一个词来说，就是一夜无话。我和雨点一人睡一头；床很宽，所以两人之间隔得很开，有点井水不犯河水的味道。因为长途旅行十分疲劳，我上床不久便坠入了梦乡。次日早晨醒来，我惊奇地发现我居然一夜没有翻身，甚至连手膀子都没动一下。

雨花那天起床比我早一会儿，我出门时她已经在门口水井边刷牙了。我也赶快拿了牙刷去了井边。雨花见到我，第一句话就问，昨晚睡得怎么样？我说，好极了，好长时间没睡过这么好的觉了。雨花颇有深意地一笑，看来我们油菜坡的这个风俗还是挺好的，起码可以让人睡个好觉。接下来我问雨花，你睡得怎么样？雨花说，睡得还算可以，只是和雨珠说话说到深夜，时间还是没睡够。我压低声音问，你想我了吗？雨花剜我一眼说，刚分开一夜，我想你干什么？我灵机一动又问，那分开几夜你会想我？雨花想了一会儿说，这我也说不清，也许两夜，也许三夜吧。我紧接着问，如果你想我了怎么办？雨花红着脸说，坚持呗，坚持就是胜利！我继续问，你能坚持几夜？雨花若有所思了一会儿说，至少七夜吧，一星期之后我们就可以离开娘家了。

我和雨花只顾着说话，丝毫没觉察到身后来了人。当我们猛然回过头看见钱叔的时候，我和雨花都不禁吓了一跳。

钱叔显然听见了我和雨花的对话，这从他脸上古怪的笑容里可以看出来。钱叔大清早便戴上了那顶草帽，他的笑容在草帽的遮盖下像鬼一样狰狞。钱叔肩上挑着一担空水桶，他是来井边挑水的。钱叔早呀。我无话找话说。钱叔说，还是你们两个早，昨晚没睡好吧？雨花想把钱叔的话题岔开，马上问，钱叔是挑水煮早饭吗？钱叔说，不，我最近收了一批黑木耳，晒得太干了，得给它们喝点儿水。钱叔说着便撅起屁股在井口打起水来。我发现钱叔的屁股尖溜溜的，一点儿也不像个屁股，倒像一个倒立的冬瓜。

三

我和雨花在她娘家过的第二个夜晚总体来说也还正常，不过有两个小细节细想起来却有些荒唐可笑。一个细节出现在我身上。睡到半夜里，我迷迷糊糊地把我一只手伸出去放在了雨点的腿上，我把雨点的那条腿当成了雨花的腿，雨点的腿肉少骨头多，不像雨花的腿那样有弹性。我在半明半暗中想，雨花的腿什么时候变得这么瘦了？幸亏我不久便醒了，赶紧把手从雨点的腿上抽了回来。尽管如此，我还是羞愧得出了一身虚汗。另一个细节出现在雨花身上，这是她第二天偷偷告诉我的。她说她上床睡觉时和雨珠是分头而卧的，但半夜起床小解时却发现自己睡到雨珠那一头去了。她不知道她是什么时候爬到雨珠那一头去的。除了这两个细节，其他真是没什么好说的了。

然而到了第三夜，情况便十分不妙了。那天晚上，我和雨花差不多彻夜未眠。

原因说起来是多方面的，一是不该看那部电视剧；二是那只该死的猫太不像话了；第三嘛，是我和雨花那方面的要求都太强烈了。

那天晚上临睡之前，电视里正好放一部描写爱情的电视剧，我和雨花便一起在堂屋里看了。那部电视剧中接吻和拥抱的镜头特别多，而且那两个演员也敢演，他们接吻都来真的，一吻就是几分钟。我看着看着就激动起来，身上明显发生了变化。雨花看上去也激动了，我看见她的眼神不大对劲儿。当时和我们一起看电视的还有岳父岳母，大约看到一半的时候，岳父非常生气地把电视机关了。岳父关掉电视后说，都早点儿休息吧，这些乱七八糟的电视剧看了无益！

电视虽说关了，但我那被电视剧搅动的心情却难以平静下来。更要命的是，一波未平，一浪又起。上床睡下不久，一只猫突然来到了寝室的窗前，我听见它发出了一串又一串非常淫荡的叫声。猫的叫声使我尚未平静的心情变得更加动荡不安。

现在已经是四月了，猫子为什么还叫春？我问脚头的雨点。

雨点说，猫子嘛，想叫就叫，哪里还管什么春夏秋冬。

我睡的寝室与雨花睡的寝室只有一墙之隔，而且那墙还是用薄木板做的，因此我和雨花都能清楚地听见彼此说话的声音。雨花显然也听见了猫叫。我想猫叫声肯定也会使雨花感到心慌意乱。

雨珠，猫为什么这样叫唤？我听见雨花问。

它可能是在唤另外一只猫吧。雨珠说。

雨花和雨珠只进行了这么一问一答，然后便不说话了。

猫仍是一声连一声地叫着，越叫越放肆，越叫越疯狂。大约叫了半个多小时，果然有另一只猫被这只猫呼唤来了，我听见窗外响起了两只猫的叫声。但这时的猫叫突然变小变弱变慢了，仿佛两只猫在窃窃私语。过了一会儿，我就听不见它们的叫声了，我想它们肯定是一起去了一个非常幸福的角落。

脚头的雨点已经睡着了，我听见了细微的鼾声。不久，隔壁也传来了两声匀称的鼾响，但显然不是从雨花鼻孔里发出来的，雨花的鼾声我一听便知。我在心里暗想，雨花这会儿睡着了吗？答案很快就明确了，雨花还没有睡着，因为我听见了她翻身的声音，还夹杂着一声叹息。接下来我的想象便全部集中到了雨花身上，我的想象像一只流氓的手，恬不知耻地在她的身体上抚摸起来，摸了她的脸，摸了她饱满的双乳，然后就长驱直入摸到了她的两腿会合处。这时候的我，简直快要发疯了。我在床上翻来覆去，像一只热锅上的蚂蚁。后来，我干脆从床上走了下来，走到了窗口那里。窗外不远的地方亮着一盏灯，像一只夜猫子的眼睛。

我下床的动作应该说轻得不能再轻，但还是被隔壁的雨花听见了。雨花接着也起身下床了，也走到了她那间寝室的窗前。两间寝室的窗户开在一面墙上，两窗之间最多隔着三尺远，所以我和雨花都能听到对方的呼吸。我们的呼吸都有点儿急促，明显带着强烈的心跳。过了一会儿，我们的呼吸同时停止了。

雨花，我想你！我忍不住这么轻轻地说了一句。

我也是！雨花的声音比我还小。

我想和你同房！我说。

我也是！雨花说。

那你悄悄地过来吧。我说。

不行的。雨花说。

那我们偷偷地溜出去怎么样？我说。

也不行的。雨花说。

岳父岳母的寝室就在我那间寝室的楼上，这时我突然听见了岳父的一声咳嗽，这声咳嗽让我心惊肉跳，我立刻停止了和雨花的对话。雨花大概也听到了她父亲的咳嗽，马上也不声不响了。

窗外不远处的那盏灯还一直亮着。我将目光朝亮灯的地方投了过去，发现那盏灯原来竟是钱叔家的。钱叔正在灯下举着水瓢朝一堆黑木耳里泼水。我有点儿纳闷儿，心想钱叔为什么要朝黑木耳里泼这么多水呢？但我却百思不得其解。还有一点也让我感到费解，那就是钱叔在夜晚也戴着那顶草帽。后来，我看见钱叔把泼过水的黑木耳装进麻袋里去了，他一连装了两只鼓鼓囊囊的麻袋，看上去像两头怀了孕的水牛。那天夜里钱叔一直忙到下半夜才进屋休息，那段时间我始终站在窗口注视着他。钱叔进门后把他门口的那盏灯也关了，我的眼前顿时变得一片漆黑。然后我就转身回到了床上，我想我也该睡一觉了。但我躺在床上却怎么也合不上眼睛，心里又想到了我的妻子雨花。要知道，我和雨花还处在蜜月之中啊！

四

那天一直到天快亮的时候，我才迷迷糊糊睡去，大约睡着了两个小时。后来我是被雨花叫醒的，她在外面大声喊着我的名字说，快起来吃早饭吧，大懒虫！我睁开眼睛一看已是八点了，外面的阳光已经十分灿烂。

我一边系着扣子一边出了寝室的门。从堂屋里经过时，我看见岳父岳母和雨点雨珠都坐在饭桌边等我了，贤惠的雨花正在给我倒洗脸水，我突然感到有点儿难为情。但我不能马上坐到桌边去，因为我不仅没洗漱，而且还得首先出门去上个厕所。我于是笑着对他们说，你们先吃吧，不必等我！雨点和雨珠却异口同声地说，那怎么行？你是客人呢！

我快步走出堂屋，正穿过门口土场去厕所时，差点与钱叔碰了一个满怀。钱叔用背篓背着两个丰满的麻袋正步履匆匆地往那片集镇上赶去。又去赶集呀！我说。去卖点黑木耳。头戴草帽的钱叔回答说。他说着就飞快地走下了土场。我朝钱叔背篓上的麻袋看了一会儿，心想这就是我昨晚亲眼看着他装的麻袋。

从厕所回到堂屋，我草草洗漱了一下便坐上了饭桌。岳母把早餐也做得非常丰盛，我数了一下，居然有十个菜，两种主食，还有一大盘煮鸡蛋。岳父亲自递了一个煮鸡蛋给我，同时意味深长地对我说，到了我这儿，睡不好但一定要吃好！岳母也搭腔说，感谢改革开放，如今我们再不缺吃了，你在这里想吃什么就吃什么，想怎么吃就怎么吃，想吃多少就吃多少吧！岳母这么说着也递了我一个煮鸡蛋。我愣愣地望着面前的两个煮鸡蛋，真感到哭笑不得。

雨花这时突然把话头引开了，她问我，你刚才在外面和谁说话？我说是钱叔。接下来我把我头天晚上的见闻告诉了大家，讲完后我问，钱叔为什么要往黑木耳里泼水？岳父似乎与钱叔有什么矛盾，我的问话刚出口，他马上把筷子往桌子上使劲一拍说，黑木耳里泼了水就会增加重量，这样他就可以多卖钱。我看这个姓钱的真是钻到钱眼儿里去了！接着我又问，钱叔为什么一天到晚戴一顶草帽？岳父冷笑一声说，鬼才知道！

约莫在上午十点钟的时候，岳母对岳父说，家里没有酱油了。岳父说，那就派雨珠去集镇上买吧。当时雨珠不在场，她好像被岳母派到菜园里去了。雨花那会儿正好没事，她便提出由她去集镇上买酱油。岳母说，那好吧，顺便再买瓶陈醋回来。

雨花出门时，我提出与她同去。雨花当然求之不得。岳父岳母也没有反对，因为我和他们的女儿只是同路又不是同房。

实话实说吧，我当时提出与雨花一同去集镇买酱油纯粹是为了跟她做个伴儿，压根儿不是别有用心。至于后来发生的事情，那完全是临时冲动所致。

在前往集镇的路上，我和雨花不可避免地谈到了分床而卧的痛苦。后来经过一片松树林，瞅瞅前后左右都没有人，我们便情不自禁地拥抱接吻了。一抱一吻就难免产生冲动，但由于环境所限，我们还是努力克制住了。雨花还安慰我说，再忍几天吧，离开了娘家我加倍地补偿你！

后来的事情都是无名小站上的那家旅社引起的。到达无名小站时，我和雨花激动的心情本来就没有完全平静，恰在这个时候，我又一次看见了旅社那两个大红字。这两个红彤彤的大字简直就像两颗春药，让我一下子欲火熊熊。

雨花，我们去旅社休息一会吧。我喘着粗气说。

雨花当然明白我的意思，她深情地看了我一眼说，我们要买酱油呢。

不影响买酱油的，只休息半个小时就行了！我的声音有些乞求的味道。

雨花低下头沉默了一会儿，然后抬头说，好吧！

接下来的事就非常简单。我们交了钱，开了房，做了那事。具体细节我就不必细述了。

谁也不知道钱叔是怎样盯上我们的，这一点儿我至今也没搞明白。那天我和雨花完事后从房里出来，一出门就看见了钱叔。他戴着草帽蹲在我们开的那间房的门口，脸上布满奸笑，那样子真是像一头鬼。我和雨花见到钱叔后都吓得尖叫起来，身上还出了冷汗。

你怎么在这里？我没好气地问他。

钱叔说，你的岳父岳母太封建了，害得你们还要掏钱开房。

你可不要乱说啊！钱叔！雨花有些紧张地说。

钱叔从地上站起来，掀掀草帽说，放心吧，我会为你们保密的；不过，你们得付我一点儿保密费。

多少？我赶紧问。

钱叔伸出一个指头说，一百。

我当时身上忘了带钱包，便对钱叔说，好，回到岳父家里我就给你。

五

我的钱包放在我的旅行包里。我的旅行包放在我和雨点住的那间寝室里。那天，钱叔背着他卖了黑木耳的空背篓和我们一道回到油菜坡后，他没有直接回他的家，而是尾随着我进了我的钱包所在的那间寝室。

我的钱包里的钱还不少，至少还有五百多块。我从中抽出了一张一百的递给钱叔，钱叔伸手接钱时朝我钱包里扫了一眼，他也发现我钱包里还有不少的钱。

多给我五十吧。钱叔突然说。

我一怔。我没想到钱叔会这么贪婪。我认真地对他说，不行，一百已经够多了，你不能得寸进尺。

一百还多？我要为你们保密呢，你想想看，如果我把你和雨花去旅社开房睡觉的事情告诉了你岳父岳母，他们会对你怎么样？那后果你想过没有？要是你想想那后果，你就不会再说给我一百块钱多了。好了，别再多费口舌，你给我再加五十，只当舍财免灾吧。

我实在拿钱叔这种人没办法，为了息事宁人，我只好又从钱包里抽出了五十块递给他。钱叔这一下满意了，他一手握着一百的一张，一手握着五十的一张，草帽下的那张脸笑得像一朵花。

然而，正当钱叔双手握钱乐不可支的时候，我的岳父猝不及防地冲进来了。我的岳父像武侠电影中的一个人物，他一冲进来便以迅雷不及掩耳之势夺走了钱叔手中的那两张钱。

你，你怎么抢我的钱？钱叔慌张地问。

这是我女婿的钱！我的岳父厉声说。

这，这是他付给我的保密费！钱叔说。

谁要你保密？我女婿女儿同房又不违法，要你保什么密？我看你是钻进钱眼儿里去了！我的岳父跳起来吼道。

钱叔再无话可说了。我看见他夹着尾巴灰溜溜地逃出了寝室。

就在那天晚上，岳父指着楼上那间空着的寝室对我和雨花说，从今晚起，你们住那间吧。

那次陪妻子回娘家，我们原计划只住七天的，结果住了十天才走。

老板还乡

一

三月的风一吹，油菜花全开了，这个时候的油菜坡就成了真正的油菜坡，到处一片金黄，差不多迷了所有人的眼睛。就在这个季节，有消息传来，说朱老板朱由要从县城里回来了。

朱由五年前离开油菜坡上县城开鸡汤馆，后来就在县城里当了老板。朱由是油菜坡这地方出的第一个老板，乡亲们都为之骄傲，便都称他为老板了。朱由的亲人们也对他以老板相称，他们除了感到骄傲，还有几分得意。亲人们开始叫老板有点儿拗口，叫了一段时间就习惯了。

乡亲们听说老板要回村都感到很兴奋，就像当年穷人们听说红军要回来了。

村长老壶把几年没用过的铁皮广播筒从堆农具的空房里找出来，一清早就站到门口倒竖的石磙上，一边打着酒嗝一边喊，乡亲们听好啦，老板明天要衣锦还乡，各家各户把自己分管的那一段机耕路修补一下，千万不能让老板的人货两用车翻了！老壶的酒嗝打得真响，听广播的人几乎闻到了酒气。老壶本姓胡，因为他嗜酒如命，一日三顿离不开酒壶，所以大家就喊他老壶了。老壶有一句名言，说早晨起床不喝酒，就像一天没穿裤子，不习惯。

对老板回村这个消息最感兴趣的，自然是老板的两个兄弟，兄叫朱因，弟叫朱原。已故的朱老仁生了三个儿子，就算老二朱由有出息。

朱因倒是有一门裁缝手艺，能把褂子缝得像褂子，裤子缝得像裤子，可这几年人们时兴去集市上买衣服穿，这样朱因就挣不到钱了，那台本来就是二手货的缝纫机生满了黄锈。丈夫虽说不会挣钱，老婆却特能生孩子，朱因年纪不大，已经是两儿一女的爹了。由于孩子多，票子少，朱因家的日子过得紧巴巴的。

朱原更惨，什么手艺也不会，又不愿像别人那样老老实实种油菜，成天四处找人打麻将或斗地主，混得像个二流子。已经满了三十岁，却连个女人也娶不上，有时想女人想疯狂了，就跑出去帮别人的老婆干一天苦力活，然后快活一刹那，倘若被别人抓住了，便免不了被打个半死不活。

无论是朱因，还是朱原，他们都盼望老板能经常回村走一走，看一看。

但老板却极少回来，在朱因和朱原的印象里，朱由似乎五年中只回来过一两次。他们日夜都盼望着老板回村，差点望穿了眼睛。现在，老板终于要回来了，他们简直有点儿激动。

唯一对老板还乡无动于衷的是一个三十五岁的女人。她住在朱因和朱原的中间，一排三栋瓦房，她住着中间一栋。这三栋瓦房都是朱老仁生前所修，临死时将它们分给了三个儿子。朱因的房子和朱原的房子都已经破烂不堪，墙土斑驳，门楣上生了野草，房顶上的瓦被风吹走了不少，看上去像癞痢头。而女人住着的房子却粉刷一新，老式的木门上还涂了一层红色油漆。这时，女人正在她的门口往一个喷雾器内放农药，看样子是要到她的油菜地里去杀虫。女人的油菜地就在离她家不远的河边上，油菜花开得最密最艳的那一片便是。女人一边放农药一边抬头遥望那片油菜地，白净而忧郁的脸上隐隐约约出现了一丝笑意。

女人的名字叫月影。关于朱由要回来的喜讯，她早听到了。这几天乡亲们都在争相传诵这个消息，左邻的朱因和右邻的朱原也是逢人便讲，村长老壶还在广播筒里喊了，月影耳朵不聋，她怎么会听不到呢？但她却不像别人那么激动或兴奋。原因很简单，这个喜讯对月影来说并非喜讯，相反，还让她感到伤心。

被大家称为老板的人曾经是月影的丈夫。她是二十五岁那年嫁到油菜坡成为朱由的妻子的，两人共同生活了七年。结婚的头五年，两口子的感情是不错的，他们一起种油菜，朝夕相处，日夜厮守，情意绵绵。那段岁月里，朱由和月影都特别热爱油菜，他们手拉着手上街买油菜种，头挨着头在塑料棚里育油菜秧，肩并着肩到油菜地上栽油菜苗。油菜花盛开的季节是夫妻俩最甜蜜的时光，他们坐在高大而茂密的油菜花丛中，屏声敛气地观看雄性花粉与雌性花蕊尽情交欢，看着看着，他们也来了劲儿，忍无可忍地像两条蛇缠到一起，然后就倒在地上了，弄得那一片油菜树左摇右晃，纯金似的花瓣落满了两个白花花的身体……油菜花谢了，油菜角一天一天丰满起来，当青绿的油菜角变黄的时候，夫妻俩再没有闲心做那件浪漫的事了，他们要日夜挥镰，必须在最短的时间内将油菜籽收割回家。不过，在他们把晒干的油菜籽装成十几条鼓鼓囊囊的麻袋用板车拖到街上的油坊卖了好价钱回来的那天晚上，夫妻俩再累也是要行一回房事的，他们喜欢用这种仪式来庆祝丰收。在油菜坡，月影和朱由是种油菜的大户，由于他们热爱油菜，所以油菜给了他们丰厚的回报。那几年，他们存了不少钱，差一点儿成了油菜坡的首富。

谁料到好景不长，月影满三十岁那年，身上有了几个钱的朱由突然要去县城做生意，月影当然反对，没好声气地说，几个钱在身上痒不过？朱由却说，我要用手头的这点儿钱去县城里开鸡汤馆当老板，好让钱生钱！月影劝不住，朱由到底还是到县城去了，带走了他们俩五年来卖油菜籽的所有积蓄。后来，朱由果然在县城开了一家鸡汤馆，当了老板，还请了几个打工妹。打工妹中间有一个被食客们称为水蜜桃的，读过几句书，脸上有些姿色，喜欢在朱由面前扭臀摆腰，朱由于是就让她坐了收银台。在油菜坡时，朱由应该说是个本分人，可一到县城当了老板就花了心，时间没过多久，便和那水蜜桃同睡一张床了。县城距油菜坡几百里，月影在家忙着伺候油菜也没工夫去，所以朱由与水蜜桃的事她始终蒙在鼓里。一直到朱由进县城当老板的第二年岁末，当已经有了老板派头的朱由回油菜坡提出跟月影离婚时，月影这才有所察觉，知道丈夫在外面有新欢了。刚听朱由说到离婚两个字，月影以为是开玩笑，但一看男人的脸色很严肃，于是心就往下一沉，眼睛黑了好一会儿，还流了好多泪。但月影很快将那泪擦了，什么话也没说便对那变心的男人点了点头。朱由原以为月影在答应离婚前会提一些条件，为此还特意带了一万块现金，没想到月影这么简单地就同意了，一时竟不知将那一万块钱如何处置，后来想到与月影毕竟夫妻一场，再说当初去县城开鸡汤馆的本钱也是与她合赚的，这么一想就还是决定把一万块钱给月影。可月影的骨气太硬，她看都不看那钱一眼，说，拿回去和你的新人花吧！朱由讨了个没趣，只好把那些钱收回来。不过他没有把那一万块钱全部带回县城，他从中抽出一半摆了一回老板的阔气，给了哥哥朱因和弟弟朱原各一千，村长老壶八百，另外的就三百或五百不等地送给了乡亲们。

二

月影在喷雾器里放好农药后又加好了水，然后侧弯着身子将喷雾器背了起来，正迈开脚步要朝油菜地方向走时，村长老壶披着一件脏兮兮的西装来了。月影先是闻到了一股酒精的气味，抬头一看就看见了村长老壶。村长老壶里面穿着一件中山服，西装披在外面，像披夹袄那么披着。这件西装是朱由三年前回来和月影离婚时送给村长老壶的，他一直披着它。三年来村长老壶没洗过这西装，因为当时老板丢下了话，说西装不能用水洗，只能干洗。村长老壶没弄懂干洗是怎么洗，所以西装就变得肮脏不堪了。

村长老壶停在月影对面问，老板要回来了，你知道吗？

他回不回来与我有什么相干？月影说。

村长老壶说，看你说的，一日夫妻百日恩嘛，再说他是我们油菜坡唯一的老板呀！依我看，你今日就别去油菜地了，赶快去把你负责的那段路弄一弄吧，弄好了路好迎接老板。

我没工夫弄路，油菜地等着我杀虫呢。月影倔强地说，说着就绕过村长老壶要走。

村长老壶慌急地说，月影，你不要使性子，好吗？老板虽说抛弃了你，但他对你还是不错的，上次回来要给你一万块，是你自己不要的嘛。这次回来，我想他绝对不会亏待你，他要是再给你钱什么的，你千万不要推，拿着就是。我知道你种油菜不缺钱花，但钱还怕多吗？

月影越听越恶心，像吃了臭虫。她绕过村长老壶，大步走远了。

村长老壶看着月影的背影摇摇头，叹了一口气，然后朝着那条机耕路走去。从远处看，机耕路上已经有了不少人，有的举着锄头，有的扬着铁锹，有的挑着土筐……

老板的哥哥朱因虽说已有多年没干过裁缝的活儿，但却一直还保存着裁缝师傅那种特有的装束和气质，戴着一架断了一条腿的老花镜，长长的头发朝脑后梳着，一件洗得灰白的布褂上罩着袖套，只差肩上搭一条白色皮尺。这天，朱因没上机耕路，作为一名手艺人，他一般不做体力活，下力的差事都安排老婆和大儿子去干。现在，老婆和大儿子被朱因派去修路了，他特地将女儿和小儿子留在家里，要和他们姐弟俩商量一些重要事情。女儿叫朱贝，今年十五岁了，初中毕业没考上高中，年龄不大不小的，文化不高不低的，下学回家之后，重活做不了，轻活不愿做，一天到晚闲着，人虽然闲着，却还要吃还要穿，并且要吃好的穿好的，朱因一直为她头疼着；小儿子叫朱宝，眼下正读着初二，再过一年就初中毕业了，按他那聪明劲儿，考上高中是不成问题的，问题是考上了高中哪有钱供他读？所以这也是朱因的一块心病。可以这么说，朱因这半年来始终在为朱贝和朱宝这两个孩子着急，但着急也是干着急，有什么办法？好在山重水复柳暗花明，老板马上就要回来了。

朱因大清早就起来杀了一只老母鸡，这只老母鸡还在生蛋，妻子不同意杀，朱因骂了她一句头发长见识短，说老板回来不杀一只鸡给他吃怎么行？说着就一刀剁在了鸡脖子上。这会儿，朱因坐在门槛上，一边给死鸡拔毛一边与朱贝朱宝说话。

你们俩知道我为什么要杀老母鸡给二叔吃吗？朱因问。

朱贝和朱宝齐声回答说，因为你和二叔是一个妈生的。

这个道理还用你们说吗？朱因白了姐弟俩一眼说，我都是为了你们两个啊！

朱贝和朱宝都愣了神，莫名其妙地望着朱因。

你们俩给我听好！朱因朝脏桶里扔了一把鸡毛说，我请二叔到我们家吃饭时，你们的嘴一定要甜，要甜得像蜂蜜一样，一口一声二叔，喊得他心里热乎乎的，不光要嘴甜，手也要勤快，要不停地给他奉菜，给他敬酒，让二叔吃好喝好。只有让他吃好喝好，他才可能答应我的要求。

朱贝和朱宝问，你要跟二叔提什么要求？

我要他把你们俩都带到县城里去！朱因有些亢奋地说，现在不是兴打工嘛，朱贝也不小了，可以找个地方打工赚钱了，二叔是老板，让他在县城给你找个地方打工，万一难找，就到他的鸡汤馆当服务员也行；至于朱宝，无论怎么说也要读个高中，我想请二叔把你带到县城里去读一年初中，初中一毕业就考高中，考上了高中，他肯定会给你出学费！

朱贝和朱宝听了朱因的话都高兴地笑了。然后，姐弟俩一起把目光转到了那只大母鸡上，鸡毛已拔了一多半，还有几处因为开水没淋透拔不下来，朱因拔得咬牙切齿，两手发红，那几撮鸡毛就是不出来。朱贝急了，给爹出主意说，用嘴咬吧。朱因横了她一眼，继续用手拔。朱宝说，爹，我再提瓶开水来烫一下。朱因欣然一笑说，还是朱宝聪明。

鸡毛全部拔光，朱因提着一只白花花的大母鸡问朱贝和朱宝，我刚才给你们讲过的话都记住了吗？姐弟俩异口同声地说，都记住了！

朱因提着大母鸡正欲进屋，村长老壶款款走来了。大概是在中午的太阳下有些热，村长老壶把披着的西装取下来抱在手中。他从机耕路那边来，本来是要径直去朱原家的，朱原负责的那段路还不见人去弄，他以为朱原躲在家里睡懒觉，就决定去家里看看，可一看见朱因提着一只诱人的鸡，两只脚立刻就挪不动了。村长老壶指着鸡问朱因，这是为老板杀的吧？朱因说，这还用问？老板回来后我请他吃第一顿饭，到时请村长来陪。村长老壶伸出舌头舔了一下嘴唇说，有好酒吗？老板好不容易回来一趟，你说什么也应该去买几斤瓶装酒，供销社卖的那些散装酒都是用酒精兑的水，喝了伤胃！朱因听了一怔说，哎呀，幸亏村长提醒，我还没准备瓶装酒呢！边说边从口袋的深处掏出十块钱，递给朱贝，让她赶快到街上去买两斤瓶装酒。朱贝愉快地答应了，接过钱便撒腿朝街上跑了，两根辫子在背后飞起老高。朱因派走朱贝又指着那只装鸡毛的脏桶对朱宝说，快把它提到厕所里倒掉。朱宝二话没说，双手捧起脏桶就快步走进了厕所。村长老壶看到这些情景，脸上露出不明真相的笑容。他一边笑着一边往朱原家走去。

朱原压根儿不在家。他大清早就起了一个难得的早床，来到了村口毛芽家里。这会儿，他正在帮毛芽家挑大粪呢。毛芽在油菜坡颇有名气，以好吃懒做著称，性格与朱原十分相似，因此年近三十没嫁人。朱原倒是对她垂涎三尺，可她看不上朱原，嫌朱原太穷。朱原却是死皮赖脸，穷追不舍。

早晨朱原来时，毛芽还睡在床上。她惊奇地问朱原，你今天怎么起得这么早？朱原有些炫耀地说，老板明天要回来了！毛芽怪声怪气地说，他回来，你来我这儿干什么？朱原做个鬼脸说，我来向你求婚呀！毛芽用脚踢了朱原一下说，滚开，你有五千块钱吗？没有五千块钱就别再向我求什么婚，我的条件是不会降低的。朱原神秘地说，五千块钱算什么？弄得好说不定可以得一万。毛芽惊呆了，一下子从被子里坐起来，居然忘了上身只有一个胸罩，赶快抓起被角遮住后才问，此话怎讲？朱原说，老板明天回来，我打算好好招待他一餐，昨天我已借钱买了一点野味，到时请你去帮我烹调，然后我们俩一起给他敬酒，当他喝得半醉不醉的时候，我就开口向他要钱，就说我和你马上就要结婚了，而手头一分钱都没有，请他看在我和他吃同一对奶子长大的情分上，给我一笔钱。如果他问需要多少，你这时就走到他身边，软绵绵地喊一声二哥，说，一万就够了！毛芽听后冷笑了一声问，他会这么大方吗？朱原说，会，他是老板呢！毛芽没吱声，重新睡下去拉起被子盖住了头。

毛芽独自睡觉，把朱原像一条洗过的裤头一样晾在一边，这使朱原坐立不安。

后来，朱原用可怜巴巴的语调问毛芽，你明天帮我做饭吗？

毛芽在被子里说，我怕做了饭也是白做，老板不会那么大方的，别说一万，五千能给就不错了。

朱原说，不管怎么样，我们也要为之努力呀。你答应我吧，就算我求你了，毛芽！

毛芽沉默了片刻，然后突然将脸伸出被角说，哎呀，我明天还去不了你家，我妈逼着我明天和她一起挑大粪呢。要不，你今天帮我家把大粪挑了？

朱原无可奈何地说，好吧。

村长老壶找到毛芽家时，朱原还在吭哧吭哧地挑着大粪，浑身散发着一种臭味。他从吃了早饭就开始挑，一直挑到现在。他印象中差不多已经挑了三十几担。从厕所到粪池来回一里路，他的脚底已经起泡了。毛芽没有挑，她坐在一棵树下看着朱原，当朱原挑着粪桶从她面前走过时，她马上用手捂着鼻子。村长老壶见到朱原后就立在远处不动了，他喊着问，朱原，老板明天要回村了，你既不去修路又不在家准备，怎么跑到这里挑大粪来了？朱原流着黑色臭汗回答说，放心吧村长，野味已买到家里放着了，那段路我也保证天黑前弄好，毛芽的大粪再有两趟就挑完了。村长老壶提起一只西装的袖子当扇子在鼻前扇了两下，又问，朱原，你明天招待老板时有人陪吗？朱原说，我请村长去陪，你明天可一定得赏脸啊。村长老壶马上说，去买几斤瓶装酒吧，那散装酒喝了伤胃。

下午四点钟的样子，月影给她所有的油菜地都打过了农药。从油菜地里走出来，站在一棵桐树下，取下喷雾器，直起腰长长地出了一口气之后，月影感到了一种劳动结束后的轻松与喜悦。她还没有吃午饭，现在猛然觉得有些饿，她似乎还听到了一声蛔虫的叫喊。但月影没急着回家，她又仔细地看了一会儿她刚劳动过的油菜地，油菜花开得真叫灿烂啊，看来今年又是一个好收成。一看到心爱的油菜地，月影便忘记了饥饿，甚至忘记了一切。她索性在桐树下坐了下来，想再多看一眼她的油菜地。因为热爱油菜，所以她对油菜地百看不厌。想到当年，她第一次被媒人领到油菜坡的时候，也正是阳春三月，满坡的油菜花让她惊喜万状。娘家不产油菜，她从来没看见过这么多的油菜花。事实上，朱家当时家境并不很好，朱由本人也非常一般，月影之所以同意这门亲事，说到底还是看上了这里的油菜花，她觉得能够生活在一个盛开油菜花的地方是一个人的幸福。即使朱由喜新厌旧弃她而去了，她也没有后悔当初的选择，娘家曾经提出让她回去跟父母一起生活，她没有答应，媒婆给她在左村右乡牵过好几条红线，她都没同意。不为别的，只因为她不愿意离开这个盛开油菜花的地方。月影想，既然嫁到了油菜坡，就应该扎根于油菜坡，仿佛她嫁的不是朱由这个人，而是嫁给了这片盛开油菜花的土地。离婚三年多了，她一个人过得并不孤单，并不贫穷，并不痛苦，因为一年四季都有油菜陪伴着她，春天有油菜花，夏天有油菜籽，秋天有油菜秧，冬天有油菜苗，它们使月影充实、富有、欢乐……

村长老壶是像猫那样无声无息地走到月影身边的，他喊月影的时候，把月影吓了一跳。村长老壶一手夹着那件西装，一手指着远处的机耕路对月影说，我刚才把那路检查了一遍，除了你那一段外，其他全好了，该修的修了，该补的补了，我看你还是抢在天黑之前去弄一弄吧，不然……我本来想帮你把那段路弄一弄的，可我突然想到应该上一趟街，我要去买一挂长鞭，老板要还乡，作为一村之长，我必须到村口用鞭炮迎接才是啊。月影不想听村长老壶再啰唆下去，便打断他说，好吧，我待一会儿去把路弄好就是了。

月影回家放下喷雾器，果然扛着锄头朝机耕路去了。她想，即使朱由不回来，这路也该修补修补了，风吹雨打，路面坎坷不平，跑车走人都不方便。当时太阳已快下山了，夕阳之光普照着村庄，月影荷锄而行，仿佛走在一幅画里，画的背景便是那金灿灿的油菜花……

三

第二天早晨，太阳老早老早就升起来了，红彤彤的阳光似乎给油菜坡披上了节日的盛装。的确，油菜坡人大都把这一天当成了节日。人们在村长老壶的率领下，七点半钟就赶到了村口。村口有一棵老樟树，村长老壶把那挂长鞭吊在樟树下，手里捏着打火机，做出随时点鞭的架势。按照老板上次回村的行程推算，他应该开着那辆人货两用车，于头天离开县城，夜宿小镇，次日早晨六点从小镇动身，人货两用车行驶一小时抵达小街，在小街用过早餐后开始踏上通往油菜坡的机耕路，正点到达村口的时间应该是早晨八点。村长老壶有一只手表，他每隔几分钟就要看一次，然后以倒计时的形式向大家报告时间。离八点还差一刻钟的时候，村长老壶对大家所站的位置作了一些调整，他让朱因夫妇和朱原站在第一排，朱原提出要加上毛芽，村长老壶没有同意，朱原只好干瞪眼；第二排依次站着朱因的大儿子，接下来是朱贝和朱宝；第三排都是与老板沾亲带故的，村长老壶说毛芽可以列入其中；从第四排开始就可以随便乱站了。村长老壶一个人站在特一排，作为村长，这个位置非他莫属，况且他还肩负着点鞭的重任。

令人扫兴的是，老板的人货两用车八点钟没能准时在村口出现，它晚点了。不过，人们还是耐心地等待着。村长老壶说，火车都有晚点的时候，何况是人货两用车呢。然而，老板也太过分了，一直到九点半钟，他的车连一个喇叭声也听不见。任何人的耐心都是有限的，大多数人已经坚持不住了。这时人群中有一个声音说，还是月影好，不用到这儿傻等，只管一心一意地给她的油菜地除草。大家听了都转过了脖子，去看月影的油菜地，月影果然在油菜花丛中劳动着。

事情真巧，就在人们扭头去看月影的时候，不知是谁十分短促地叫了一声老板，大家慌忙回过头来看时，老板已经从天而降似地站在了人群中间。老板背着一只又旧又脏的包，蓬头垢面，脸色焦黄，与上次回来判若两人。

你的人货两用车呢？村长老壶吃惊地问。由于吃惊过度，他连鞭也忘了点。

用它抵债了！老板伤心地说。

朱因走上前问，你到底出了什么事？

老板含泪答道，水蜜桃那个狐狸精卷着我的所有存款，逃跑了！

朱原也迈步跨上前来，问，那你回来干什么？

老板号啕大哭着说，我现在一无所有了，只好回老家讨一口饭吃！

这时，人们已陆续开始撤离了，就像观众在电影院看完一部片子后退场一样……

后来，村口的老樟树下只剩下了一个人，是老板。再后来，有一个女人慢慢地走到了樟树下，又慢慢地走近了老板。这个女人的身上散发着一股油菜花的芬芳。

无灯的元宵

正月十四一清早，龙儿就搬了一把椅子坐在门口土场上看书。正月十五，学校举行数学大赛，他的老爹龙大蛟要他夺第一。

龙儿这时听见门板响了一下。龙儿抬头看，是他爹龙大蛟起床出门来。龙儿看见他一边系裤子一边朝屋后竹园里跑，手里拿着一把镰刀。

龙儿就看不进书了。他不知道龙大蛟今儿为啥起这么早。爹平时总要睡到日头升起两竹竿高了才起床哩。他想不出龙大蛟拿镰刀去竹园干啥。

隔壁的雀雀也起床了。龙儿看见雀雀坐在自家的门槛上。雀雀也在看书。雀雀与龙儿是同班同学。

雀雀的爹盛八米在他家门口劈柴。雀雀放下书，跑去抱柴。可盛八米不让他抱。盛八米说，雀雀你住手，你给我看书，你要夺第一。雀雀只好回到了门槛上，拾起了那本书。

龙儿又开始看书。盛八米也要雀雀夺第一哩！龙儿想。

龙大蛟从竹园回来了。他手里拖了三根竹子。三根竹子又粗又长。

油菜坡过元宵节时，家家户户门口都要挂灯笼，困难的人家挂一个，快活的人家挂两个、三个……

“龙儿，我要编三个灯笼哩。”龙大蛟突然说。

“编三个灯笼做啥？”龙儿问。

“你明日夺了第一，我送你一个灯笼。”

“要是夺不到呢？”

“怎么能夺不到？要知道，你是龙大蛟的儿子。夺得到要夺，夺不到也要夺。我在油菜坡哪一项不是第一？”

龙大蛟一边说一边破竹子。龙儿觉得破竹子的声音很像放鞭炮。龙儿于是就想起了正月初一放鞭炮的情景。

正月初一天不亮，龙大蛟就把一家人从被窝里喊出来。龙大蛟站在门口正中央，他站得很威武很雄壮。龙儿和妈站在龙大蛟两旁。龙大蛟手举一根长竹竿，鞭炮缠在竹竿上很像一条蛇。隔壁的门口这时有了动静，雀雀他们也要放鞭炮了。龙儿发现龙大蛟陡然有些紧张。

“龙儿，点火！”龙大蛟说。

龙儿赶快划了一根火柴。可是风很大，火柴被吹熄了。

“龙儿，龙儿，快点，快点。”

龙儿又划了一根火柴，终于把鞭炮点燃了。龙家的鞭炮是油菜坡第一个放响的。龙家的鞭炮刚一响，雀雀家的鞭炮就响起来，接着村里到处都起了鞭炮声。

“差一点儿落后了。落后了多丑！”龙大蛟说。

龙大蛟说这话时很得意，把竹竿举得更高了。他仰头望着鞭炮，独自笑着。龙儿觉得他爹笑得如鞭炮火花那么灿烂。

竹竿上的三千响鞭炮不剩几个了，雀雀家的鞭炮还在啪啪地响着。

龙大蛟就急忙朝龙儿挥了下手：“赶快把屋里那挂鞭炮拿出来。”

第二挂鞭炮刚响了一会儿，雀雀家的鞭炮就停了，以至油菜坡四处的炮声都已平息，只有龙儿家的鞭炮还在炸。龙儿突然感到耳朵被炸聋了，火药熏得他鼻孔很难受。龙大蛟却无比兴奋。他一直没有停止笑。龙儿发现龙大蛟的牙齿越错越开，像牛吃草一样。

“村长。”雀雀的爹盛八米喊龙大蛟。

“新年好，八米。”

“你的鞭炮真多。年年第一！”

“嗯呵。”

“你到底是村长。”

天空还黑乎乎的。龙大蛟与盛八米在黑暗中对话。龙儿想龙大蛟肯定在暗暗地笑，却想不出盛八米这时是啥样子。

吃了早饭，龙儿又到门口土场上看书。龙大蛟在土场上编灯笼。屁股高高地撅着。

盛八米转身走了。龙儿的眼睛跟着盛八米的背影走了很远。龙儿看见雀雀又在他家门槛上看书。

龙大蛟发现龙儿的眼睛四处转动，就瞪了龙儿一眼。

“看你的书吧。”

龙大蛟咬牙切齿地说。龙儿还看见雪片似的吐沫花花从龙大蛟嘴里飞出来。

龙儿越来越看不进书，他忽然觉得龙大蚊撅屁股的样子很讨厌。

土场上的鞭炮屑还没有扫。龙大蛟不让扫。龙大蛟说鞭叶子铺在土场上很好看。可龙儿发现鞭叶子很像打了霜的柿子树叶。

“他本来只买了三千响鞭炮。”龙儿想。

龙儿陡然就想起了三十晚上的事。三十晚上，龙儿在雀雀家玩到很晚才回来。

龙儿回到屋里，龙大蛟正坐在火坑边上烤鞭炮。

“雀雀他爹也在烤鞭炮哩。”龙儿说。

“盛八米买了多少鞭炮？”龙大蛟突然这么问。

“三千响。”

龙大蛟猛地站起来，就像是被蜂子咬了一口似的不自在。

“盛八米他有三千响？”

龙大蛟一边说一边扯鼻毛，扯了鼻毛朝火抗里扔。

“盛八米也买了三千。”龙大蛟喃喃自语。

说着，他从墙壁上扯下了黄大衣。

“到哪儿去？”龙儿的妈问。

“去合作社。”

龙大蛟说着就跨出了门。龙儿看见门外黑得像吊锅，寒风刮得呼呼喊。龙儿听见寒风像疯狗那么喊着。

下半夜龙大蛟才回家。龙儿和妈已睡了。龙儿看见龙大蛟怀里揣着一盘鞭炮。

寒风把龙大蛟的脸吹得惨白惨白的，却还哼着快活的小调调。

龙儿觉得龙大蛟是个怪东西。

雀雀这时走到龙儿身边来了。龙儿看见雀雀手里拿着书。

“龙儿，我问你一道题。”

雀雀的成绩没有龙儿好。龙儿总是第一名。

龙儿一看那道题就很眼熟。他前几天做过这道题。这是一道很难的题。

“这道题只能用勾股定理才能证出来。”龙儿说。

雀雀思考了一会儿终于懂了。他很感激龙儿。

“还有不懂的吗？”龙儿问。

这时，龙大蛟在堂屋里喊了一声：“龙儿，你进来。”

龙儿便走进了堂屋。

“喊我做啥？”

“你不要帮雀雀做题。”龙大蛟小声说。

“为啥？”

“你要夺第一。你这个傻瓜！”

龙大蛟糊皮纸也撅着屁股。龙儿不知道龙大蛟为啥总这么把屁股高高地撅着。

龙儿独自坐在木椅上。他没有看书。他把书紧紧地合着。他老想着龙大蛟刚才对他说的话。龙大蛟不让他帮雀雀做题。龙大蛟真是个怪东西。陡然，龙儿似乎懂得了许多问题。难怪龙大蛟半夜三更要去合作社买鞭炮呢。难怪他正月初一要第一个放鞭炮呢。原来……

龙儿突然走到了雀雀家门口。

“雀雀，我有句话跟你说。”

“啥话？”雀雀问。

“你明日一定要夺第一。”

“我？”

“对，你一定要夺第一！”

龙儿说完就转身往回走。他转身时看见了盛八米。他看见盛八米在屋旁边破竹子。他想盛八米可能是自己要学着编灯笼。

龙大蛟已经糊好了两个灯笼。龙儿进到堂屋时，他正在开始糊第三个，依然把屁股高高地撅着。

“爹。”

“不看书，跑进来干啥？”

“我说你只糊两个灯笼就够了。”

“为啥？”

“我想我明日夺不到第一。”

“龙儿你胡说！”

“不是胡说，我有预感。”

“预感个屁！夺得到要夺，夺不到也要夺！”

“夺不到怎么夺？”

“你要知道你是龙大蛟的儿子。”

“龙大蛟的儿子又怎么样？”

“龙大蛟是村长。一村之长！”

龙大蛟像是在跟龙儿吵架。龙儿感到他就像一头老虎。

正月十五元宵节这天，龙儿到学校去了

午饭过后，龙大蛟就巴起眼睛盼龙儿。他盼龙儿抱一块奖匾回来。他知道学校比赛是当场发奖。他坚信他的儿子要夺第一名。

傍晚，龙大蛟看见村口出现了两个黑点。他断定是龙儿和雀雀。

龙大蛟站在土场的石碾上把脖子伸得酸疼的时候，他终于看清了龙儿和雀雀。可是，龙大蛟一看见龙儿和雀雀就扑通一声从石碾上蹦下来了。因为他看见龙儿手里空空如也，而雀雀手里却抱着一块闪光的匾。

夜幕在油菜坡隆重地展开了，家家户户都挂上了红彤彤的灯笼。油菜坡霎时变成了灯的世界。

然而，龙家的门口却一片漆黑。龙大蛟睡在床上，三个新编的灯笼还放在堂屋里没上蜡烛。

"我们也该挂灯笼了。"龙儿的妈说。

"挂个屁！"龙大蛟陡然这么骂了一句。

"别家都挂了哩。"

"老子这一回不挂！"

"怎么啦？"

"龙儿这老鼠日的丢了老子的脸！"龙大蛟说到这里，猛然翻了一个身。他把脸翻到墙壁那边去了。

"龙儿不是我龙大蛟的种！"龙大蛟又骂了一句。

龙儿没有在意龙大蛟的话。他像鸡一样快活地跑到了门口土场上。他看见雀雀门口挂着两个灯笼，盛八米和雀雀正站在灯笼下笑。龙儿觉得盛八米和雀雀笑得很好看。

"幸亏雀雀昨天问了那道题。"

龙儿突然想起了试卷，试卷中正好出了那道只能用勾股定理才能证出来的题。可龙儿没有做这道题。龙儿不想夺第一。为什么？他也说不清。反正，这个元宵节，龙家的门口是不会挂灯笼了。

黑箱

一

事情说起来真是巧得不能再巧。刘菲的腿偏偏在那天扭伤了，陈可正好又懂一点按摩技术，再赶上那天晚上放电影，于是事情就发生了。

更巧的是，张西村发现了这件事。

那是周末晚上，学校放电影免费招待即将离校的毕业生。因为电影场不收费，所以想看电影的人就特别多。电影八点开始，七点一过，学生们就夹着板凳成群结队地涌向电影场。七点半钟，几乎每栋学生宿舍楼已空空如也。

刘菲住在五号楼。五号楼是女生楼。

张西村到五号楼门口的时间是八点过五分。他先扭着脖子把整个楼仔细看了一眼，发现所有的窗户里都没有灯光，正好电影场的扩音器这时也响起来，张西村便断定五号楼的主人们都走光了。于是他就贼头贼脑地窜进了五号楼。

张西村没有看电影的爱好，他的爱好是趁女生看电影之机偷她们的三角裤。张西村染上这个爱好虽然有些荒唐，但说起来还是挺悲哀的。到了大学二年级，男生女生之间的爱情之幕已正式拉开，路上勾肩搭背，月下搂臀捉腰，林中亲嘴咬舌……五花八门，应有尽有。然而这些男欢女爱都是别人的，张西村只有看的份。他来自湘西一个穷乡僻壤，经济条件不好，加上相貌也不美观，所以女生们都不愿跟他来往。看着别人在情场上如火如荼，张西村自然就不可能无动于衷。就在这种情况下，他染上了偷女生三角裤的爱好。在张西村看来，那些色彩明艳形式小巧薄如蝉翼的三角裤最富女性特征。每当偷着一条，他就有一种如获至宝的感觉，总要躲到无人的地方尽情把玩，有时还压在枕下睡上一觉。

张西村这回窜进五号楼的目的仍是偷女生的三角裤。女生们总是爱把她们的三角裤像小旗子一样挂在走廊的铁丝上。张西村对这方面的情况了如指掌。一窜进五号楼，张西村两道如饥似渴的目光就朝走廊上扫描了一番。然而这一回，走廊上的情况并不理想。铁丝上空空荡荡的，张西村只看见走廊西边的尽头挂着可怜的一条。

张西村于是快步朝西头走去。尽管他断定楼里没有一个人，但他还是轻手轻脚，走路的声音连他自己也听不见。

刘菲的寝室就在走廊最西头。那条唯一的三角裤正挂在刘菲的寝室门口。

张西村眼疾手快，一伸手便扯下了那条令他垂涎三尺的物件。

张西村完成任务正要转身而去的时候，刘菲寝室里突然传出很轻很轻的说话声。

屋里有人！张西村头皮一紧。

但张西村没有立即逃跑。因为他听见寝室里是一男一女的声音。他迅速把三角裤塞进口袋，接着就把耳朵贴在门上偷听。

“你不该这样的！”女的说。

“别这么说，你早晚是我的人！”男的说。

“我真有些怕。”女的说。

“怕什么？我的宝贝。”男的说。

“我怕怀孕。”女的说。

“不怕的，马上就要毕业了，一毕业我们就结婚。”男的说。

张西村听到这里，浑身上下激动不已。他真不敢相信他会遇上这种好事，而且是陈可和刘菲。他决定当场捉住他们。拿贼拿赃，捉奸捉双，张西村很早就懂这个道理。接下来，张西村飞起一脚就踢开了刘菲的寝室门。他轻而易举地捉住了陈可和刘菲。

二

张西村没有把事情向上报告。他想自己来处理这件事。时值毕业分配，这件事一捅出去对陈可和刘菲将极为不利。陈可和刘菲也极力请求张西村为他们保密。

陈可和刘菲都是这个城市的人。他们几乎在大学一年级就相爱了。陈可学习好，刘菲长得好，他们的爱情属于男才女貌那种模式。陈可与张西村住一个寝室，张西村看见陈可在情场上如此走红，心里对陈可早就恨之入骨。陈可当然不把张西村的嫉恨放在眼里，在张西村面前越发表现得春风得意。

陈可没想到他和刘菲的事会被张西村发现。于是，在张西村面前耀武扬威了四年的陈可，一下子变成了一只蔫头蔫脑的落水鸡。

事情发生的第二天中午，张西村把陈可和刘菲找到校园那个假山后面谈了一次话。

“我给你们保密可以，但你们必须把事情的经过老老实实地告诉我。”张西村严肃地说。

陈可和刘菲相互交换了一个复杂的眼色，然后双双望着张西村，表现出十分为难的样子。

“怎么，不想说？”张西村扬起脸看了看天。

“这怎么好说呀？”陈可苦笑了一下。

“跟我说怕什么？如果系领导让你们说，你们还不是得说？”

陈可又望了刘菲一眼，刘菲把嘴唇抿得紧紧的一言不发。

“你们万一不说就算了！”张西村突然换了语气，膀子一甩，做出要扬长而去的架势。

陈可一看张西村要走就慌了手脚，赶忙伸手抓住了张西村，说：“我说我说。”

“要说就快说。”张西村用不耐烦的口气催道。

陈可无可奈何就讲起来：“昨天晚上七点多钟，我去约刘菲看电影，碰上菲正坐在床上哎哟哎哟地叫唤，一问才知道她下午跑步扭了腿。我一听很着急，便坐下来给她按摩。当时寝室里只剩下我们两人。刘菲穿着一条超短裙，按摩了一会儿，我们就关了灯……”

张西村一边听一边看刘菲。刘菲的脸在张西村如火的目光下越变越红，后来她把头弯下去了。

陈可讲完，张西村把头扭向他问：“就这些？”

“就这些。”陈可说。

张西村又把头扭向刘菲问：“刘菲，他说的是这样吗？”

刘菲轻轻地点了点头。

张西村对陈可的交代并不满意。他认为陈可说得过于简单。他觉得这样的事情仅用三言两语是说不清楚的。于是他又提出了一个问题。

“你们俩谁主动的？”

刘菲猛然抬头看了张西村一眼。她似乎想说句什么，但她没有开口就把头低下去了。

“是我主动的。”陈可说。

“你是怎么提出来的？”张西村紧接着问。

陈可明知张西村在故意戏弄他和刘菲。他真想甩他一耳光。但他没有这个勇气。事到如今，他只好忍辱负重，任人摆布。于是他索性告诉张西村：“按摩了一会儿，我把手伸进了超短裙。我说我真想做那种事。她没有反对，我们就……”

这时，假山后面又走来几个人，张西村便结束了对他们的审问。分手时，陈可又一次求张西村保密，张西村嗡着鼻子答应了他。

三

系里很快就宣布了分配大方案。分配去向差别很大，有的要去中央，有的要留省城，有的要下到地县。

张西村的家乡湘西也有一个名额。系领导宣布到这里时，张西村如闻惊雷，浑身上下炸出一片冷汗，因为就他一人来自湘西，原则规定哪来哪去，看来去湘西非他莫属了。

宣布分配大方案的那个晚上，张西村彻夜未眠。湘西是一块贫穷的土地，他当初拼死拼活考大学为的就是摆脱那个鬼地方。苦苦读了四年又要回到那里去，这是他实在不情愿的事。他的愿望是留在省城。省城毕竟是省城，高大的楼房，宽广的街道，繁华的商店，还有那数不清看不尽的女性，张西村对这一切都留恋不舍。然而偏偏湘西有一个名额，恰恰又只有他一个湘西人。他想他真是苦命难逃啊。

果然在第二天，系分管学生工作的吴书记就找张西村谈了话，明确要求他回湘西去。

“不回去不行吗？”张西村问。

“那里有个名额，不回去怎么行？”吴书记说。

“为什么不分别人去？”

“你是那里的人，连你都不愿去，别人谁愿去？”

“如果有人愿去呢？”张西村这时突然想到了陈可。

“如果有人愿去，你当然可以不去。”吴书记说。

张西村回到寝室时，只有陈可一个人在房里。他正伏在桌上填毕业分配志愿表。

“你打算到哪儿去？”张西村问。

“我想留到本市，因为我父母就我一个儿子。”陈可说。

张西村没有对陈可的志愿发表看法。沉默了一会，他说起外语系的一件事。

“听说外语系一个学生要分到西藏去。”

“为什么？”陈可表现出很惊讶的样子。

“他与班上的一个女生谈恋爱，一次在树林中做那种事情时被学校保卫处的人捉住了。就为这。”

“哎呀我的妈！”陈可由惊讶转为恐惧。

张西村接着说：“你幸亏落在我手里。如果被保卫处发现了，还不是要去西藏！”

陈可说：“那是那是。我永生不会忘记你的大恩大德，到时一定感谢你。”

张西村听到这里，觉得弯子已绕得差不多了，就大摇大摆地走过去在陈可肩上拍了一下。

“你打算怎么感谢我？”张西村说。

“你说怎么感谢？”陈可说。

“我想请你替我去湘西。”张西村单刀直入。

“什么？”陈可大吃一惊。

寝室的空气顿时紧张起来。四只眼睛相互凝视，一眨不眨。

“你不愿去？”

“我，我不愿去。”

“湘西总比西藏好！”张西村冷笑了一下说。

张西村觉得他该说的话都已说完，接下来就应该给陈可一段思考的时间，于是就推门出了寝室。

四

几天以后，分配小方案公布了。陈可被分到湘西。他是自愿去湘西的。对此，人们都感到费解。

发派遣通知单那天，陈可与刘菲到学校假山后面抱头痛哭。哭得悲痛欲绝时，张西村去了。

张西村拍了拍陈可说：“想开点，你是城市人，未婚妻又留在城市，去几年不就可以回来了吗？”

刘菲把头从陈可怀里抬起来瞪了张西村一眼，想说句什么，但咬了咬牙又没说。她此时双眼已肿得像紫葡萄。陈可擦了泪，在张西村身上打了一拳，说：“你总算留在城市了！”

张西村红了红脸说：“这也是没有办法的事。”

张西村被留在了学校。吴书记跟他谈过话，认为他来自穷乡僻壤，为人憨厚老实，决定让他留校做学生工作。张西村对领导的安排非常满意。

分到外地的毕业生在两天之内都陆陆续续地离开了学校。此时在校学生也放了暑假，校园里就显得格外安静。

张西村还住在学生宿舍里，他想住几天之后再搬到单身教工楼里去。住了四年的寝室，突然要搬出去，心里便有些依依不舍，而且寝室里这时只剩下了他一个人，这一方天地归他独有，住着清静无忧，自由自在。

这天晚上，天气火烧火烤的闷热。张西村便关上门，拉了窗帘，把衣服脱了个一光二净。在七月火热的季节，一丝不挂真是舒服。张西村光着屁股在寝室里走了几圈，觉得有一种无法言喻的惬意。后来他突然想起了什么，眼珠一转便看见了床头的一口黑箱。

黑箱是张西村从湘西带来的，上面吊着一把铜锁。黑箱是张西村唯一的财产，他几乎爱之如命。几年来他总是给它上着锁，并且从不当着别人的面打开它。同寝室的人无不感到奇怪，都把它视为一口神秘的黑箱。张西村这段时间全心全意忙于毕业分配，好久没打开黑箱了。突然看见黑箱，心里顿时激动不已。他大步走到黑箱前，急忙找出钥匙要打开黑箱。

然而，当张西村的手一碰着铜锁时，他陡然吓了一大跳。原来铜锁被人撬开了。这实在出乎张西村意料，他差点昏倒过去。

正在这时，张西村听见有人敲门，敲门声很急促。他正要去开门，猛然发现身上光溜溜的，便火速地笼了裤子和衬衣。

张西村打开门，是吴书记站在门口。吴书记的脸色平板板的，没有任何表情。

“请进，请进。”张西村弯着腰说。

吴书记大步走进了寝室。他的眼睛把整个屋子扫了一圈。

“我找你了解一件事。”吴书记认真地说。

“什么事？”张西村觉得气氛不大对头。

吴书记拿出一封信说：“有人写信揭发你偷女生的三角裤，是否有这种事？”

张西村如五雷轰顶。不过，他还是强作镇静地说：“这是诬陷，绝无此事。”

吴书记这时把目光投向了床头的那口黑箱。

“揭发者说你箱子里有赃物，可以看看吗？”

张西村立刻惊慌失措，忙跑过去用手按着黑箱说：“没有没有，绝对没有，箱子里装的都是、都是衣服。”

吴书记说：“那我看看，眼见为实。”

吴书记说着就伸手揭开了黑箱，黑箱里果真装着半箱子各种花色的女式三角裤。

“这……”吴书记面色如铁。

张西村在吴书记揭开箱子的一刹那，两腿一软坐在了地上。

失踪者

一

一九七七年农历八月十五是金门舅母七十岁生日。金门强烈地预感到，失踪多年的表哥张木将在这一天回家。大概是为了迅速证实他的这种预感吧，金门那天一清早就从县城高中请假乘上了开往舅舅家的班车。

张木自两年前失踪后就再没有回过家，而且一直杳无音信。其间乡亲们曾对张木的下落作过各种各样的猜测。有人说他远走他乡改名换姓另外组织了家庭，也有人说他沦为乞丐犹如一株浮萍四处漂泊，甚至还有人说他早就去另一个世界当了死鬼。对于这些莫衷一是的说法，金门始终持一种怀疑态度。金门凭直觉感到，表哥还活着，并且相信他有朝一日会突然回家。后来，金门竟把表哥张木的归期像押宝一样押在了舅母七十岁生日这天。金门想，如果表哥还活着的话，那么这一天他肯定会回来的。

班车到达舅舅所在的那个村庄的边缘时，已快中午了。班车在公路边一棵弯曲的白杨树下扔下金门后扬长而去，车轮碾起的灰尘铺天盖地，使金门好长时间睁不开眼睛。当迷雾般的灰尘散去的时候，金门的目光落在了身边那棵弯曲的白杨树上。金门陡然想起，表哥张木两年前就是从这棵弯曲的白杨树下失踪的。

那时的金门还是一个初中生。他早晨上学路过弯曲的白杨树时，看见表哥神色惊惶地站在树下等车。张木那天戴了一顶被太阳晒得焦黑的麦草帽，帽檐拉得很低很低，差不多遮住了他的半张脸，以至金门从他身边经过时也没能认出他。后来是表哥主动叫住了金门，他低声告诉金门他即将出一趟远门。金门问他要去哪里，表哥没有回答，只说他这一走唯一放心不下的就是年近七旬的老妈。张木满脸忧郁地对金门说，我妈一年有三百六十五天头疼，也不知道我这一走还能不能再见到她老人家！表哥说着说着就流泪了，他一边流泪一边从一只破旧的黄包里掏出一盒狗皮膏药。金门，张木认真地说，这点儿膏药是我好不容易才弄到的，请你无论如何要亲自交给我妈！金门刚把狗皮膏药接过来，班车在一串刺耳的鸣号中开到了弯曲的白杨树下。金门看见表哥张木迫不及待地冲上了班车。班车似乎还没停稳就又开动了，它载着表哥很快从金门的视野上消失。金门万万没有料到，表哥张木的那次远行竟会成为失踪。

金门在那棵弯曲的白杨树下伫立许久之后才动身往村中舅舅家走。漫长的夏季还没有过去，知了在沿途两边的松树上扯着嗓门儿鸣叫着，让人听了心慌意乱，同时又浮想联翩。

关于表哥张木失踪的原因，金门至今没能弄个一清二白。在金门的印象中，乡亲们对于张木的失踪至少有两种说法。一种说法认为，张木在村办砖厂犯了严重的经济错误，他因此而畏罪逃跑。张木失踪以前长期担任着村办砖厂的推销员，金门知道他的任务就是把烧好的砖一车一车地运出去，然后再把卖砖的钱一包一包地提回来。在张木失踪之后，金门听说表哥最后的一次业务做得十分糟糕，砖厂厂长到派出所告张木贪污了五车砖款。派出所曾经派人到家中抓过张木，但那时的张木已经失踪好几天了。另外一种说法，是因为表嫂李瓜。李瓜在乡亲们的传说中是一个风流女人，据说她在嫁给张木之前曾经有过一位恋人，可她在成为张木的妻子之前隐瞒了这个事实。金门曾经目睹张木和李瓜发生过一次激烈的争吵，表哥火冒三丈地说他将有一天要一刀杀了那个家伙。至于表哥后来是否真的动了手，金门便不得而知了。关于张木失踪的原因，长期以来众说纷纭，然而究竟哪一种说法可靠呢？金门感到这对他来说始终是一个谜团。

舅舅家的那栋黑瓦屋在金门的视线上越来越近了，他已经能够看见门口晃动的人影。金门仔细地数了一遍，他发现那些人影至少也有五个。除了舅舅舅母以及表嫂李瓜，还有两个人影是谁呢？金门的心这时候开始蹦跳起来。他估计那两个无法确定身份的人影没准就有一个是表哥张木。金门这么想着，步伐陡然快捷起来，他仿佛觉得他马上就可以见到失踪多年的表哥张木了。

二

舅舅家喂着一条黑白相间的狗，金门离舅舅家的土场还有几米远，那条狗便狂吠起来。坐在土场上的几个人一听见狗吠立刻站起来了，他们还没看清来人是谁便开始朝土场外快速地移动或奔跑。他们显然是把金门当成了盼望已久的张木，当他们看清金门的脸庞时，一个个都大失所望地止住了脚步。这一发现让金门陡然感到沮丧，因为他由此判断表哥张木还没有回家。

在迎面而立的那些人中，金门第一眼只认出了两个，一个是身体佝偻的舅舅，另一个是守了几年活寡的表嫂李瓜。在舅舅和李瓜的身后，金门看见了两张似曾相识的面孔，但一时却想不起他们是谁了。还有一个人远远地站在屋檐下，他的面目在金门看来异常陌生。金门没看见舅母，只听见一串苍老而痛苦的呻吟若断若续地从屋里传出来。

舅舅见到金门表现出一种发自内心的喜悦。你来啦，金门！舅舅说。金门看见舅舅一边说一边笑了一下，不过他的笑十分短暂，很快便被那满面的悲愁所淹没。舅舅从前是一个快活的人，知足常乐，笑口常开。金门知道是表哥的失踪彻底改变了舅舅。自从表哥失踪以后，快乐顿时离他远去，巨大的悲愁像一张黑网严严实实地裹住了他。金门缓缓走近舅舅，低声安慰说，舅舅，表哥会回来的。舅舅听了金门的话，脸上突然掠过一丝莫可名状的紧张，与此同时，他迅速回头看了看身后的那两个人。金门也朝那两个似曾相识的人看了一眼，发现他们的神色非常诡谲。

表嫂李瓜这时走上来跟金门招呼了一声。李瓜在金门的印象里是一个丰满而有水色的女人，可现在站在金门眼前的这个女人却像一只风干的苹果，浑身干瘪，脸上一点儿水分也没有。金门满含怜悯地问，表嫂，你想我表哥吧？李瓜却无精打采地说，谁想那个死鬼！表嫂李瓜嘴里这么说着，眼睛忽然扭过去看了一下站在屋檐下的那个人。金门发现那个人这会儿在凶猛地抽烟，厚密的烟雾使他的面目看上去越发显得陌生。

又一串呻吟从屋里传出来。金门忙问舅舅，舅母呢？舅舅没回答，只用手朝屋里指了一下。李瓜小声告诉金门，你舅母已经卧床两个月了，看来……

金门决定进屋去看看舅母。他在舅舅和表嫂的引导下穿过堂屋，进入了一间黑如暗夜的厢房。厢房里什么也看不见，只有一股恶臭扑鼻而来。当金门跌跌撞撞地走到舅母的床边时，舅母终于感到了脚步的声音。金门听见一个喑哑的声音问，是木儿回来了吗？舅舅说，不是，是金门来看你哩！舅母于是长长地叹了一口气，然后有气无力地说，今天我满七十岁哩，木儿也该回来看我一眼！后来，金门让舅舅划燃一根火柴，让他看了一眼处于死亡边缘的舅母。舅母奇瘦无比，像一张干枯的兽皮堆在床上。金门不忍心多看，他在火柴熄灭之前便关闭了眼睛。

从厢房出来时，金门发现刚才站在门口土场上的三个人这会儿都转移到了堂屋。那两个似曾相识的人坐在门后的角落里。他们一胖一瘦，胖子皮肤炭黑，看样子挺凶；瘦子白皮细肉，在胖子的比照下显出几分温和。他们无所事事地坐在那里，头不时地从门后伸出去，朝门外看上一眼。金门目光灼灼地注视了他们一会儿，努力地想在什么地方见过他们，但终于没能想起来。后来，金门抑制不住地询问舅舅，那两个人是谁？舅舅压低嗓门说，瘦的是砖厂的苟厂长，胖的是派出所的肖特派员。金门经舅舅这么一提示就恍然大悟了，他想他们难怪看上去这么面熟哩！

那个面目完全陌生的人，很明显与苟厂长和肖特派员不是一起的。他进入堂屋后仍然独处一隅，低着头默默地抽着劣质香烟。金门专注地打量了他一会儿，那个人可能感觉到有人看他就略微抬了抬头。在他抬头的那一瞬间，金门惊奇地发现那人的下巴上有一道炫目的刀疤。就在这时，李瓜从厨房里走了出来，金门快步上前小心翼翼地问，表嫂，那个抽烟的男人是谁？表嫂李瓜的脸倏然红了一下，然后吞吞吐吐地说，他，他是我娘家的一个亲戚！

太阳已经当顶了，白热的阳光四处蔓延。金门在堂屋停留片刻后独自来到门口土场边，他用手挡住阳光朝远处眺望，可他没能看到表哥张木的影子。

三

李瓜在忙着烧午饭，油盐的气味从厨房里冒出来，然后随风朝四处飘散。堂屋里除了苟厂长、肖特派员和李瓜娘家的那个亲戚之外，再没有其他客人。金门丝毫感觉不到生日应有的那种气氛。舅舅弓着背不断地给几个人上茶，显得殷勤而卑琐。金门坐在靠近大门的一把木椅上，眼睛不住地朝门外张望。金门希望表哥张木能在午饭之前回家。

肥胖的肖特派员和干瘦的苟厂长始终坐在大门的背后，他们像是害怕被人看见似的。但是，他们从来没有间断过对门外的观望。他们像乌龟一样，每隔几分钟就要把头朝门外伸一下，然后再缩到门后去。金门想，肖特派员和苟厂长肯定也在盼望失踪多年的张木。

后来，一直沉默寡言的苟厂长和肖特派员终于低声耳语起来。

他要回来的话，这会儿也该到家了，已快到吃午饭的时间哩。苟厂长说。

是啊，怎么现在还不见动静？莫非他忘了今天是他妈的生日？肖特派员说。

这不会。苟厂长说，这小子我了解得很，他把他妈的生日记得比自己的生日还牢。

那就再耐心地等吧。肖特派员说，看来我们只有在这儿吃午饭了。

他们说到这里，金门看见舅舅又一次走过来给他们的茶杯加水。舅舅加满水正要转身，肖特派员用一只大手抓住了他的一个衣角。老张，你儿子这几年真的没写过一封信给你？肖特派员提高声音问。没有，一个字儿也没有！舅舅点头哈腰地说。你们也没派人打听过他？肖特派员又问。开始托人打听过，后来就没管他了，我只当是没生这个孽子的！舅舅说。

舅舅说完提着水瓶朝舅母所在的厢房走去。舅母的呻吟不绝如缕。金门快步跟进了厢房。他在厢房里拉住舅舅问，舅舅，苟厂长和肖特派员来干什么？舅舅压低嗓门说，他们来抓你表哥的。他们都以为张木今天会回来。他们一清早就来了。

从厢房出来，金门听见苟厂长和肖特派员又开始说话了。

肖特派员说，如果张木永远不回来，那你们砖厂的那笔钱可能就会永远成为一桩悬案。

苟厂长脸色苍白地说，万一他不回来，我想那个案子也该了结了。作为一厂之长，我总不会贪污那笔钱吧？

肖特派员说，我当然相信你。但有关方面却非要弄个水落石出不可。看来你要想恢复厂长的职务还真要等到张木回来才行呀。

苟厂长有些按捺不住了，红了脖子说，假如张木真的死了呢？

肖特派员说，死了当然会有死的说法。

苟厂长摇了摇头说，好，等着吧，要是今天还不回来，那他也许真的死了。

金门听着他们的对话，仿佛觉得自己是在听一段无头无尾的天书。不过他们没继续往下说，厢房里突然高涨的呻吟转移了他们的注意。舅舅锁紧眉头对金门说，你舅母不行了！金门一惊问，是吗？舅舅苦笑着说，她本来早就要断气的，可她一直盼着见你表哥最后一眼！金门听了心里一阵酸疼，他没再说什么，眼前晃动着舅母痛苦的情形。

四

金门有好一阵子没注意那个脸有刀疤的陌生人。当金门想起再看一眼那道刀疤的时候，那个人已经离开了堂屋。他原来坐过的那把木椅空着，木椅四周铺满了厚厚的烟灰。他到哪里去了？金门开始四处寻找。

金门一连找了好几个地方都没见到那个脸有刀疤的人。后来他在锅铲声的牵引下走到了厨房门口。一到厨房门口，金门就愣住了，他惊异地发现了他要找的那个人。此时那个脸有刀疤的人正坐在灶口的一条板凳上，位于下巴的那道刀疤在灶火的照耀下显得分外打眼，看上去像一条红色的虫。李瓜的午饭还没烧好，她围着围腰布在灶台后面不紧不慢地忙着。

现在还不见回来，恐怕是不会回来了！脸有刀疤的那个人忽然说。金门看见他一边说一边抬头看了看灶台后面的李瓜。

谁知道呢？李瓜说。她没看对方，眼睛盯着锅里的虎皮青椒。

李瓜，脸有刀疤的人喊了一声说，你是希望他回来还是希望他不回来？

这，这，李瓜犹豫了一会儿说，这怎么好说呢？

脸有刀疤的人说，我想他八成是回不来了，说不定他的骨头早就能打鼓了！

李瓜陡然停住锅铲说，谁知道呢？

他们还要再说什么时，金门听见了舅舅的脚步声。金门回头一看，舅舅提着空水瓶朝厨房走过来，看样子要进厨房加开水。金门随即闪到了厨房门的一边。

当舅舅弯腰驼背从厨房提着一瓶水出来时，金门紧紧跟上了他。舅舅，那个脸有刀疤的人是谁？金门满脸诧异地问。舅舅回头看了金门一眼，目光中糅杂着某种难以言说的东西。他没有回答金门，提着水瓶径直走到了苟厂长和肖特派员那里。

舅舅给几只茶杯加过水之后走出了堂屋的大门。他独立土场边缘举目远望。金门很快跟出去了。他又一次问到了那个脸有刀疤的人。舅舅，那个人究竟是表嫂的什么人？金门焦灼不安地问。舅舅迟疑半天后说，你表嫂嫁给你表哥以前就认识他，算是最早的恋人吧。金门大吃一惊，过了片刻又问，他下巴上的那刀疤是怎么一回事？舅舅声音颤抖地说，听说是你表哥砍的，他一直等着向你表哥报仇哩！金门恍然明白了什么，他忍不住啊了一声。

远处的路上仍然不见表哥张木的影子，金门失望地进了堂屋，然后又不由自主地走向了厨房门。

李瓜已把菜做好了，菜碗一个挨一个摆在灶台上。锅里这会儿在蒸饭，蒸笼里热气腾腾。李瓜依然站在灶台后面，她的身影在乳白色的蒸气中让金门想到仙女下凡的传说。脸有刀疤的人还坐在灶口的板凳上，他又开始抽烟了，下巴上的刀疤随着烟头的火光忽明忽暗。金门感到他像一头狰狞的鬼。

我问你，李瓜在蒸气中说话了，你是希望他回来还是希望他不回来？

无所谓！脸有刀疤的人说，回来了我可以还他一刀；不回来我可以马上和你结婚！

李瓜没接话，她深深地沉吟下去，仿佛坠入了一个地窖深处。直到四周的蒸气散尽，李瓜才说，该吃午饭了。

饭菜端上桌子时，充满死亡气息的呻吟再次从厢房里传入堂屋。舅舅抱歉地对大家说，你们吃吧，我去看看。

五

那条黑白相间的狗在午饭即将结束的时候再一次发出了惊心动魄的狂吠。最先冲出大门的是舅舅，金门看见他弓似的脊背陡然伸直了许多。紧跟而出的是肖特派员和荀厂长。他们把筷子胡乱一扔就开始奔跑。那个脸有刀疤的人也丢下碗走到了屋檐下。金门注意到他的右手迅速插进了后腰，像是握住了一件什么东西。李瓜没有走出大门，她端着饭碗慢条斯理地走到门槛边就止了步。

狗狂吠不止。所有的人都以为张木回来了。

金门快速跑到了狗的跟前，目光直直地凝视着土场外的那条路。他终于看见了一个人。那是一个戴墨镜的男人，脸上生满了又黑又密的络腮胡子，宛若春天里疯长的蔓草。后来大家都看见了来者，当确认来者不是张木时，一个个都成了泄气的皮球。有人口齿不清地咕哝着什么，有人长吁短叹，有人索性转身坐上了饭桌。

狗还在尽情地狂吠。它对戴墨镜的不速之客虎视眈眈。不速之客在土场处忽然停了下来，他用一口十分难听的异地口音问金门，请问，张木先生住这儿吗？金门笨拙地点头说，是的。舅舅听见来者打听张木便热情邀请他进门坐坐。与此同时，金门看见舅舅把狗赶走了。

不速之客一进堂屋就开始四处张望，他将每一个人都仔细打量一番后把眼睛停在了舅舅身上。

张木先生呢？不速之客问。

他不在家。舅舅说。

张木先生上哪儿去了？不速之客又问。

他，他失踪多年了。舅舅说。

不速之客本来坐在一把木椅上，他一听到张木失踪的消息一下子就弹起来了。什么？他失踪了？不速之客不安地说，天啊，我找他有重要事哩！

舅舅忙问，请问客人，你是怎么认识张木的？

不速之客重新坐下来说，我是张木先生从前的客户，我从他手里买过的砖不计其数。

舅舅给不速之客送上一杯茶后又问，请问客人，你找张木有什么事？

不速之客神秘地说，对不起，不见到张木先生本人，我是不会说的。

堂屋里的人都听见了不速之客与舅舅的对话，惊奇和兴奋顿时写满了每个人的脸。

舅母又在厢房里凄惨地呻吟起来，金门仿佛看见一个老朽的灵魂正在朝一座坟墓缓缓飞翔。舅舅抛下不速之客，慌乱地跑进了厢房。李瓜也紧随而去。没有多久，金门看见表嫂面如菜色地出来了，她倚在厢房门上对金门招手。

有什么事，表嫂？金门走上去问。

你舅舅想让你装扮你表哥。李瓜咬着金门的耳朵说。

金门惊愕地问，为什么？

李瓜说，你舅母不见到你表哥，看来是断不了那口气的，所以……

金门胀大眼眶问，你们难道希望舅母早死？

李瓜凄然一笑说，她活着比死了更难受，所以……

舅舅无声无息地从厢房里出来了。他的手上拿着一顶破旧不堪的麦草帽。金门，你将它戴上吧，然后到舅母床边喊她一声妈就行了。舅舅吃力地说着，一边说一边把麦草帽递向金门。

金门却呆若木鸡，他没接那顶麦草帽。

李瓜这会儿插手了，她接过麦草帽麻利地戴在了金门的头上。李瓜说，像，真像他！

金门觉得自己忽然变成了一个稻草人。后来他被舅舅和表嫂连推带扯弄进了厢房。金门进门后，发现有人事先在舅母的床头点了一盏昏黄的油灯，舅母的脸看上去像一张风中的草纸。

舅舅离床还有好远就高声喊道，他妈，木儿回来啦！李瓜马上在金门背后推了一下，说，快喊妈呀！金门这时候忽然想起曾在县城看过的一场戏，他觉得自己现在正处于某场剧情之中进退两难。金门真的喊了一声妈，并且一边喊一边扑向了舅母的床头。

然而他们的表演失败了。舅母睁开深陷的双眼怔怔地看了金门一会儿，然后滚出两点泪说，不，不是木儿！

金门随着舅舅和表嫂从厢房出来时，发现那个戴墨镜的不速之客正如一棵树直直地立在厢房门口。

房里是什么人？不速之客用冰冷的声音问。一位病号。舅舅说。我能进去看一眼吗？不速之客又问。房里很暗，而且气味……李瓜说。没等李瓜把话说完，不速之客就一脚跨进了厢房的门槛，一头扎进了黑暗深处。

在不速之客进入厢房的那一段时间，堂屋里的几个人一直在猜测着他的来历。可是他们的议论还没显出任何眉目，不速之客就慌慌张张从厢房出来了。不速之客先用手扶了一下墨镜，然后对舅舅说，大伯，我该走了！舅舅正要说什么，不速之客已经走出堂屋踏上了门口的土场。金门追出去时，不速之客早已无影无踪……

不速之客的匆匆告辞在舅舅的堂屋里引起了不大不小的波澜。肖特派员，苟厂长以及那个脸有刀疤的人都异口同声地问，他是谁？没有人能回答他们的问题，金门听见舅舅和表嫂李瓜也发出了同样的疑问。接着，大家都突然注意到厢房里的呻吟停止了，厢房里显得宁静如水。金门看见舅舅神速地去了厢房。不一会儿，舅舅出来了，他无比激动地告诉大家，舅母终于断气了。

金门听到这个消息顿时震惊了。同时，他猛然想到了那个戴墨镜的不速之客。

书虹医生

一

书虹医生重返乡卫生院的消息传到油菜坡的第二天，我妈一清早便派我去看望她。这是一趟美差，我妈一说我就满口答应了。其实我并不是一个很听话的孩子，平时我妈给我安排的很多差事都被我拒绝了，要么就是跟她讨价还价。我之所以这么乐意去看望书虹医生，是因为我从心眼儿里暗暗喜欢她。书虹医生是一个美丽而善良的女子，我想天底下任何一个男人都会喜欢她的，当然也包括我这个年仅十五岁的少年。

三月的天气乍暖还寒，但我还是果敢地脱去了那件穿了一个冬天的灰棉袄，换上了一件枣红色的夹克衫。作为一个已经具有了爱美之心的少年，我当然希望自己能在异性面前展现出一个潇洒的形象，何况我要去见的是我心仪已久的书虹医生。我妈看出了我的心事，对我古怪地一笑说，又不是去相亲，换衣服干什么？她说着把一只竹篮递给我，竹篮里装满了她头天晚上赶做的花生糖。书虹医生喜欢吃花生糖，并且特别喜欢吃我妈做的。我妈做的花生糖里掺着核桃仁，不仅清脆爽口，而且幽香扑鼻。书虹医生吃花生糖的样子也十分好看，她先把两片红润的嘴唇微微张开，接着慢慢启开那两排洁白如玉的牙齿，然后再用她灵活的舌尖把花生糖轻轻地舔入口中。每次看书虹医生吃花生糖我都禁不住流口水，有时候简直是垂涎三尺。

我提着花生糖出门时，天色刚蒙蒙亮，村子这会儿还处于黎明的寂静里。经过我家旁边的羊栏时，我特意停下来朝羊栏里看了一眼，发现我家的那只黑羊还熟熟地睡在梦中。本来我打算叫上黑羊一起去看望书虹医生的，但一见它还睡得那么香甜，便打消了这个念头。黑羊看样子正在做一个美梦，说不定梦见的就是书虹医生。我没忍心打断黑羊的美梦，便挪动双脚一个人走了。

从油菜坡到乡里有十多里路，要过一条水沟，翻一个山包，再过一条水沟。平时我走这条路至少需要一个半小时，但我去看望书虹医生绝对不要这么长时间，最多一个小时我就可以到达乡卫生院。一个人步伐的快慢与他心情的好坏是密切相关的，我差不多是在用跑步的速度走着这段路程。

刚刚跨过第一条水沟的时候，我突然听到了一声羊叫。这是一声亲切而温柔的叫喊，我一听就知道是从我家黑羊嘴里发出来的。油菜坡这村子遍地是羊，羊的叫声随处可闻。但羊们的叫声基本上大同小异，唯有我家黑羊的叫声与众不同。可以骄傲地说，油菜坡数以千计的羊中只有我家黑羊才能叫出这种悦耳动听的声音。听到羊叫后我立即停下了脚步，回头看去，只见我家黑羊正脚不点地地朝我飞奔而来。黑羊一边跑一边央央地叫着，仿佛在请求我等它一下。

在停下来等待黑羊的那一会儿，有几个问题一直盘旋在我的心里。黑羊为什么要追我而来呢？难道它知道我是去看望书虹医生吗？莫非是我妈给它通风报信了？然而，还没等我把这些问题想出个眉目，黑羊已经跑到了我的跟前。我看见黑羊累得满头大汗，鼻孔那里喘着粗气。黑羊一到我身边就用它的角轻轻地抵我的腿子，像是在责怪我临行时没有叫上它似的。我于是对它说，别抵了，我带你去看书虹医生还不行吗？黑羊听我这么一说马上就不抵我了，反而还伸出舌头来舔我的手。我知道黑羊舔我的手是在向我表示感谢，它感谢我同意带它去看望书虹医生。事实上我家黑羊比我还要喜欢书虹医生，以前我每次去看望书虹医生都是携它前往的。

我家黑羊算起来已经两岁了，早已长成一只膘肥体壮的大羊。黑羊能有今天，完全是书虹医生的功劳，如果没有书虹医生，它的生命早在两年前就化成泥土了。可以这么说，书虹医生是我家黑羊的救命恩人。正是由于这个原因，黑羊才如此喜欢书虹医生。

二

事情发生在两年前，当时也是春天，那会儿油菜花已经盛开了，油菜坡一夜之间变得金灿灿的，到处香气迷人，蝶舞蜂喧。那是一个星期天，我不上学。吃过早饭之后，我妈对我说，你把我们家的母羊牵到山上去吃一点儿岩花树叶吧，再过一段时间母羊就要生小羊了，吃了岩花树叶生小羊会顺畅一些。岩花树都长在岩石的缝隙里，平地上是没有这种树的。那天我把怀孕的母羊牵到了孙家岩，那里岩石陡峭，长着许多岩花树。我家那只怀孕的母羊大概是许久没吃过岩花树叶了，它一见到那鲜嫩的岩花树叶便忘记了自己的身孕，不顾一切地爬到了一块高耸的岩石上。

然而，它爬上去容易，跳下来就难了，况且又吃了那么多的岩花树叶。麻烦就出在母羊从岩石上往下跳的时候。它跳下来四肢压根没能落地，而是那怀孕的身子先砸在了地上。我先是听见沉闷的一声钝响，接着就听见了母羊凄惨的尖叫。我慌忙朝母羊跑过去，看见它痛苦地倒在地上，浑身打抖，嘴里不停地呻吟着。当时我虽然只是一个十三岁的孩子，但我已经感到了事情不妙。幸亏我这人机灵，没有丝毫犹豫就抱起母羊朝家里跑。

那天我是使出吃奶的力气将母羊抱到家门口的。当我把母羊放到门口草垛边时，我已经累得站不稳了，双膝一弯便坐在了地上。好在我妈已经闻声而来，我可以把一切责任推给她了。我妈喂了三十几年羊，毕竟比我有经验。她一见母羊那个样子就说，糟糕，母羊要早产了！我妈说得真准，大约过了半个小时，母羊便开始生小羊了。如果仅仅只是一般的生产，那也没有什么，这种事情我妈以前也处理过。问题是我们家的那只母羊是一只刚刚遭受了跌摔的羊，而且伤势惨重，生命垂危。它刚把小羊生出一颗头来，就已经浑身无力了。我妈立刻感到了事情的危险，脸色刹那间变得苍白如纸。她一把将我从地上提了起来，用命令的口气对我说，快，快去兽医站请个兽医来！

兽医站与乡卫生院连在一起，仅仅一墙之隔。兽医站只有一个兽医，姓柳，满脸麻窝，人们都喊他柳麻子。当然这只能是在背后叫，当面必须恭敬地喊他柳医生。我那天赶到兽医站时，柳麻子正在兽医站门口和一个人下棋，四周围了许多穿白大褂的观棋者，大概都是乡卫生院的医生和护士。我一到那里就跟柳麻子讲了我们家母羊生小羊的事，求他无论如何赶快跟我走一趟。而柳麻子听后却无动于衷，也不看我一眼，只顾下他的棋，一局完了才对我说，油菜坡那么远，我赶不到那里羊就断气了，去了也是白去！柳麻子说完又重新开局了。

别提当时我的心情有多复杂了，失望，痛恨，伤心，一起涌上了我的心头。我抑制不住地哭了，一边哭一边扭头往回走。然而，我刚走出几步，一个甜甜的声音猛然叫住了我。

小男孩，等我一下！那个声音是这么叫的。声音真甜，像一缕糖丝。

我急忙回过头去，看见一个二十岁左右的女子正朝我匆匆走来。她穿着一件用红毛线织成的外套，肩上背着一口印着红十字的医药箱，看上去非常漂亮。更加漂亮的是她的脸，眼睛大大的，眉毛弯弯的，鼻子高高的，嘴唇红红的。说实话，在那之前我还从来没见到过这么美丽的女子。

她，就是书虹医生。

书虹医生走到我身边，小声对我说，既然柳医生不愿去，那我就去试试吧。羊也是一条命啊！

我顿时无比感动，连声说着谢谢。

书虹医生淡淡地一笑说，不用谢，我们赶紧走吧，你在前面带路！她边说边伸手在我头上拍了一下。书虹医生的手又白又嫩，仿佛是用面粉做成的。

开始我还以为书虹医生也是兽医，在返回油菜坡的路上我才知道她是乡卫生院的妇产科医生，刚从学校毕业分来，上班还不到一个月。书虹医生告诉我，在我求柳麻子的时候她也在那里观棋，所以她什么都知道了。她还对我说，柳医生真是不像话，一点儿医德也没有！

书虹医生那一天是跟着我一路小跑到我家的，路上只花了一个小时。我妈一见到书虹医生就用哀求的声音说，快救救我家的羊吧，它们母子好可怜啊！当时母羊已经气息奄奄，连呻吟的力气也没有了，但我发现它见到书虹医生后却陡然睁开了眼睛，一眨不眨地望着她，放出一种奇异的光，还流了几滴泪。书虹医生默默地看了母羊一眼，什么话也没说就打开了那口医药箱。书虹医生动作麻利地拿出一根针管，推上药水，很快在母羊身上打了进去。我妈一边给书虹医生打着帮手一边问，这是打的什么针？书虹医生说，这是催产针，专门给产妇打的。你家母羊没有劲生小羊了，打了催产针也许会把小羊生下来。书虹医生的这一针果然起了作用，没过多久，母羊就动了起来，卡在尾巴下面的那颗小羊的头也开始慢慢朝外涌动。书虹医生双膝弯曲着跪在母羊的后面，伸出两只手轻轻地托着正在诞生的小羊。约莫过了一刻钟，小羊终于生出来了。书虹医生欣喜地说，好漂亮的一只黑羊啊！

三

翻过山包，就可以看见乡卫生院了。乡卫生院坐落在乡镇的东头，那是几栋米色的楼房，四周铺满绿色的菜地。最高的那一栋是宿舍楼，高达七层，处于几栋四层楼房中间，给人一种鹤立鸡群的感觉。书虹医生的宿舍位于七楼左边第一间，以前我和我家黑羊每过一段时间都要去那里一次，去看望我们喜欢的书虹医生。

这会儿，我的眼睛已经看见了书虹医生的宿舍。顿时，我的心跳加快了，血管里的血液也像野马一样奔腾起来。一年没看到书虹医生了，我记不清有多少次梦见她。但梦中的书虹医生总是模模糊糊的，若隐若现，稍纵即逝。更加令人遗憾的是，书虹医生在梦中一次也没拍过我的头，而现实中的书虹医生总是爱用她那又白又嫩的手拍我的头的。我特别喜欢书虹医生拍我的头。书虹医生身材高高的，我的头只达到她的胸脯那里。书虹医生拍我的头时一般都是面对着我，我看见她的胸脯鼓鼓的，仿佛两个小山包，我还能闻到一股淡淡的香味。转眼书虹医生已经一年没拍过我的头了，我多么希望她再拍我的头啊！

黑羊一爬到山包上也把眼睛投向了乡卫生院那里，同时还央央地叫了两声。我想它肯定也是看见了书虹医生的宿舍，激动得不能自已。平时黑羊的两只耳朵总是软软地垂在脸上，这会儿却猛地耸了起来，并且还微微地颤动着。作为黑羊的主人，我知道它的耳朵为什么会这样，它是在盼望书虹医生摸它的耳朵了，正如我盼望书虹医生拍我的头一样。每次与书虹医生相见，无论是在乡卫生院还是在油菜坡，刚见到的那一刻，书虹医生总是要亲切地摸一摸黑羊的耳朵，书虹医生摸黑羊的耳朵时特别耐心，摸完左边的一只又摸右边的一只，摸得黑羊幸福极了，嘴里忍不住央央直叫。每当这个时候我就有些嫉妒黑羊，虽然书虹医生拍过我的头，但我的头只有一个，而黑羊却有两只耳朵，那会儿我真希望自己能有两个头啊！

在翻越山包之前，黑羊一直走在我的屁股后头，而一过山包，它居然跑到我前面去了，并且还把我甩一大截远。看来黑羊想见书虹医生的心情比我还要迫不及待。这也难怪，书虹医生是它的救命恩人嘛。但让我一直闹不明白的是，黑羊怎么会知道书虹医生救过它的命呢？刚生下来的时候，黑羊只有筷子那么长，眼睛眯着，无精打采，难道它那会儿就已经把书虹医生铭记在心了？我永远忘不了我和黑羊第一次去乡卫生院看望书虹医生的情景。那是黑羊满月的第二天，我妈做了一竹篮花生糖，吩咐我送到乡卫生院，去感谢书虹医生对黑羊的救命之恩。黑羊当时已长成猫子那么大，能跑会跳，十分可爱。临走时我妈突发奇想对我说，你把黑羊也带去吧，让书虹医生看看她救过的羊长成什么样子了！黑羊也很听话，我唤了一声它便欣喜若狂地跟我去了。那一天书虹医生休息，我和黑羊是在她的宿舍里见到她的。当时书虹医生正在寝室里对镜梳头，她从镜子里发现了站在门口的我和黑羊。书虹医生看见我和黑羊后异常惊喜，赶紧丢下梳子就跑到门口来迎接我们。我见到书虹医生的那一瞬间还有点儿羞涩，脸蛋涨红着，不知道说什么好，直到书虹医生伸手在我头上拍了一下之后，我才把装着花生糖的竹篮递给她。而黑羊的胆子却很大，它一见到书虹医生就跑了过去，一边央央地叫着一边就伸出舌头去舔书虹医生的裤脚。书虹医生一眼就认出了这是她救活的那只羊，连忙蹲下身去，用手摸黑羊的耳朵。长得好快呀！书虹医生边摸黑羊的耳朵边说。比刚生下来的时候还要漂亮呐！书虹医生说着又开始摸黑羊的另一只耳朵。在书虹医生摸黑羊耳朵的时候，我看见黑羊一直圆睁着两眼看着书虹医生的脸，黑羊的目光里充满了感激。书虹医生也发现了黑羊异样的目光，她一下子好感动，居然伸过脸去在黑羊的脸上挨了一下。

我和黑羊跨过那段路上的第二条水沟，乡卫生院已经近在眼前了。我的心不禁越跳越快，仿佛有一把锤子在不停地敲击我的心坎。血液奔涌得更加凶猛，我感到血管开始有点儿胀痛了。黑羊也显得愈发亢奋，它四肢欢腾着走路，像是在跳舞似的。看着走在我前面的快乐的黑羊，我陡然想起了我和黑羊最后一次去看望书虹医生的情形。那是一年前的一个雨天。雨是半路上下起来的，我出门时没带雨伞。刚出门时天气好好的，没有一点儿要下雨的兆头。然而我和黑羊刚翻过山包，雨就下起来了，说下就下起来了。到达乡卫生院时，我和黑羊都被淋得透湿，浑身上下连一根干毛也没有。我先去了乡卫生院的妇产科。黑羊没有进去，它被值班的人拦在了大门之外。其实黑羊是很想与我一道进去的，它也想早一点儿见到书虹医生，但值班的人却说动物免进。我在妇产科没见到书虹医生，接下来就和黑羊去了宿舍楼，我想书虹医生不在妇产科就肯定在寝室里休息。我和黑羊是一口气爬上七楼的。在爬楼的时候，我的心热乎乎的，尽管身上的衣服湿透了，但我没有感到丝毫的凉意。黑羊也不觉得冷，这从它活蹦乱跳的样子可以看出来。然而，一到七楼我的心就变凉了，因为书虹医生的门上挂着锁。黑羊也看见了那把锁，它的目光显得有些忧郁。书虹医生旁边的那个门开着，不久走出一个医生模样的人来。我赶忙问他，请问书虹医生到哪儿去了？那人冷冷地看了看我和黑羊，然后冷冷地说，她犯错误了，被送出去学习改造了！当时，我如闻惊雷，一下子就蒙了，提在手上的竹篮扑通一声掉在地上，我妈为书虹医生做的花生糖撒了一地。约莫过了一刻钟，我才稍微清醒一点，这时我发现黑羊伤心极了，泪水不知什么时候流满了它的脸，那样子看了真让人心碎。由于心灰意冷，我没有去收拾地上的那些花生糖，只提了竹篮对黑羊说，我们回家吧！黑羊没有立即跟我走，我一个人走下几步楼梯后它才依依不舍地离开书虹医生的门口……

四

书虹医生其实并没有犯什么错误，说起来那顶多只能算是一桩医疗事故，而且责任也不全在书虹医生。

事情出在乡卫生院的产房里，那天正好是书虹医生当班。刚刚上班不久，书虹医生就接手了一个高龄产妇。那个产妇已经四十岁了，是一个村支部书记的老婆，村支部书记姓汤，卫生院里好多人认识他，都喊他汤支书。汤支书把他的大肚子老婆送进产房后对书虹医生说，我老婆以前怀过两胎，都在三个月左右流产了，这一胎好不容易才保住，你可千万要让孩子平安出世。书虹医生仔细询问了产妇的情况，得知产妇已经过了预产期后，她马上做出了给产妇做剖腹产的决定。

为了确保大人和孩子的平安，必须采取剖腹产！书虹医生说。

汤支书却说，不行，不能做剖腹产，我要让我老婆把孩子生下来。

为什么？你这是为什么？书虹医生焦急地问。

汤支书自以为是地说，一本医学杂志上说过，母亲生下来的孩子聪明一些，我可不想我的孩子长大了是个笨蛋！再说，我老婆身体不好，在肚子上开个大口子她受不了！

可是你老婆的情况很特殊啊，不做剖腹产我没有百分之百的把握。书虹医生十分为难地说。

汤支书冷笑一声说，这我管不了，没把握就是没水平，既然没这个水平，当什么医生？

书虹医生心里又急又气，真想和那个蛮不讲理的汤支书大吵一架。但她生来是一个温和的女子，从来没和别人吵过架，而且也不知道怎么和人吵架。她后来还是强忍住委屈，请求汤支书在剖腹产手术方案上签字。书虹医生说，按照规定，请你在方案上签个字吧。她边说边把钢笔递给汤支书。汤支书双眼一横说，我不签！说着一伸手将书虹医生递过去的笔打掉在地。书虹医生再也控制不住了，泪水像决堤的洪水滚滚而下。她哭着说，好，你不签字我就不做，出了问题你负责！

那天乡卫生院里只有书虹医生这么一个妇产科医生，她连一个商量的人都找不到。没有办法，她只好帮助产妇自己生孩子。产妇由于年龄偏大，加上体质虚弱，催产针注射几个小时之后才有所反应。汤支书的老婆是在那天下午两点开始生产的，她生得缓慢而痛苦，直到天黑才将孩子生下来，足足持续了四个小时。一个婴儿遭受了四个小时的夹持与挤压，其结果是不难想象的。婴儿从母体里出来后久久没有哭声，脸上看不到一点儿血色，鼻孔那里只剩下一丝微弱的气息。书虹医生虽然对这些不好的情况早有预料，但一旦面对还是感到诚惶诚恐。产妇一见婴儿这种样子也深感害怕，连忙哀求说，请医生一定要把他救活！书虹医生一边忙着一边说，我尽力吧！乡卫生院的医疗条件很差，书虹医生想到了许多办法却无法实施。但她还是把能用的办法都用上了。后来书虹医生突然断定婴儿的嗓口那里有痰，她便慌忙去找吸痰器。可是吸痰器一时却不知跑到哪儿去了，她找遍了整个产房也没见到。情急之中，书虹医生突然摘下了口罩。我只好用嘴给他吸痰了！书虹医生对产妇说。她说完就弯下头去，将她的嘴唇飞快地贴在了婴儿的嘴上。书虹医生那天从婴儿口中吸出了许多痰，谁也想象不出她当时给婴儿吸痰是一种什么感觉。去水池边吐痰时，书虹医生产生了剧烈呕吐，她吐得头昏目眩，差点儿昏迷过去。但书虹医生坚持住了，她很快又回到了婴儿身边。婴儿经过吸痰后终于哭了一声，但这一声非常短暂，犹如一颗流星，从天边一划便消失得无影无踪了。后来没过多久，婴儿就停止了呼吸。

汤支书那天一直在产房门口等待着他的孩子，但他压根儿没想到等到的会是一个死婴。产妇一见孩子断了气就放声大哭起来，哭声像哀乐一样响遍了整个卫生院。汤支书一听见老婆的号哭便感到事情不好，他一脚踹开了产房的门，发疯般地冲了进去。书虹医生怀着沉重的心情对汤支书说，对不起，我已经竭尽全力了！汤支书早已失去了理智，他根本不听书虹医生解释，上前就抓住书虹医生的双肩吼道，你赔我儿子！你赔我儿子！汤支书张着碗大的嘴，像是要一口把书虹医生吃掉。书虹医生整整一天都陪着产妇，不仅没有休息，而且一连两餐没有吃东西，哪里经得起汤支书的这般折磨。书虹医生用哀求的声音对汤支书说，请你放开我，我快不行了！汤支书却没有放她，反而把她推来搡去。后来的情况就可想而知了，书虹医生双眼一黑倒在了产房里。

书虹医生第二天才从昏迷中醒来，她一醒来就听说了一个不好的消息。院长对她说，汤支书把你告上法庭了！书虹医生一惊说，他凭什么告我？是他坚决不做剖腹产的。院长说，他不仅告了你，还把我们卫生院也告了！书虹医生愤愤地说，凭什么？我们没有责任，责任该他自己承担哪！院长苦笑一下说，话也不能说得太绝对，你多少还是有些责任的，比如说吸痰器吧，你当时怎么找不到吸痰器呢？汤支书就是抓住这些细节在大做文章啊！书虹医生顿时无话可说了，她默默地垂下头去。许久之后，书虹医生抬头问院长，我们该怎么办？院长说，事到如今，只有想方设法将大事化小，小事化了。书虹医生问，你有什么办法？院长说，寻求私了，千万不能上法庭。如果上法庭打官司，无论对你还是我们卫生院都不利！书虹医生沉思了一会儿说，那就听院长的吧。

后来经过调解，汤支书提出，如果书虹医生和乡卫生院赔偿一万块钱，他就从法院撤诉，院长答应了这个要求。接下来院长找到书虹医生，说这一万块钱卫生院和书虹医生各承担一半。书虹医生一听说要她赔五千块钱，顿时吓了一大跳。参加工作以来，她所有的积蓄还不到五千啊！但书虹医生没有说什么，她咬着嘴唇点头答应了院长。

我听说书虹医生当天就去银行取了全部存款，又找朋友借了一些，凑足五千交给了院长。院长接过钱后对书虹医生说，为了今后不再出问题，你去县医院学习一年吧！

五

我和我家的黑羊已经有一年时间没到过乡卫生院了。不过，一年没到过，这里并没有发生什么变化，一切都还是过去的老样子。说来也巧，那天我和我家黑羊一到乡卫生院大门口就看见了书虹医生。书虹医生看上去还是那样漂亮，只是她把头发染了，原来是黑色的，眼下成了金色，乍一看像个外国女人。乡卫生院门口场子上停了一辆搬家公司的车，车上已经装满了各种家具。我看见书虹医生时，她正在往车上放一口皮箱。开始我没有认出她来，因为她披肩的金发让我感到十分陌生，直到她放稳皮箱转过头来，我才发现她就是我日思夜想的书虹医生。黑羊也是这时候看见书虹医生的，它马上撒腿朝她跑了过去。但书虹医生看到黑羊时并没有感到什么激动或兴奋，仿佛站在她面前的只是一只普通的羊。我开始以为书虹医生可能是没有认出黑羊来，便响亮地喊了一声书虹医生。书虹医生听到喊声后马上朝我看了一眼。哦，是你呀。书虹医生说。我发现书虹医生见到我以后的表情和语言都很平淡，一点儿也没有久别重逢的那种喜悦。这是我事先没有料到的。我心里感到无比难过。黑羊的内心感受可能也和我差不多。它见书虹医生对它不冷不热，便转身回到了我的身边，那样子像是被人打了一闷棍似的。

除了书虹医生，还有七八个人在忙着朝车上搬东西。书虹医生的动作最快，她一会儿工夫就往车上搬了好几样。我和黑羊站在人群之外，我们的眼睛却一直在跟着书虹医生转动。说实在的，我那会儿对书虹医生并没有完全失望。我想眼下她太忙了，等她忙完之后肯定会过来亲热我和黑羊的，她一定还会拍我的头，摸黑羊的耳朵。黑羊的想法也许跟我一样，因为我看见它的两只耳朵一直高高地耸着。

然而，最后我和黑羊还是彻底失望了。那辆搬家公司的车实际上是在给书虹医生搬家，这一点我后来没过一会儿就看出来了，因为我发现书虹医生一边忙着还在一边给那些人上烟，如果不是她搬家，她为什么要给别人上烟呢？我和黑羊在那里大约站了半个小时，他们把所有的东西都搬到车上去了。书虹医生这时候拍拍手上的灰对着我和黑羊说，我调到县银行工作了，再见吧。她说完就纵身跳进了搬家车的驾驶室。

那辆搬家公司的车载着书虹医生和她的家具很快开走了。它是从我和黑羊面前开过去的，速度快极了，我和黑羊想再看书虹医生一眼也没看上。黑羊追着那辆车跑了好远，但没有追上，后来它就站在公路边，一边望着那车远去，一边央央地叫着。我家黑羊的叫声非常凄婉，我听了心碎欲裂。

姓孔的老头

一

王香满六十岁那天早晨，姓孔的老头天不亮就醒了。他一醒过来就开始折腾，像炒板栗一样在床上翻过来翻过去。没过多久，他的妻子祥云也被他弄醒了。

姓孔的老头叫孔庆西，原来在油菜坡小学教书，当时村里的人都叫他孔老师。他小时候读过私塾，说话总是之乎者也的，显得很有学问，村里的人都很尊敬他。三年前，这所小学因为学生太少与邻村的小学合并了，孔庆西也在那一年退了休。从那以后，人们就不再叫他孔老师，把他叫成了姓孔的老头。村里只有孔庆西这么一个姓孔的人，大家都觉得叫他姓孔的老头别有一番味道。

祥云醒来后很不高兴，她以为孔庆西是因为王香的生日才这么早醒的，心里于是就有点儿吃醋。王香是孔庆西的表妹，祥云觉得孔庆西太把他表妹的生日当回事了，居然兴奋得连觉都睡不着呢！其实孔庆西与王香的关系并不是很亲，他们的母亲是堂姐妹，中间还隔着一层。但孔庆西却一直对王香亲得很，几乎把她当成了亲妹妹。这让祥云很不舒服，心里经常感到酸溜溜的。

孔庆西这时候哼了一声，声音显得很痛苦，好像是身上哪个地方出了毛病。祥云听了心里一怔，马上觉得刚才是错怪孔庆西了。祥云赶紧问，你怎么啦，老孔？孔庆西皱着眉头说，我的风湿病发了！他一边说一边伸手在他左腿的膝盖那里捶了两下。

祥云顿时就睡不安稳了，她赶快披衣下床，慌慌张张地跑到了窗前的书桌那里。书桌的抽屉里原来放有风湿膏，祥云想找一张给孔庆西贴上。可是，祥云打开抽屉，找了好半天也没找到。

孔庆西知道祥云在找什么，他让她别找了，说风湿膏早就被他贴完了。他说着又哼了一声，声音尖尖的。祥云想，他一定是疼得更加厉害了！

祥云一下子愣在了书桌边上，不知道怎么办才好。如果在三年前，祥云遇到这种情况是不会这样犯难的。那时候，这学校周围开了好几个小店，其中就有一个药店。要是碰上孔庆西腿上的病发了，祥云一眨眼的工夫就能把风湿膏买回来。可是，自从那年这学校合并出去以后，这里的小店也就陆陆续续地关了门。在祥云的印象中，关门最早的就是那个药店。

孔庆西这时又哼了一声，声音更尖了，像铁丝一样刺耳。祥云知道孔庆西是一个忍耐力很强的人，要不是疼得受不了，他是不会哼出这种声音来的。祥云心里隐隐作痛，可就是想不出一点儿办法来。油菜坡小学这里现在只住着孔庆西和祥云两个人，其他的人在学校停办后就搬走了，祥云想找个人借止痛药都找不到。

后来，还是孔庆西自己想到了一个主意。他安排祥云给他倒来一杯酒，先把酒喝进嘴里，再一口喷在左腿的关节上，然后就让祥云在他腿上使劲地揉。这个办法还算有效，祥云揉了一支烟的工夫，孔庆西就没有再哼了。

祥云看了一眼床头的闹钟，离天亮还有半个钟头。她就劝孔庆西再睡一会儿。孔庆西却没有再睡，他把眼睛睁得大大的，一动不动地望着天花板，好像在想什么心事。祥云本来还想回到床上再躺一下的，见孔庆西没有睡的意思，她也就没再上床。

大约过了五分钟的样子，孔庆西突然长长地叹了一口气。他叹气的声音怪怪的，祥云有点儿摸不着头脑。你怎么这样叹气？祥云奇怪地问。孔庆西把嘴巴张了一下，但没出声就合上了。他好像是不想回答祥云。

孔庆西的脸在灯光下半边红半边黑，看上去非常古怪，像唱古装戏的演员化了妆似的。祥云还从来没在他脸上看见过这种表情，心里不禁有点儿纳闷。老孔，你刚才为什么这样叹气？祥云又问了一遍。孔庆西这时猛地把一只手捏成一个拳头，对着左腿的膝盖狠狠地打了一下，然后说，这条腿真是不争气啊，早不疼晚不疼，偏偏在今天疼！

祥云陡然就明白了孔庆西叹气的原因，原来他心里还一直挂着王香的生日呢。祥云于是又开始吃醋了。不过祥云的心情是可以理解的，早在半个月前，孔庆西就让祥云陪他上了一趟老垭镇，专门去给王香买了生日礼物。离王香的生日还有上十天，孔庆西就开始扳着指头数日子，还说他在倒计时。前两天，孔庆西又步行四五里路去了邻村的一个杂货店，特地买回了一挂鞭，说到时候拎到王香门口去放。祥云觉得，孔庆西对他那个表妹实在太好了。

孔庆西又叹了一口气。这一口比上一口还长，有点儿像小孩子偷着给自行车的轮胎放气。他的脸还是半边红半边黑，看起来有几分滑稽。祥云暗暗地笑了一下。她一边笑一边说，老孔，你不要这样叹气好不好？不就是去给王香过生日吗？你不能去，我可以代替你去嘛！

没等祥云话音落地，孔庆西就摆着头说，这可不行！你应该知道，六十岁是人一生当中最重要的一个生日，作为表哥，我怎么能不亲自去祝贺她呢？

祥云红着脸说，你不是腿疼去不了吗？我去把情况一说，王香肯定会原谅你。再说了，生日礼物已经买了，我把礼物一送给她，你的人情也就算到堂了！

孔庆西突然激动起来，扩大嗓门说，谁说我去不了？谁说礼物一送去人情就到堂了？我告诉你，人情人情，只有人到堂了，情才会到堂！我还告诉你，今天就是爬，我也要爬到王香家里去！

祥云不再吭声了。孔庆西把话都说到了这个份儿上，她还再说什么呢？但祥云这会儿更加吃醋了，心里像是打翻了一个泡菜坛子，五脏六腑都酸透了。

过了一会儿，孔庆西突然从床上坐了起来，一坐起来就开始穿衣服。祥云扭头看了一眼窗外，这才发现天已经亮了。孔庆西一边系扣子一边安排祥云，让她赶快去厨房煮两碗面条，说吃了面条就去给王香过生日。祥云问，我也去？孔庆西说，当然，她满六十岁呢，我们夫妻一起去显得隆重一些。祥云本来是不情愿去王香那里的，但家里的事一向都是孔庆西说了算，所以她也只好这样了。

早晨七点钟还差一点儿，孔庆西和祥云就出了门。孔庆西提着礼品袋走在前面，祥云提着鞭走在后面。孔庆西一走一歪，好像是左腿短了一截。祥云看着他这样走路，感到有点儿哭笑不得。从学校院子里走出来后，祥云到路边找来了一根竹棍，递给孔庆西说，当拐杖拄着吧，拄着去给你表妹过生日！孔庆西瞅了祥云一眼，没说什么就接过竹棍拄在了地上。然后，他们就朝着王香住的地方走去了。

二

油菜坡是一面很陡的坡，远看上去就像一块斜着竖起来的门板。王香住在半坡腰里，离小学有六七里的样子。路程倒说不上远，腿脚好的一个钟头就能走到。但孔庆西和祥云这天却多花了一倍的时间，他们到达王香门口时，已经是九点过了。要说起来，孔庆西这一路也是吃尽了苦头。开始一段，孔庆西还没感到太难受。走到一半时，他左腿的膝关节已肿得发亮了，祥云看见他疼得泪花在眼眶直打转。快到的时候，孔庆西对祥云说，如果换了别人的生日，我说不准半路上就折身回去了！祥云怪笑一下说，这我相信！

王香家有两间屋，那间高的叫正屋，矮的那间叫搭屋，两间屋紧紧地挨着，就像一个孩子搭在一个大人身上睡觉似的。原来，那间搭屋没从外面开门，到搭屋里去必须先进正屋，然后再从正屋穿进搭屋。现在，孔庆西发现搭屋的外墙上也开了一扇门，顿时有些莫名其妙。

孔庆西把鞭点响后，王香才从屋里跑出来。她是从搭屋里出来的，神色显得有点儿慌。当时王香可能正在搭屋里忙着做事，头发蓬乱，手上沾着灰，腰里还系了一条围裙，看上去脏兮兮的。孔庆西有几个月没见到王香了，他感到王香这段时间变化不小，不光头上的白发增多了，脸上的表情也明显黯淡了许多。

王香看见孔庆西和祥云后显得有点儿吃惊，好像没料到他们要来。王香睁圆眼睛问，你们怎么来了？孔庆西把礼品袋递上去说，你今天过生日呢！王香表情复杂地笑了一下说，亏得你们还记得我的生日，我自己都差点儿忘了呢！她边说边接过了礼品袋。

正屋门口这时出现了一个三十多岁的女人，她冷冷地看了孔庆西一眼，然后叫了一声表舅。孔庆西认出她是王香的儿媳妇，马上亲切地对她笑了一下。王香的儿子叫李柱，孔庆西四处张望了一会儿，却没看见他的影子。

李柱呢？孔庆西奇怪地问。他本来是问李柱老婆的，可她没回答，一转身就不见人影了。王香连忙说，柱子在老垭镇上跟着别人做建筑，半个多月都没回来了，听说工地上忙得很。孔庆西有点儿不高兴地说，再忙也该回来给妈过生日啊！王香皱了皱眉头说，他吃中饭前有可能会赶回来的。

祥云这时对王香说，快带我们进屋坐吧，老孔的风湿病发了，站时间长了受不了！王香扭头朝孔庆西的腿上看了一眼说，这是表哥的老毛病了，好像经常在发。孔庆西看着王香的脸说，是呀，以前每次发病，你都要拎着鸡蛋去学校看我！王香把脸红了一下说，这几年太忙，也没顾上去看表哥。

王香把孔庆西和祥云直接带进了那间搭屋。进门的时候，孔庆西疑惑地问，怎么进这间屋？王香低声说，我上个月和柱子分家了。孔庆西大吃一惊问，你说什么？他说着就摆过头愣愣地看着王香，好像发现太阳从西边出来了。王香没再说什么，低着头快步进了屋里。

孔庆西进屋后半天不说话，心里一直想着王香和李柱分家的事。王香只有李柱这么一个儿子，她的丈夫又在两年前因病去世了，孔庆西从来没想到王香会和李柱分家。王香递茶时，孔庆西严肃地问，分家是谁提出来的？王香想了想说，是柱子。孔庆西生气地说，李柱太不像话了，怎么能把你一个人扔在一边？王香淡淡地一笑说，唉，分了也好，反正我跟柱子的老婆捏不拢！

搭屋被王香用一块篾席隔成了两间，里面是卧室，外面一间支了一个土灶，摆着一张木桌，算是厨房兼饭厅。孔庆西一边喝茶一边把目光投向那块篾席，发现那块篾席已经破烂不堪了，还有几碗大的窟窿。

放下茶杯后，孔庆西跛着腿子走到了那个土灶边，他看见锅里煮着一小块腊肉，可能是刚煮下，一点儿香气也闻不到。孔庆西抬头问王香，中午客人多吗？王香把眼睛扭到一边说，哪有什么客人？要说有客人，那就是你们。祥云接过话头问，你娘家总会来人吧？王香猛然低下头说，没人来！孔庆西眨眨眼睛问，你今天满六十岁呢，娘家怎么会没人来？王香犹豫了一下说，是我捎信让他们不来的。祥云问，为什么？王香说，家里这么穷，我不想让他们来！王香说到这里把头抬了一下，孔庆西看见她眼睛里闪着泪花，心不禁一颤，好像是被虫子咬了一口。

孔庆西默默地回到椅子上坐下。过了一会儿，他看见了王香放在那张木桌上的礼品袋，里面装的是一件羊毛衫。孔庆西指着礼品袋对祥云说，你把羊毛衫拿出来给王香试一下，看穿着合不合身。祥云马上去拿出来了，麻利地给王香套在身上。

这件羊毛衫是桃红色的，王香穿上它一下子明亮起来，人也陡然年轻了一些。多少钱？王香问。五百。祥云说。王香感叹说，这么贵呀！祥云细声细气地说，老孔对你可大方了，在商场掏钱时连眼皮都不眨一下，当时我还差点儿吃醋呢！王香马上扭头看了孔庆西一眼，嘴里说了一声谢谢。

孔庆西看着王香穿着自己给她买的羊毛衫，心里有一种说不出来的高兴。他有点儿激动地说，王香，你就穿着别脱了，穿着它过生日！王香却摆摆头说，这么贵的衣服，我才舍不得穿呢。她嘴里这么说着，手就慌忙地去脱。孔庆西看着王香把脱下的羊毛衫放进了礼品袋，突然感到有点儿扫兴。

接近十一点的时候，王香家里还是冷冷清清的，除了孔庆西和祥云，再没来其他的客人，一点儿生日气氛都没有。孔庆西心里猛然袭来一丝伤感。他一下子回忆起了王香从前过生日的情景，那时候真是热闹，屋里屋外都是客人，还请了乡村乐队，欢快的唢呐声都响到天上去了。孔庆西不知道现在怎么变成了这个样子，他心里真有点儿接受不了。

土灶那里终于飘来一缕淡淡的肉香。王香慢慢站起来，说她该去煮中饭了。孔庆西突然认真地问，李柱怎么还没回来？王香想了一下说，还早呢，等我把中饭煮熟了，他也许就回来了。孔庆西埋怨说，你今天满六十岁呢，他应该早点儿回来才对。王香没再搭话，一声不响地去了土灶那里。

孔庆西忽然感到心口上有点儿难受，好像是被什么东西堵住了。他说想到外面透透气，祥云就扶着他走出了搭屋。王香家门口有一根枫树，眼下是深秋，树上的叶子全都红了，孔庆西觉得那些枫叶真是好看。遗憾的是，一阵风猛地刮了过来，一眨眼工夫就把树上的枫叶吹掉了一大半。

时间过得很快，一晃就到了中午，王香这时在搭屋里喊吃饭了。孔庆西却没有慌着进屋，他先朝门前的那条小路上看了一眼，然后自言自语地说，李柱还没回来呢！等到王香喊了第二遍，孔庆西才悻悻地进去。

王香已经把菜端上了桌子，她做了四个菜一个汤，还摆了一壶散装酒。孔庆西走到桌子边，闷闷不乐地坐下来。可是，他坐了好半天却不动筷子。王香催促说，快吃吧，不然菜就凉了。孔庆西面无表情地说，慌什么？等李柱回来了一起吃！孔庆西的态度很坚决，他这么一说，祥云和王香把拿到手上的筷子也放下了。

一直等到一点钟，李柱仍然没有回来。桌子上的菜渐渐变凉，后来一丝热气也没有了。王香这时有点儿不好意思地说，我们吃吧，看来柱子是不会回来了！孔庆西非常生气地说，李柱怎么能这样？怎么能连自己的妈过生日都不回来呢？况且还是满六十岁啊！王香苦涩地笑了笑说，柱子也有他的难处，他儿子在县城里读书，每个月的生活费都要好几百呢。他老婆又不贤惠，成天好吃懒做的。唉，一家人全靠柱子一个人挣钱养活啊！

祥云这时拿起一双筷子递到孔庆西手边说，吃饭吧，老孔，王香当妈的都不怪李柱，你这个当表舅的生什么气啊！祥云这么一劝，孔庆西也就不再说什么了，伸手接过了祥云手中的筷子。

孔庆西吃了两口，猛然想起了什么。他将筷子放到桌子上，扭头问王香，你儿媳妇呢？怎么不喊她来吃饭？王香脸一沉说，我才不喊她呢！我宁愿把饭喂狗，也不会给她吃！孔庆西一怔问，这是为什么？王香咬咬牙齿说，前天我和她吵架了！祥云接下来询问吵架的原因，王香马上就一五一十地说了。事情其实很简单，王香的一只母鸡把蛋下到了她儿媳妇的鸡窝里，她去找儿媳妇要，可儿媳妇就是不给她，婆媳俩于是就大吵了一架，还差点儿动手了。孔庆西听了王香的讲述，脸色显得十分难看。他呆呆地把王香看了好半天，然后叹息一声说，天啊，你们怎么会这样！

那天中午孔庆西喝了不少酒。开始他并不想喝，王香劝了几次他才勉强端杯。喝了几口后，孔庆西就来劲儿了，一杯接一杯地喝了起来。到了后来，他干脆拿过酒壶直接往嘴里倒，王香拦都拦不住。最后，亏得祥云一把夺了酒壶，不然孔庆西非把那壶酒喝光不可。祥云知道孔庆西是憋着气在喝闷酒，她想，要是再让他喝下去肯定会出问题。事实上，孔庆西当时已经有点儿醉了。

三

吃完中饭，孔庆西刚被祥云扶下桌子，一辆摩托车轰轰隆隆地开到了王香家门口。不一会儿，一个头发乱得像鸡窝的年轻人匆匆忙忙地走进了王香的搭屋。孔庆西虽然眼睛被酒精烧得有些模糊，但他还是一眼认出了进来的这个人。这个人叫双飞，是油菜坡有名的鸡贩子，成天骑着摩托车在村子和老垭镇之间跑来跑去，绑在车后的两个竹篓里装满了鸡。

王香这时在土灶那里洗碗。双飞是来找王香的，他只给孔庆西点了一下头就径直去了王香身边。王香看见来了人，立刻停止了洗碗，赶紧拉起围裙擦手上的水。

双飞，你怎么来了？王香一边擦手一边问。

是李杜让我来的，他让我给你带一百块钱。双飞说着就从口袋里掏出了一张红票子。

孔庆西一下子被他们的对话吸引住了，他慌忙摆过头去，两眼一眨不眨地看着王香和双飞。孔庆西看见王香很快把双飞手上的那张钱接过去了，她接钱的时候，两只眼睛猛然亮了一下。王香接过钱后，先放在手上摸了一会儿，然后就装进了衣服口袋。

双飞把钱交给王香后转身就要走，但王香把他拉住了，她让他喝一口水再走。王香对双飞很客气，专门为他泡了茶，又双手端去递到他手里，嘴里还一再地感谢他给她带钱。双飞一边喝茶一边说不用谢，他说今天去镇上贩鸡，正好碰到了李柱，李柱就让他顺便帮这个忙。

孔庆西这时打了一个酒嗝，然后伸长脖子问双飞，李柱为什么不亲自回来给他妈过生日？双飞说，工地上这段时间人手紧俏，每天的工资都长到八十了，只有傻瓜才会在这种时候请假。孔庆西对双飞的说法很不满，狠狠地瞪了他一眼。

双飞只喝了两口就放了茶杯，他说他还要去隔壁找一下李柱的老婆，说李柱有话捎给她。王香本来是一脸笑意的，双飞一说到李柱的老婆，她的脸马上就变黑了。王香没再挽留双飞，双飞出门时，她连慢走都没说。

孔庆西在双飞离开的时候把嘴巴张了一下，好像要跟他说点儿什么，但他还没来得及说出口，双飞已经到了门外。接着，孔庆西把目光快速转到了王香身上。王香这会儿又在土灶那里洗碗了。

王香，你过来一下！孔庆西喊了一声。他的声音很大，夹杂着刺鼻的酒气。他同时还对着王香招了一个手。你有什么事？我的碗还没洗完呢。王香说。她没有马上过来的意思。孔庆西说，我有件重要的事和你商量。王香说，等我洗完了碗再商量不行吗？孔庆西喷着酒气说，不行，等你洗完碗恐怕就来不及了！

王香只好丢下碗朝孔庆西走过来。快到孔庆西身边时，王香忽然扭身倒了一杯茶，递给孔庆西说，你喝杯茶吧，把酒气压一下。

祥云听了王香的话，脸上古怪地笑了一下。她想，王香肯定是嫌孔庆西的酒气难闻了。她还给孔庆西挤了两下眼睛，有点儿幸灾乐祸的味道。

孔庆西却没心思理睬祥云，他接过王香递过来的茶杯，一口也顾不上喝就迫不及待地和王香说起话来。

孔庆西开口就说，王香，我建议你把李柱的那一百块钱给他退回去！王香一下子傻了眼，两个眼珠像两颗黑丸子。她大声问，为什么？祥云也愣住了，她想孔庆西肯定是喝醉了酒在说酒话。

孔庆西这时突然从椅子上站起来，像他过去教书时给学生讲课一样，一边做着手势一边对王香说，李柱为了挣钱，连你六十岁生日都不回来，这说明在他心目中，钱比妈重要！既然他这么爱钱，你收他的钱干什么？所以我建议，你干脆让双飞把钱退给他！

王香有点儿为难地说，你是当过老师的，知书达理，见多识广，你说的话肯定没错。可我觉得，柱子已经把钱带给了我，再退给他就会伤他的心，这样多不好啊！

孔庆西抢过话头说，我们的目的就是要伤一伤李柱的心。如果把钱退给了他，他接到钱后，首先肯定会伤心一阵子，但伤心过后，他就会反思自己，通过一番反思，他就会恍然大悟，认识到在这个世界上，还有比钱更重要的东西，那就是情！

王香一边听一边眨着眼睛，好像是被孔庆西说糊涂了。孔庆西说完后，目光直直地看着王香的嘴，等着她说话。王香却把嘴紧闭着，一声不吭。王香，你到底愿意不愿意把钱退给李柱？孔庆西问。他好像有点儿等不及了。我，我不知道！王香吞吞吐吐地说。她一边说一边摆头。

孔庆西一下子愤怒了，他指着王香的鼻子说，王香，我告诉你，如果你还认我这个表哥的话，那你就赶紧把钱退给李柱！如果你不退，那我今后也就没你这个表妹了！

王香听孔庆西这么一说，身体陡然晃了一下。她有点儿惊慌地说，哎呀，你快别这么说，我把钱退给柱子还不行吗？王香说着就把一只颤巍巍的手伸进了衣服口袋。

祥云一直没说话。她本来想劝一劝孔庆西的，但她知道孔庆西的脾气，这种时候谁的话他也听不进去。所以她就只好在一旁装哑巴。

王香终于把那一百块钱掏出来了。她用两个指头紧紧地捏着它，像是怕突然被风吹跑了似的。

孔庆西用赞赏的口吻对她说，你赶紧送给双飞吧，他这会儿还在你儿媳妇那里。王香有气无力地对孔庆西说，干脆你送去吧，我不想去隔壁屋里。她说着把钱伸到孔庆西面前。孔庆西说，那好吧。他边说边接过了那张钱。钱上有点儿潮湿，孔庆西想，可能是王香的手上刚才出汗了。

孔庆西拿着钱去找鸡贩子双飞，走出搭屋的门时，正好碰见双飞从那间正屋的门里出来。孔庆西把钱递给双飞说，麻烦你再把这一百块钱带给李柱。双飞一愣问，怎么？这张钱是假的？孔庆西说，钱倒是真的。双飞又一惊问，真钱为什么要退？孔庆西说，你告诉李柱，他妈看重的是情而不是钱！双飞接过钱感叹说，李柱的妈真好！

双飞说完，两腿一分跨上他的摩托车，一溜烟就从王香家门口开跑了。孔庆西目光炯炯地看着双飞由近而远，直到一点儿影子也看不见了才转过身来。

四

第二天，孔庆西和祥云又起了一个早床。七点一刻，他们在油菜坡小学后面的公路边搭上了一辆开往老垭镇的班车。

老垭镇坐落在一个风口上，这里一年四季刮风不止，街道两边的树都是弯的，每一棵树上都留下风的形状。弯得最厉害的一棵树长在医院门口，那是一棵榔树，从头到脚弯了九个弯，人们都称它为九弯榔。

八点钟的光景，孔庆西在祥云的搀扶下来到了九弯榔下。树下砌着一个椭圆形的花坛，孔庆西刚打算坐到花坛上休息一会儿，祥云看见医院的大门打开了，她就没让孔庆西坐下去，直接将他扶进了医院。

头天晚上，孔庆西被他的那条风湿腿折磨得一夜没合眼，祥云也跟着一夜没睡成。每到疼痛难忍的时候，孔庆西就要祥云起床给他用酒揉腿，一夜揉了七八次，把一瓶酒都揉完了。祥云上半夜还没有什么怨言，下半夜就忍不住发起牢骚来，埋怨孔庆西不该亲自去给王香过生日。以往，孔庆西是听不得祥云说这种话的，一听就免不了要生气，甚至发火，但这一夜他却像变了个人，不管祥云怎么说，他都闭着嘴巴不作声，像一个做了错事的孩子。天亮的时候，祥云说，我陪你去镇上医院里找医生看看。孔庆西二话没说就点头同意了。

十点钟的样子，孔庆西从医院里出来了。他进去的时候嘴里一个劲儿地哼着，出来时就没再哼了。医生在他的腿上打了一针，看来那一针还很见效。

祥云比孔庆西晚出来一会儿，她在后面取药。祥云拎着装药的塑料袋从医院出来时，孔庆西已坐在了九弯榔下的花坛上。他在这里等她。孔庆西见到祥云后问，你也坐会儿吗？祥云说，走吧，还要去车站赶车呢。

孔庆西从花坛上慢慢地站起来。刚站直身体，他看见了医院旁边的一个建筑工地。那里正在建一栋高楼，已经砌到五层了，十几个建筑工正在砖墙上忙着，有的在提砂浆，有的在砌砖，有的在钉木板。

祥云也注意到了那个建筑工地。她的眼睛比孔庆西好，能看清那些建筑工的脸。看了一会儿，祥云突然说，老孔，我看见李柱了！孔庆西听了一惊说，他在哪儿？祥云说，他在那墙上砌砖呢，手上还拿了一把砍砖的刀。孔庆西小声问，他没看到我们吧？祥云说，他刚才朝我们这里看了好几眼，不知道他认出我们没有。孔庆西马上转了一个身，然后对祥云说，快别往那边看了。祥云问，为什么？孔庆西说，昨天我让双飞把钱退给了李柱，我担心他认出我们了会难为情。祥云马上说，好，我不看了。

祥云嘴上这么说着，眼睛却还是情不自禁地又朝建筑工地上看了一眼。李柱不见了！祥云突然惊奇地说。他肯定是躲起来了！孔庆西有点儿得意地说。祥云说，李柱的动作好快呀！孔庆西说，看来他的自尊心还挺强的！

孔庆西和祥云一边说一边朝车站方向走。他们走得太慢，还没离开九弯榔，一个身穿皮夹克的小伙子匆匆地来到了他们身边。

孔庆西一眼认出了这个小伙子，正准备扭头回避一下，小伙子却叫了他一声。表舅！小伙子是这么叫的。他显得很大方，声音也洪亮得很。孔庆西反而感到有点儿尴尬，脸一下子变得通红，嘴上竟一时不知道说什么好。祥云这时连忙与小伙子打了一个招呼，她说，是李柱呀！

李柱穿的皮夹克一看就是假货，压根儿不是皮子做的，好像是帆布上涂了一层黑胶，有些地方已经脱胶了，露出一些白块，看上去像那种癞疮疤。李柱见到孔庆西很热情，刚一站定就从他皮夹克里掏烟给他抽。孔庆西没有接烟，摆摆手说不会抽。李柱说你不抽我抽了，边说边点了一支叼在嘴上。

孔庆西这时问，你到医院来干什么？李柱吐一个烟圈说，我刚才在墙上无意间朝这棵九弯榔下看了一眼，看见一个人像你，就跑过来了，原来还真的是你！孔庆西听李柱这么说，心里就以为李柱可能是跑来给他认错的。

李柱一支烟快抽完的时候，祥云问，你表舅让鸡贩子双飞退你的那一百块钱收到没有？李柱扔掉烟头说，收到了，收到了，我正是为这一百块钱来感谢表舅的！

孔庆西有点儿迫不及待地问，你感谢我什么？

李柱满面堆笑地说，感谢表舅能体谅我的困难，昨天你让我妈把我送给她的一百块钱又退给我，这真是雪中送炭啊！实话告诉你，双飞昨天来退钱的时候，我儿子正打电话催生活费呢。表舅真好，如果不是你劝我妈，我妈她才不会把到手的钱再退给我呢！所以我就专门跑过来谢表舅一声。

李柱话音未落，一阵狂风骤然刮了过来，刮得九弯榔上的枝叶哗啦乱响。孔庆西差点儿被狂风吹倒，要不是祥云赶紧上来扶住他，他非一下子栽在地上不可。

五

孔庆西从镇上回到油菜坡小学，腿子虽然不疼了，但身体却一下子支撑不住了，仿佛突然大病缠身。孔庆西一回家就上床睡了，不吃不喝，一直睡到第二天上午十点钟才起床。祥云给孔庆西熬了稀饭，让他喝一碗提提精神。但孔庆西一点儿胃口也没有，只喝了两口就放了碗筷。

他们住的房子原来是学校的会议室，虽然宽敞，但不规则，而且已破得不成样子了。孔庆西退休后本来可以和祥云一起去城里养老的，他们的儿子在城里买了很大的房子。但孔庆西却一直舍不得离开这里，说在这所学校教了几十年的书，对这个地方的感情太深了。其实还有一个原因，孔庆西虽然没说，但祥云心里明白，那就是孔庆西不想离王香生活的地方太远。不过，祥云也能理解孔庆西，在孔庆西这一辈人中，他只有王香这么一个亲人了。

孔庆西放下碗筷后，来到了房子外面，一个人靠在门口的柱子上，呆呆地看着这所废弃的学校。事实上，这里已经不像个学校了。教室都空着，桌椅上布满蜘蛛网，黑板上生出了一层白霉。操场上长着半人高的艾蒿和密密麻麻的蚂蚁草，几只松鼠在里面跑来跑去。从前的那根旗杆，眼下腐烂得只剩下一半了，上面还长出了一个圆溜溜的牛屎菌。孔庆西看了一会儿，突然感到有点儿伤心，眼睛一下子就模糊了。

就在这个时候，一串细微的脚步声传到了孔庆西的耳朵，他抬头看了一下，发现有人已经走进了学校的院子。那人很快走到了孔庆西身边，孔庆西定睛一看，站在面前的竟是王香。

王香，你怎么有空来了？孔庆西问。我来看看你的腿好了没有。王香说。孔庆西马上激动地说，已经不疼了，其实你没必要来看我的！王香红着脸说，看你也是空着手，连鸡蛋都没给你拿一个。孔庆西忙说，你有心来看我一眼，我已心满意足了，还谈什么鸡蛋啊！

孔庆西赶紧把王香带进房里，安排她到沙发上去坐。王香却不坐，进门后一直站着。孔庆西问，你怎么不坐？王香说，我马上就走的。孔庆西倒一杯茶给她，她一接过去就顺手放在了旁边的茶几上。

孔庆西愣了一下问，你怎么这样急？王香突然低下头说，我来看你，顺便还找你有点儿事。孔庆西说，什么事？王香说，这事我本来有点儿说不出口，但我又不能不说。孔庆西说，有什么直说嘛，我们又不是外人！王香说，那我就直说了，我今天是来找你借钱的。孔庆西问，借钱做什么？王香说，你还记得我搭屋的那块篾席吗？它上面的破洞太多了，厨房里的油烟老往卧室里钻，弄得被子和枕头都难闻死了。我一直想攒点儿钱把那块篾席换成砖墙，现在我已凑了一些钱，可还差一百块，却怎么也凑不到了，想来想去，只好厚着脸来找你借。

祥云这时从厨房里走了出来，她一出来就被王香身上的那件旧毛衣吸引住了。旧毛衣是手工织的，已旧得不成名堂。祥云忍不住问王香，你怎么不穿那件新羊毛衫？王香红着脸说，那么贵的东西，我可舍不得穿。祥云说，买都买了，你不穿留着干什么？王香迟疑了一会儿说，昨天上午，我托双飞把那件羊毛衫带到镇上帮我卖了，卖了四百块钱。

孔庆西听了心一颤，像是被人拴着绳子扯了一下。

祥云睁圆眼睛问，你把它卖了干什么？王香说，我想卖钱把搭屋的那块篾席换一下。祥云用责怪的口气说，要卖也要卖五百呀，我们是花五百买的呢。王香说，我也想卖五百，可五百卖不出去，就只好四百把它卖了。停了一会儿，王香突然抬起头看着孔庆西说，要是那件羊毛衫能卖五百，我就不会跑来找你借钱了。

孔庆西有点儿忧伤地问，你要借多少钱？王香说，一百，我只差一百。孔庆西掏出钱包，从中找出一百块钱递给王香。孔庆西这段时间花钱很多，钱包差不多已经空了。递钱的时候，孔庆西说，对不起，我只能借你一百了。王香说，我只要一百，一百就够了。

伸手接钱的时候，王香又说，昨天要不是把柱子的那一百块钱退给他，今天我也不会来找你借钱的！孔庆西没料到王香会补充这么一句，他的心猛然疼了一下，像是被蜂子蜇了一口。

王香借了钱就匆匆走了，她说明天就要动工砌搭屋的隔墙。孔庆西没有像以前那样为王香送行，他连再见也没跟她说一声。

王香走后，孔庆西好半天没有说一句话，他窝在沙发里一动不动，看上去像一个植物人。过了许久，祥云突然说，王香没说什么时候还钱呢。孔庆西说，我想这一百块钱她是不会还了！祥云一愣问，你为什么这样说？孔庆西说，王香已经不是以前的王香了！

祥云感到孔庆西说话的声音有点儿不对劲，扭头看去，发现他的鼻沟里淌着两颗清泪。祥云问，老孔，你怎么啦？孔庆西对祥云笑了一下说，你以后再也不会吃王香的醋了！过了一会儿，孔庆西一边用手擦泪一边说，祥云，我们去城里和儿子们一起过吧！

两天之后，孔庆西便和祥云不声不响地离开了他教了几十年书的这所小学，坐车进城里去了。从此以后，油菜坡的人就再也没见到过那个姓孔的老头。

平衡

一

直到中午，周苦竹才知道他妻子吕美不是去商场而是去了舞场。

那天早晨，吕美起得特早，周苦竹简直不知道吕美是什么时候离开他的怀抱下床去的。周苦竹睁开眼睛时，吕美已完成洗漱更衣和化妆等一系列常规动作，正楚楚动人地朝他床前走来。吕美上穿一件多花色羊毛衫，下穿一条黑色健美裤，线条凸凹分明，再配上那张天生丽质的脸蛋，看上去实在像个美人。周苦竹立刻用一只手把他的头撑起来，默默地贪婪地把吕美欣赏了许久许久。当时吕美没急着告诉周苦竹她要去商场。她像一根春天的小树亭亭地立于周苦竹的目光中，让周苦竹尽情地欣赏她，欣赏她。

周苦竹没意识到吕美要出门。他在这方面的感觉非常迟钝。如果他有所意识，也许就不会那么如痴如醉地去欣赏吕美。周苦竹在欣赏吕美的时候，心中一直默读着男才女貌这个成语。从外貌上看，周苦竹远远配不上吕美。他秃顶，厚嘴唇，形象的确不大美观。对于这一点，周苦竹早有自知之明。然而，周苦竹并不因此而自卑。原因很简单：他有才。在这所全国闻名的大学里，周苦竹是最年轻的副教授，破格提拔时三十岁还差半年。俗话说三十而立，周苦竹不满三十就立了，足见其才华过人。就因为这才，周苦竹选中了被称为校园五大美人之一的吕美。吕美在这所大学里当收发员，虽然只有高中文化，但长得如花似玉，而周苦竹需要的就是后者，在周苦竹看来，只有吕美这样的美女才能与他这种才子般配，否则他心里就会失去平衡。周苦竹是研究平衡心理学的副教授，对自我心理平衡的保持与调节十分注意。

如果不是周苦竹撑头的那只手发生了酸麻的感觉，他不知道什么时候才能把吕美看够。可惜他的那只手酸麻了。他于是坐起来靠在床头架上。

“你怎么起这么早？”周苦竹随便这么问道。

“我想去一趟商场。”吕美终于说出了这句好半天就想说的话。

“去商场？”周苦竹有些惊奇。

“今天是星期天，我想去一趟商场。”吕美说。

“那你去吧，中午早点儿回来。”周苦竹对吕美笑着说。

周苦竹没想到吕美不是去商场而是去舞场。如果知道的话，他无论如何也会放弃论文的写作而同她一道出门的。问题在于他毫无所知。

后来吕美就背上一个漂亮的小包出门了。双脚迈出门槛之前，吕美还抱着周苦竹亲了一口。她的嘴唇生得极好，是典型的樱桃小口。

“中午早点儿回来。”周苦竹又这么重复说。

“嗯。”吕美温柔地回答了他。

可是，吕美却迟迟没有回家。周苦竹写完论文的第二部分，一看钟已经十二点了。他于是有些焦急。十二点半，吕美仍然没有回来。周苦竹便决定到校门口去看看。

周苦竹很快到了校门口。事情真巧，周苦竹一到校门口就被吕美的一位女同事看见了。

“周教授。”女同事主动地打了招呼。她是一个快嘴快舌的女人。

“你好！”周苦竹彬彬有礼地说。

女同事快步走到了周苦竹跟前。她先眨了几下眼睛，接着就告诉周苦竹她看见了吕美。

“我看见吕美了。”女同事说。

“在哪儿？”周苦竹急迫地问。

“在鸳鸯舞厅门口。我看见她和我们收发室毛飞一起进舞厅的。”女同事说。

周苦竹的心理立刻失去了平衡。他感到他双脚同时软了一下，差点歪倒在地。不过，他支持住了。他想他不能歪下去。他想他必须以最快的速度赶到鸳鸯舞厅去证实一下。

鸳鸯舞厅离这所大学不远，是一座中外合资的豪华舞厅。周苦竹是一口气跑到舞厅的。他匆匆买了一张票进了门。他很快看见了他妻子吕美。吕美正和一个高挑的男人在舞池内翩翩起舞。周苦竹认识那个男人，他就是吕美的同事毛飞。他在学校收发室开摩托车。

周苦竹看着吕美和毛飞跳了一曲。他想冲上去把他们撕开，先打毛飞一拳，再打吕美一拳。但他没有冲上去。他似乎觉得这种方式不大适合他这个年轻有为的副教授。

后来，周苦竹调头离开了舞厅。他若无其事地回到了家中。

二

第二天下午，周苦竹没有在书房内伏案写作。他换上一套高级西服，系上领带出门了。校门口有一家名叫黄金屋的商店，专卖金银首饰。那就是周苦竹要去的地方。他要去找一个年轻的女人。女人在黄金屋当营业员，长得也很美，两只眼睛像镶嵌在戒指上的宝石一样闪闪发光。她的名字叫高婉君。

高婉君是毛飞的妻子。

周苦竹要去找毛飞的妻子。他匆匆地走在通向黄金屋的路上，快步如飞。

周苦竹去找高婉君是他经过一天一夜的冥思苦想而作出的决定。他认为只有找到高婉君才能恢复他心理的平衡。在作出这个决定之前，周苦竹曾考虑过两种恢复心理平衡的方案。第一种方案是痛打吕美一顿，或者用皮带，或者用锅铲。他没想到用拳头。但他很快就否定了这种方案。他想打一顿又能怎么样呢？顶多只能让吕美疼一阵哭一阵，或许她能接受这次教训，但是能从根本上恢复心理上的平衡吗？不能！他明确地回答自己。因此，当吕美下午三点钟从外面回家时，周苦竹表现得平静如水。当时他又伏在案上写论文。他写第三部分。回来啦？他问。回来了。吕美说。他又问商场热闹吗？吕美说热闹呢。周苦竹问话的声音和表情都泰然自若，倒是吕美在回答时有些脸红。然后，周苦竹就专心专意地写论文了，他连吕美去商场买了什么东西为什么这么晚才回来等一些该问的问题都没有问。他有意回避这些敏感的问题。第二个方案是约一个漂亮的女学生单独出去跳场舞。这个方案实施起来非常容易。周苦竹这学期给一个年级主讲变态心理学，有很多女学生对他崇拜得五体投地。别说约女学生出去跳一场舞，就是请她去宾馆睡一夜，她或她们也会欣然前往。周苦竹想到这个方案的时候，他是这么思考的：吕美找个男同事出去跳舞，我找一个女学生出去跳舞，半斤对八两，互相抵销，这样一来，谁也不欠谁，谁也不吃亏，心理就自然而然地恢复了平衡。但是，周苦竹在天亮之前就把这个方案推翻了。他想这么做虽说报复了吕美，但毛飞那小子不是白白占了便宜吗？所以当他上午去给那个年级讲变态心理学时，他没和女学生提起跳舞的想法。如果他想提，机会是再好不过的。课间休息时，一个穿背带裤的女生在黑板附近找到了周苦竹，这个女生一直对周苦竹怀有超越师生关系的那种情感，周苦竹对此早有察觉。穿背带裤的女生找到周苦竹没有什么话要说，她看见周苦竹的背上沾了一些白粉笔灰，于是就想帮老师拍打一下。你有什么事？周苦竹问女生。你背上有灰。女生说。穿背带裤的女生边说边伸出了一只白皙的小手帮周苦竹拍去了灰尘。她拍得很轻很轻。倘若周苦竹请穿背带裤的女生去跳舞，她能不去吗？但周苦竹没提。他只对她说了声谢谢就转身和一个男生谈话去了。后来，周苦竹就想出了第三种方案，这便是去黄金屋找毛飞的妻子高婉君。

黄金屋真叫黄金屋。周苦竹老远就看见了那金碧辉煌的门面。他一走出校门口就直接进了黄金屋。

高婉君正好当班。周苦竹一进门就看见了目标。吕美和周苦竹结婚的时候，高婉君和毛飞一起来贺过喜，所以周苦竹就认识了高婉君。高婉君在戒指柜。她正在帮一个女顾客挑选戒指。

高婉君穿得很时髦，胸口开得特低，周苦竹能看见她的一部分乳罩。高婉君真不愧是卖金银的，她身上充满了珠光宝气，金耳环金项链金戒指应有尽有，令人眼花缭乱。

“婉君。”周苦竹鼓足勇气使用了这个亲切的称呼。他知道要顺利实施第三个方案，没有足够的勇气是不行的。

高婉君一抬头看见了周苦竹。她感到有些吃惊。她的吃惊有两个方面的原因，一是周苦竹向来不逛商场更不逛金银首饰店，怎么突然来了黄金屋？二是周苦竹每次见到高婉君都客客气气地叫小高，怎么一下子喊起婉君来了？不过，高婉君没多久就平静下来，立刻眉开眼笑着跟周苦竹打招呼。

“哎呀，周教授，是什么风把你给吹来了？”高婉君热情似火地问。她一时想不到其他词语，就借用了电影电视上用烂了的这句套话。

戒指柜这时很安静。刚才买戒指的那个顾客已套上戒指走了。柜台内外只剩下周苦竹和高婉君两个人。周苦竹四周环视了一下，他觉得他来的这个时候真不错。他先对高婉君很甜蜜很意味深长地笑了一下。

“我想你就来看看你。”周苦竹使了个猛劲说出了这句肉麻的话。他想他必须这么说，尽管连他自己听了都感到肉麻。

高婉君却没感到肉麻。她很激动很自豪地把双手张了几下，像一只展翅欲飞的母鸡。她柔软地说：“高教授说假话呢，你的吕美那么漂亮，怎么会想我？”

“吕美哪有你婉君漂亮？”周苦竹装腔作势地说，“我真是想你，昨晚上想了一夜没合眼哩。”

高婉君知道这是假话，但她听了依然很高兴。女人就是这样。她给了周苦竹一个动人的微笑。

周苦竹见时机已经成熟。他想可以把他的想法告诉高婉君了。他把双手伏在柜台上，头稍稍前伸挨近高婉君的耳朵，认真地说。“我最近出了一本小册子，得了点儿稿费，今晚请你吃晚饭，然后去鸳鸯舞厅跳个舞，行吗？”

高婉君毫不犹豫地说：“行啊！”

三

周苦竹没想到高婉君会主动提出要他送她一个戒指。

周苦竹在黄金屋门口等待高婉君一直等到她五点钟下班。五点钟敲响的时候，周苦竹激动了一会儿，他想马上就可以和高婉君单独去吃饭去跳舞了。可就在这时候，高婉君对他提出了关于戒指的要求。

“周教授，你过来。”高婉君站在柜台内给门口的周苦竹招了一下手。她像是没有从柜台内走出来的意思。

“好的。”周苦竹一边答应着一边朝高婉君走过去。

“你这部书得了多少稿费？”高婉君突然问。

“不到五千块。”周苦竹说。

“啊呀，这么多！”高婉君惊叫了一声。她的双手又张了一下。

接下来高婉君就提出了她的要求。她媚笑着说：“周教授得了这么多稿费，送我一点礼物作纪念好吗？”

“你要什么礼物？”周苦竹问。

“送我一个戒指吧，最近我们进了一种戒指，五百块钱一枚，又便宜又好看。”高婉君指着柜台内的一排戒指说。

周苦竹感到他的腿子闪了几下。他颤着眼睛朝柜台里面看了一眼。

“你想要我送你一枚五百元的戒指？”周苦竹问。

“你愿意吗？”高婉君又媚笑了一下，“你要不愿意，我就不想陪你去跳舞了。”

“愿意愿意！”周苦竹赶忙说。他对高婉君苦笑了一会儿。

周苦竹幸亏出门时多带了几百块钱。他装出慷慨的样子，抽出五百块递给高婉君说：“你自己选一个吧。”

高婉君接过钱就在柜内取出一枚金光闪烁的东西，像是事先就选好了一样。她很快戴在了手上。她手上已有三枚戒指了。

“谢谢。”高婉君戴好戒指对周苦竹深情地说。

后来的一切都很顺利。他们一同进一家小吃店用了晚餐。他们吃得很简单，一盘牛肉，一盘鸡块，另外要了两听健力宝饮料。周苦竹对吃晚饭并没有多大兴趣，他的目的在于跟毛飞的妻子跳舞。高婉君对吃晚饭似乎也没什么兴趣，她一边吃一边欣赏她手上那枚崭新的戒指，牛肉和鸡块在她嘴里索然无味。然后，他们就双双走进了豪华的鸳鸯舞厅。

周苦竹进入鸳鸯舞厅的第一件事是想象了他妻子吕美和毛飞抱着跳舞的情景。他于是愤怒了一会儿，接着就伸开双手，咬牙切齿地搂住了高婉君。他们立刻步入舞池，在若明若暗的五色的灯光中舞蹈起来。他紧紧地握住高婉君的手，紧紧地搂住高婉君的腰。他完全像是在报仇雪恨。

“你的手怎么这么重？”高婉君有点奇怪。

“我，”周苦竹吞吐了一会儿说，“你太迷人了。”

“好你个周教授！”高婉君动人地一笑。

他们跳了一曲。

他们又跳了一曲。

他们一直跳到舞厅关门。

周苦竹从舞厅出来时，心里无限轻松，压在他心上的那块石头顿时无影无踪了。他忽然感到他倾斜了一天多的心理恢复了平衡。

四

周苦竹不知道他为什么要把送高婉君一枚戒指的事告诉吕美。他本来决定无论如何不告诉她的，但是昨夜他还是忍无可忍地告诉了吕美。

从鸳鸯舞厅回到家中时，吕美已看完了新闻。吕美见到周苦竹极不高兴，恶声恶气地问你到哪儿去了。周苦竹表现得很平静，说去了一个同学家，同学是在路上死拉硬缠把他弄去的，他无法回家跟吕美请假。吕美没有说什么。她还能说什么呢？后来，他们就一起洗澡上了床。他们还过了一回夫妻生活。

他们过完夫妻生活已经十二点，按平常的习惯，周苦竹会马上呼呼睡去。但这一夜他却一反常态。他久久没能入睡。

周苦竹想到了那枚五百块的戒指。

他想，五百元不是个小数。一部书的稿费五千元不到，一个戒指就花了十分之一。他想，五百块买了一个舞伴，这无论怎么说也是一件不合算的事情。

“难道请任何一个女人跳舞都要送礼物吗？”周苦竹最后这么想。他猛然翻一个身对着吕美。

周苦竹于是就想问吕美一个问题。

吕美已进入朦胧的睡眠状态。周苦竹用手摸了一下她的肚子，表示有话要说。

“你怎么还不睡？”吕美迷糊地问。

“我想问你一个问题。”周苦竹清醒地说。

“什么问题非要半夜三更问？”吕美说。

“重要问题，不问我睡不着。”周苦竹说。

吕美于是侧过身来，与周苦竹面对面而卧。

“什么事？”吕美问。她清醒了一点儿。

“毛飞请你跳舞送了什么礼物？”周苦竹直截了当地问。

吕美一惊。她感到这话问得太突然。她的身子连续抽动了一阵。周苦竹感到吕美像在打冷噤。

“他送了你什么礼物？”周苦竹又这么问。

“他没送我什么。”吕美胆怯地说。

“什么都没送？”周苦竹追问。

“就请我吃了一盒冰淇淋。”吕美说。

周苦竹内心一沉。他浑身像散了架一样。他刚刚平衡的心理又失去了平衡。

卧室的天花板上吊着一盏粉红色的小灯。血样的灯光沐浴着周苦竹和吕美。他们都圆圆地睁着眼睛。他们都满怀心事。

周苦竹沉重地翻了一个身。他在心里说：“高婉君这女人太狠心了，一下子就要了我五百。”

吕美没有翻身。她呆呆地望着天花板。她不知道周苦竹是怎么知道她和毛飞跳舞的事的。她更不知道周苦竹会怎么处置她。

周苦竹又沉重地翻了一个身。他像掀石头一样掀着他的身子。他又在心里说：“毛飞这小子也太小气了，抱着我妻子跳舞就请她吃了一盒冰淇淋。一盒冰淇淋顶多五角钱，一枚戒指整整五百呀！”

周苦竹感到他的心理又发生了严重的倾斜。

他想他必须想方设法恢复平衡。

后来，周苦竹就把他和高婉君跳舞的事告诉了吕美。

“高婉君陪我跳了一场舞，要我给她买了一枚五百块钱的戒指。”周苦竹说。

“什么？”吕美像鱼一样在床上一弹。

“我们太亏了！”周苦竹特意使用了“我们”这个代词。

“你什么时候和她跳了舞？”吕美审问。

“今晚。”周苦竹说。

“你不是说去了同学家吗？”

“你那天不是说去了商场吗？”

他们像背话剧中的台词，流利而富有语感。然后他们都沉默下来。他们好像都感到无话好说。周苦竹睁着眼睛直到天明。窗外的天光压倒屋里的灯光的时候，周苦竹想到了一种恢复心理平衡的方案。

“请你办一件事。”周苦竹搂住吕美说。

“什么事？”吕美问

“再去找毛飞跳一次舞，让他给你买一条项链。”周苦竹说。

吕美没有说话。她惊异地望着周苦竹。

寡妇年

一

我到油菜坡小学来教书，到今年已是第五个年头，说句心里话，我早就想离开这个鬼地方了。我在县城里谈了一个女朋友，教育局长给我许过诺，说我们一结婚就调我到城里去。我那个女朋友长得不怎么好看，脸上有好多黑芝麻似的斑点，从外貌上说压根儿配不上我这个白面书生，我和她谈，图的就是进城。本来我们说好今年结婚的，可我未来的岳父大人坚决不同意，他说今年没有立春这个节气，是个寡妇年，还说寡妇年结婚生不了孩子！没有办法，我只好在这里多待一年了。

油菜坡小学条件差，这里的工作累和生活苦都是可想而知的。不过我对这些倒还无所谓，在这里，最让我难以忍受的是孤独。学校总共只有我和校长两个老师，校长就是本地人，他每天晚上都回家里去住。学校放学又早，每天下午四点钟以后，校园里就只剩下我一个人了，连一个说话的人都没有。按说，我可以去村子里交一些朋友，这样可以使我的生活空间变得大一点。但是，有可能和我成为朋友的人都出外打工去了，村子里只剩下了那些老人和儿童，再就是一些实在脱不开身的妇女。有的时候，我当然也会用备课和改作业这些工作来排遣由孤独而引起的烦恼与痛苦，但更多的时候，我却是做什么都没有心思，只能一个人傻坐着发呆。

今年春季到来以后，我的状态开始发生了一些改变。油菜花开始绽放的时候，一个姓龚的老头突然在学校操场下面开了一个小卖部，应该说，所有的变化都是老龚的那个小卖部引起的。小卖部主要卖一些便宜的杂货，经常会有三两个客人光顾，我特别无聊时也会到那里去走一走，有时买点什么，有时什么也不买。去的次数多了，便有几个学生家长渐渐和我熟悉起来。后来，就有几个学生家长开始趁我没事的时候跑到学校来找我。经常来学校找我的有三个人，都是女性，一个叫董玉芹，一个叫罗高枝，还有一个叫胡秀。董玉芹和罗高枝都是学生的母亲，胡秀是一个学生的姐姐。在我的印象中，她们差不多都是分头来学校找我的。她们每次来，除了谈她们家学生的情况之外，还喜欢和我谈谈她们的私人生活。

二

董玉芹第一次来学校找我，是为取她女儿丢在教室里的一把雨伞。当时是下午五点钟的光景，学校操场上的阳光还十分明亮。董玉芹那天穿着一件黄毛衣，与油菜花的颜色差不多，头上梳着一根长辫子，扎辫子的丝带也是黄的。也许是那件毛衣偏小吧，她的胸脯就显得特别鼓，好像随时会把毛衣胀破似的。董玉芹的女儿读二年级，我很快带她去教室找到了她女儿忘在课桌下的那把雨伞。从教室出来，我礼节性地邀她到我宿舍去坐坐，她一听脸就红了，如一个羞涩少女。但她犹豫了一会儿还是答应了，默默地跟我进了宿舍。

我先让董玉芹在我的写字台对面坐下，接着给她倒了一杯水，随后我也在写字台前坐了下来。董玉芹只喝了一口水就放下了茶杯，然后把她的那根长辫子握在了手里。她没有正面看我，眼睛落在自己的脚上。我感到空气有些沉闷，就主动问到了她的家庭情况。她的话很少，我问一句她答一句，有点儿派出所查户口的味道。我问，你们家有几口人？她说，三口。我问，哪三口？她说，女儿，我，还有我丈夫。我问，你丈夫在干什么？她说，在广东打工。我问，他打工几年了？她说，五年。我问，他多长时间回家一次？她说，开始半年，后来一年，再后来两年。我愣了一下问，你丈夫回家怎么越来越少了？她想了想说，太远，也太忙。董玉芹一直低着头，所以我无法看到她脸上的表情，但我听得出来，她回答我的问题时，声音越来越低，到最后简直像从地底下发出来的，听起来细若游丝。

我的心情一下子变得无比沉重，像是有人在我胸口压上了一块铅板。我觉得董玉芹太可怜了，年纪轻轻的，却几年见不到丈夫一面，完全是在守着活寡，这样的生活也许比黄连还苦！我有好半天说不出话来，头也歪下去了，仿佛有人在我脖子上砍了一刀。过了七八分钟，我猛然抬起头来说，我想问你一个不该问的问题，可以吗？董玉芹说，你问吧。她仍然低头看自己的脚，她的脚上穿着一双手工做的布鞋。我迟疑地问，你丈夫一隔几年不回家，你想他吗？她双手揉着自己的辫子想了一会儿说，当然也想。我问，那你想他的时候怎么办？她没想到我会这么问，先是抬头一愣，然后又迅速低下头去，压低声音说，能怎么办？忍着呗！我说，你丈夫也太残忍了！我话音未落，董玉芹猛然起身说，贾老师，我该走了。她跟我道别时把脸扬了一下，我发现她流泪了，两串泪水像蚯蚓一样在她的鼻沟里爬着。

我没什么事，就出门送了董玉芹几步。为了让她的心情轻松一点儿，我灵机一动说，董玉芹，其实你可以在村子里找个相好的。董玉芹听了一惊，马上用责怪的口吻说，贾老师，你怎么能开这种玩笑？我一直把她送到了老龚的小卖部。小卖部门口蹲着一个长络腮胡子的男人，他一看见董玉芹就说，你找一把伞怎么找了这么久？董玉芹说，你还没走呀？络腮胡子说，我一直等你呢！董玉芹说，谁让你等了。待董玉芹和络腮胡子走后，我问老龚，那络腮胡子是谁？老龚说，他叫赵家山，住董玉芹附近。

罗高枝是一个泼辣的女人，走路风风火火的，说话快嘴快舌，人也长得高大，两条大腿又长又圆，从后面看上去就像一匹漂亮的母马。罗高枝来学校找我之前，我在小卖部已经知道了她的许多情况。她很不幸，丈夫前年在九女沟磷矿死了，是矿洞塌方砸死的，尸体埋在矿山下至今没有挖到。丈夫死后，她一直带着儿子和她公公生活在一起。她婆婆在她嫁来以前就死了。我在小卖部见过罗高枝的公公程岩松，他虽然七十多岁了，但身板看上去还挺硬朗，每餐都能喝半斤白酒。他那天就是到老龚的小卖部来打酒的。

罗高枝的儿子在我们学校读四年级，他有些调皮，喜欢欺负女同学，所以我就带口信让罗高枝有空来找一下我。口信带出去的当天傍晚，罗高枝就来了，当时我正在宿舍门口的水池边洗一条裤头。罗高枝一来，就把我朝水池旁边一推，我还没反应过来，她就在帮我搓那条裤头了，弄得我很有点儿不好意思。我们就站在水池边谈了她儿子的情况，她说都是他爷爷把他惯坏了，他爷爷家三代单传，就把孙子看得特别娇。罗高枝谈完她儿子后没有马上走，她突然向我提出了一个带点儿法律性的问题。她说，她丈夫死后，她本来想带着儿子改嫁的，但她公公说，你改嫁可以，孙子不能带走。可她又舍不得丢下儿子，所以至今没有再嫁人。罗高枝问我，贾老师，你说我能带走儿子吗？我给她抱歉地笑笑说，对不起，我不是学法律的，还回答不上来。罗高枝看上去能干又勤快，她三下两下就帮我洗好了裤头，还亲自帮我晾在了晒衣绳上。

我第一次见到胡秀，是在一个阴雨绵绵的上午，当时我正在教室里上课，密密麻麻的雨点打在房顶的瓦上，发出如泣如诉的声音，让人听了很伤感，心里一扯一扯的。读完一段课文，我扭头朝窗外看了一眼，猛然发现窗外正有一对大眼睛注视着我。那对大眼睛仿佛会说话，好像在说要我出去一下。我马上走下讲台，走出了教室，然后走向那一对大眼睛。这对大眼睛就是胡秀的，它们像两只百灵鸟落在两道弯月似的眉毛下面。

胡秀那天是来给她妹妹请假的。她站在教室的屋檐下对我说，贾老师，我妹妹今天不能来学校了，她要在家照护我妈，我妈的病又犯了，我得上老垭镇给我妈买药。作为她妹妹的老师，我对胡秀的家境略知一二。胡秀的父亲两年前就病死了，母亲接下来又长年害病，她上面又没有哥哥姐姐，所以胡秀实际上就成了当家人。我问胡秀，你妈是什么病？胡秀说，心脏病，一年四季离不开药。我说，治心脏病的药，村里医务室就有卖，你何必要跑那么远的路去老垭镇？胡秀说，医务室买药不能赊账，老垭镇独活药房的李老板可以给我赊账的。我曾经在老龚的小卖部见过那个李老板，当时他来找老龚帮他代收柴胡和党参。李老板五十多岁，头顶上的头发都掉光了，看上去像顶着一个葫芦瓢。我还记得老龚叫他李疏财。

胡秀很快撑着一把黑雨伞走了，她要急着去老垭镇为她妈买药。我没有立刻进教室，我用我两只忧伤的眼睛把胡秀送了好远。胡秀才刚刚二十出头，本应该过一种无忧无虑的生活，而她太不幸，这么早就背上了如此沉重的十字架。看着胡秀撑着黑雨伞在雨中匆匆奔走的背影，我的眼泪终于没能忍住。

下第三节课的时候，雨停了。我忽然想起要去买几根蜡烛，这段时间经常夜间停电，一旦停电什么也看不见。我走到小卖部门口时，意外地看见了胡秀，她正在向老龚借钱。胡秀说，你就可怜可怜我，借我一点儿钱吧，我妈正睡在床上疼得喊命呢！老龚说，我不是不借你，手头的确没有钱，前段时间卖了几百块，昨天都进货了。胡秀慢慢地转过身来，我又一次看见了她那一对大眼睛，眼睛里仿佛装着绝望。胡秀这时也看见了我的眼睛，我的眼睛正一眨不眨地望着她。你要多少钱？我问。一百。她说。我马上掏出钱包，抽了两百块钱递给她。快去买药吧，多的钱给你妈买点儿补品。我说。胡秀顿时惊呆了，一对大眼睛陡然变得更大了，简直有鸡蛋那么大。胡秀颤着两只手把钱接过去，对我说了一声谢谢，然后就往村委会的医务室跑去了。

胡秀走后，我有些纳闷儿地问老龚，胡秀说她要上老垭镇找李疏财赊账买药的，怎么又找到你借钱了？老龚说，她本来坐车上了老垭镇的，也找到了独活药房的李疏财，可是那个老杂种这次却一反常态，他说赊账可以，但胡秀必须答应他一个条件。我问，什么条件？老龚说，那个老杂种要胡秀嫁给他！我惊叫了一声说，天啊！过了一会儿，老龚又说，李疏财还说，只要胡秀答应嫁给他，以前所有赊账都一笔勾销，以后想借多少借多少。胡秀当然不答应，李疏财那么大一把年纪了，还结过几次婚，而胡秀呢，还是一个二十出头的黄花闺女啊！老龚讲到这里，我的肺差点儿都气炸了。老王八蛋！我情不自禁地骂了一句。

三

夏天到了，天气逐渐燥热起来，知了在学校操场边的树上扯起嗓子叫个不停。这天夜里，我正敞着门在宿舍里改作业，罗高枝出人意料地来到了我的宿舍。她是轻手轻脚进的门，我发现她时，她已站在我旁边了。罗高枝穿得很少，上面是一件方领衫，开口很低，连乳沟都看得见；下身穿着一条白短裤，那短裤真叫短，大腿根儿都没包住。罗高枝的这身打扮让我看了心慌，我不敢多看，赶快把眼睛移开了。

当时已是夜里十点钟，我不知道罗高枝这么晚了来我宿舍干什么。以前她也隔三岔五来我这儿坐坐，但都是在下午或者傍晚，还从来没有夜晚来过。我有点儿紧张地问，你找我有事吗？她说，没什么事，天气闷热睡不着，就来你这儿走一走。她一边说一边把她那两条白花花的大腿晃了一晃，晃得我眼花缭乱。我希望她离我远一点，就指着靠墙的一把椅子对她说，你坐吧。罗高枝却不坐，她说坐着热。她说着居然还朝我靠拢了一步，我闻到她身上有一股特殊的气息，有点儿像刚从松树上流出来的新鲜松油。这种气息让我感到恐惧，我一下子大汗直冒，嗓口那里干得厉害。

我慌忙离开写字台，退到了门边上。稍微平静下来后，我对罗高枝说，你还是早日改嫁吧。罗高枝低下头说，我公公不让我把儿子带走，那我就只好等我儿子大了再考虑嫁人的事，我不忍心丢下儿子不管，他毕竟是我生的。我说，你这样不是太委屈你自己吗？罗高枝听我这么说，猛然把头扬了起来，用两只明晃晃的眼睛看着我，她张了张嘴唇，好像要对我说什么，但她什么也没说。

过了一会儿，罗高枝突然用手在她右边的大腿内侧拍一下，嘴里同时叫了一声。我忙问，你怎么啦？她说，蚊子咬了我的腿。我说，对不起，忘了点蚊香。罗高枝问我，你有风油精吗？我说，我给你找。我去找风油精时，罗高枝把我宿舍的门关上了。我问，你关门干什么？她说，我要擦风油精呢，蚊子咬的不是地方。我把风油精递给她，她马上埋头朝她大腿内侧擦了起来。擦了一会儿，罗高枝突然用异样的声音对我说，贾老师，你来帮我擦吧，我看不见伤口。事情到了这一步，傻瓜也知道罗高枝想干什么了，况且我还不是傻瓜。但我没有答应她。这倒不是因为我有多么正派，事实上，罗高枝一来到我的宿舍，我的心就有些不平静。我之所以拒绝她，主要原因是我害怕，我害怕惹出什么麻烦来。如果惹出麻烦又被我城里的女朋友知道了，那我就进不了县城了，弄得不好就要在油菜坡待上一辈子。因此，我必须努力克制住自己。我用严肃的声音对罗高枝说，时间不早了，你还是早点儿回去吧！我边说边打开了门。

罗高枝没有马上离开，她突然哭起来。我这个人有点儿怕女人哭，女人一哭我的心就软。我先从纸盒里抽出一片纸巾递给她，然后说，对不起，你别哭了！罗高枝慢慢地接过纸巾，一边擦泪一边对我说，贾老师，让我在你这里待一会儿再走，好吗？我问，为什么？罗高枝垂下头说，我想等我公公睡着了再回家，不然他总是敲我的门！罗高枝的话让我大吃一惊，我没想到她会有这样的难言之隐。我没有再催她走。那天晚上，罗高枝一直在我宿舍坐到十二点才离开。

四

天气越来越热了，我的女朋友从城里给我买了一台电扇，托一位熟悉的班车司机给我带到了油菜坡小学。收到电扇时，我心里激动不已，心想我的女朋友虽然长得差一点，但心肠还是蛮好的，属于心灵美的女人！我的宿舍是一个套间，外间是客厅，里间是寝室，中间隔着一面木板墙。我把电扇提到寝室里安装好，当第一缕凉风吹到我身上时，我忍不住喊出了我女朋友的名字。

就在我女朋友给我送来电扇的这天傍晚，董玉芹抱着两个西瓜，来到了我宿舍的门口。西瓜是她自己种的，她说送两个给我吃了好解渴降温。董玉芹这天穿了一件弹力体恤，胸脯越发显得丰满，两个高凸的乳峰差不多有她的西瓜那么大。我一边接她的西瓜一边看她的乳峰，看得她满脸通红，她似乎还嗔怪地瞪了我一眼。我把西瓜放到门槛边的时候，董玉芹走过来小声对我说，贾老师，我今天来，是想和你说几句心里话。我说，请说吧。董玉芹左右瞅瞅说，进屋说好吗？我于是把她请进了宿舍，两个人一起坐在客厅里。

董玉芹这次比以前话多了，她一进门就说到了她丈夫。她说，我真傻，我一直以为他回家少是太远太忙舍不得花钱，现在我总算是弄明白了，原来他在外面有了别的女人，是花心了！我一惊问，你怎么知道他有别的女人了？董玉芹说，前天我回了一趟娘家，碰到一个在广东打工的人，他是刚刚从广东那边回来的，我说了我丈夫的名字，问他认不认得这个人，我没告诉他这个人是我丈夫，只说是我的一个熟人，我怕说是我丈夫他不说实话，事情巧得很，他正好认得我丈夫，说我丈夫在那边认识了一个贵州的打工妹，两个人经常在一起。我真傻！董玉芹对我说这件事时，并不是显得很气愤，像是在说别人的故事。我想，她肯定是早已气麻木了。

我站起来给她倒了一杯水，劝她不要太在意，说这样的事情如今多得很，千万要想开一点儿。董玉芹喝下一大口水说，我已经想开了，我就是想开了才来找你的！她说这话时给我挤了一个眼神，眼神怪怪的，让人感到有些不对劲。我正纳闷，董玉芹突然问我，贾老师，你还记得上一次你跟我开的那个玩笑吗？我愣愣地问，什么玩笑？我记不清了。她红着脸说，你当时建议我找一个相好！我忙说，对不起，我的确是跟你开玩笑的！她说，可现在我不把它当玩笑了。我一愣问，你这是什么意思？董玉芹说，我现在真的想找一个相好，不然我太划不来了！我听了非常吃惊，心想当时真不该和她开这样的玩笑。我沉默了一会儿说，董玉芹，你不能为了报复你丈夫就这样，万一过不下去可以离婚的。董玉芹马上说，也不全是报复他，主要还是为我自己，我也是个人啊！再说，离婚是不可能的，已有孩子了，离了对孩子不好！董玉芹说得很坚决，看来她是铁了心要找相好了，所以我就没再说什么。

天在不知不觉中黑了下来，我起身去打开了灯。在我开灯时，董玉芹突然去把门关上了，她说开灯就要赶紧关门，不然蚊子会飞进来。董玉芹关好门，一转身正好与我面对着面，她双眉一挑说，贾老师，你帮我介绍一个相好吧！我吓了一跳，连忙退后一步说，看你说的，找相好又不是找对象，怎么能介绍？董玉芹却不管不顾地朝我走拢一步，用撒娇的口吻说，不嘛，你一定要给我介绍一个！在情急之中，我猛然想到了那个叫赵家山的人，便赶紧对她说，有一个人好像对你有意思，你可以找他嘛。董王芹说，你是说的赵家山吧？我说，对，就是他，他长一脸络腮胡子，很有男人的味道。董玉芹马上说，他不合适！我问，为什么？董玉芹说，他长得还不如我丈夫呢，我要找，就找一个超过我丈夫的人；再说，赵家山的老婆是一个母夜叉，我和赵家山还没怎么样呢，她都骂骂咧咧的，如果我们真的成了相好，那她还不打死我呀！我心一沉说，那你就只好另外找了。董玉芹这时把眼睛眨了一下，含情脉脉地对我说，贾老师，我倒是自己看上了一个人，就怕别人看不上我！听她这么说，我的心顿时狂跳起来，因为我已经猜出她看上谁了。但我却明知故问，谁呀？董玉芹突然扩大声音说，你！董玉芹真是大胆，她说着就双手一张扑进了我怀里。

坦率地说，我不是一个正人君子，我也有七情六欲。打从董玉芹抱着西瓜出现在我门口的那一刻起，我心里的花花肠子就开始转动了。但我是一个俗人，我总怕因小失大，总怕吃不了兜着走，总怕一失足成千古恨，所以不管董玉芹怎么暗示，我都装聋作哑，不敢面对。然而，当董玉芹主动投怀送抱之后，当她的两只炽热的乳房紧紧地挨着我的胸脯的时候，我终于控制不住自己了。我不顾一切地抱起了她，抱起她就往寝室里冲，一进寝室便直接将她仰面放倒在床上。

可是，正当我要跃身上床时，我猛然看到了我女朋友给我买的那台崭新的电扇。一刹那间，我感到惊恐万状，虚汗如雨，浑身上下都软绵绵的。董玉芹见我久久没有动静，便从床上坐起身来问，你怎么啦？我呆若木鸡地站在床边说，对不起，实在对不起！后来的情景就可想而知了，董玉芹迅速下床，双手抱头冲出了我的宿舍，然后消失在茫茫黑夜里。

五

胡秀每次来找我，天上都在下雨，这真让人觉得不可思议。六月一个雷雨交加的夜晚，我正要关门时，胡秀打着一把被狂风吹翻的黑雨伞，在一道明亮如火的闪电中出现在我眼前。我迅速将她拉进宿舍，发现她全身的衣服都淋湿了。你怎么这个时候来我这里？我深感奇怪地问。我来给你还钱。胡秀说。她说着就从衣服口袋里掏出两张湿淋淋的钱来。我又不急着用，你这么慌干什么？我用责备的语气说。我没有接她的钱。胡秀没再说搭话，她默默地把钱放在我的写字台上。

我以为胡秀还了钱就要走，所以也没有让她坐。可胡秀放下钱之后还静静地站着，一点儿走的意思都没有。我仔细地看了她一眼，发现她的头发上和衣服上都在流水。客厅的洗脸架上挂着一条毛巾，我顺手取过毛巾递给胡秀，让她把头发上的水擦一下。胡秀接过毛巾没有忙着去擦头发，她突然抬起头，用那一对会说话的大眼睛一眨不眨地望着我。我愣愣地问，有事吗？她终于眨了眨眼睛说，贾老师，你能找一套衣服给我换换吗？我说，衣服倒是有，可你都穿不得呀！胡秀摆摆头说，不要紧的，总比穿一身湿衣服强。胡秀既然这么说了，我就只好进寝室给她找衣服。我给她找到了一件短袖衬衣和一条牛仔裤，然后放在寝室的方凳上。走到外间后，我对胡秀说，衣服放在里间的方凳上，你进去换吧。胡秀说了一声谢谢，就走进了里间。把门关上。她进去后我说。可胡秀进去后没有关门，只是把门虚掩了一下。

我背对寝室坐在写字台前，胡秀放在那里的两张湿钱很快吸引了我的目光。我迫不及待地问，胡秀，你妈的病好了吗？胡秀在寝室里答道，稍微好了一些。我又问，你怎么突然有钱还我了？胡秀沉默了好半天说，李疏财给了我一笔钱。我一惊问，他不是不给你赊账了吗？胡秀忽然降低声音说，我答应嫁给她了。我顿时从写字台前弹了起来，大声问，什么？你发疯啦？胡秀突然哭了一声说，我家前后欠他一万多，他天天来逼债，我实在没有更好的办法，只好嫁给他了！我的心剧烈地疼了一下，像是被狗咬了一口。

外面这时响了几声炸雷，雨越下越大了。学校的固定电话安在我的写字台上，雷声未散，电话突然响了起来。我赶紧抓起话筒。电话是校长打来的，他说今夜风大雨猛，让我去检查一下教室的窗户是否全部关好。放下电话，我就出门去检查教室的窗户。一刻钟之后，我检查完回到客厅，发现胡秀还没从寝室里出来。胡秀，你换衣服怎么换了这么长时间？我有点紧张地问。胡秀没有回答我，寝室里静悄悄的。我顿时惊慌起来，什么也没想就冲进了寝室。一进寝室，我就惊呆了，只见胡秀静静地睡在我的床上，一对大眼睛像两扇洞开的窗户正水汪汪地看着我。我有点儿不敢与胡秀对视，因为我已经发现她的眼神十分异常。我赶紧把眼睛移开了。在床头柜上，我发现了胡秀脱下来的湿衣服。接下来，我又在那个方凳上发现了我为胡秀找出来的衬衣和裤子。这些发现，让我一下子陷入了惊喜和恐惧之中。

胡秀这时轻轻地叫了我一声。我没有答应她，也没有转身看她。我背对着床，面朝窗子。窗子上的窗帘在外面的雷电中忽明忽暗。过了一会儿，胡秀开始说话了。胡秀说，贾老师，李疏财明天就要我去跟他登记结婚了，下个月就要过门。我今年才刚满二十二岁，连恋爱都还没谈过呢！说实话，我真不情愿把我的第一夜给李疏财那个老东西，一想到要和他度过那个夜晚，我就感到恶心！这几天来，我一直在后悔，后悔自己没能趁早谈个恋爱，要是谈了恋爱该多好啊，我可以在和李疏财拿结婚证以前把我最宝贵的东西献给我的心上人！可惜，我没有谈恋爱，想献连献的人都没有！可是，我总是心有不甘。今天，天黑的时候，我陡然想到了你贾老师，因为那天你主动借钱给我，让我感动了好多天，所以我就，我就冒着大雨来你这儿了！听胡秀说到这里，我的心差不多已经碎了。我情不自禁地转过身去，目光直直地注视着床上的胡秀。胡秀的身上只盖着一条薄薄的毛巾被，一个少女的美丽曲线清晰可见，楚楚动人。来吧，贾老师！胡秀深情地叫了我一声。我把目光移到了胡秀那一对大眼睛上，我发现那一对大眼睛这时已经变成了两团火。

我没有理由拒绝胡秀。我朝床走了过去。我很快走到了床边。我弯下头去，慢慢地张开嘴唇，轻轻地吻了一下那对大眼睛。可是，正当我要伸手去扯那条毛巾被的时候，客厅的电话嘹亮地响了起来。我想肯定是校长打来的，他要询问所有窗户是否关好。

我马上从床边离开，匆匆跑到外面客厅去接电话。将话筒贴到耳朵上一听，我一下子蒙了。电话是我女朋友从城县打来的。她说县城今夜电闪雷鸣。她说她感到心惊肉跳。她说她怎么也睡不着。她说她心里好牵挂我。她说她想知道油菜坡小学打雷没有。她说让我不要急着把电话挂掉。她说她想和我多说一会儿话。听着我女朋友从遥远的县城传来的声音，我禁不住心潮澎湃，热泪汹涌。我握着电话久久没放。我和我的女朋友在雷雨声中互诉衷肠。我们一口气说了半个多小时。

放下电话以后，我才猛然想起胡秀。正当我要重返寝室时，胡秀已从寝室里走到了客厅，我看见她又穿上了她那身被雨淋湿的衣服。接着，我又看见了胡秀的那一对大眼睛，眼睛里装满了泪水，看上去像两个忧伤的湖。

六

油菜坡小学七月初就放了暑假，暑假长达两个月。我一放暑假就去了县城，日夜和我的女朋友厮守在一起，直到假期的最后一天才回到油菜坡。我们是九月上旬举行的秋季开学典礼，这时候的天气已经不再炎热，秋风也微微地刮起来，油菜坡差不多就进入秋天了。

入秋以后，我的生活似乎又恢复到了过去的老样子。我是说，那几个曾经经常到学校来找我的学生家长突然都不再来，孤独又重新陪伴着我。与从前不同的是，每当一个人的时候，我怀想的事物变得丰富多彩了。在这日复一日的怀想中，我发现我已经无法忘记那几个不幸的女性，并且非常非常地想念她们。

董玉芹的女儿已经升上三年级，她的模样越来越像她的妈妈。有一天课间操时，我终于忍无可忍地把董玉芹的女儿叫到了教室旁边的空地上。我问，你妈妈怎么这么久没来过学校了？董玉芹的女儿说，她的腿断了一只，每天拄一根拐杖，不能走远路。我的心顿时一震。许久过后我问，她的腿是怎么断的？董玉芹的女儿说，被一个人打断的！我问，是赵家山的老婆吗？董玉芹的女儿两眼一轮说，你怎么知道是她打的？我苦笑一下说，瞎猜的！我一边说一边将董玉芹的女儿拉过来，让她的头在我怀里靠了好一会儿。

胡秀的妹妹秋季开学以后一直没来上学，后来问校长才知道她转学了，说她转到了老垭镇小学，我想她肯定是跟她姐姐一起走了。有一天，在老龚的小卖部，我偶然听到老龚和一个顾客说到了胡秀，他们说胡秀嫁给李疏财不久，李疏财便把她多病的母亲和读书的妹妹都接到镇上去了。末了，老龚说，胡秀也不算亏，虽说李疏财老一点儿，但他给她免了一万多块钱，还负责养岳母和姨妹，这样的丈夫也并不一定好找啊！那个顾客说，你们不知道，胡秀亏得很，她年纪轻轻就患了间歇性精神病，一发病就光着身子在街上乱跑，实际上就是一个疯子。我听了大吃一惊，马上走上去问，她是怎么疯的？那个顾客说，谁知道是怎样疯的，听她邻居说，她新婚之夜就发病了，大喊大叫的，洞房花烛夜变成了大闹天宫。听到这里，我抑制不住地叫了一声。天啊！我是这样叫的。老龚和那个顾客听我这么叫都一愣，四只眼睛莫名其妙地看了我好半天。

罗高枝的儿子在国庆节过后来上学时，膀子上戴了一个黑箍。开始，我还以为是他爷爷程岩松死了，后来一问才知道死的是他妈妈罗高枝。一听说罗高枝死了，我就像是被人当头打了一闷棍，立刻就傻掉了。关于罗高枝的死因，很快就传了出来，听起来简直是一个奇闻。一天上午，罗高枝和她公公程岩松在家里偷情，被一个入室行窃的小偷发现，两人由于紧张过度居然分不开了。后来公公发出救命的呼声，邻居们才用担架把公媳俩抬到老垭镇医院，医生打了一针，他们的身子才分开。这件事情肯定不怎么体面，从医院回家的当天，罗高枝就在门口的一棵树上吊死了。罗高枝的故事是作为喜剧在人们口头传播的，只有我，觉得这是一个悲剧，所以我听到之后泪流满面。

秋天一晃而过，油菜坡开始下雪了。有位名人说，冬天已经来临，春天还会远吗？我想，春天既然已经不远，那么该死的寡妇年马上也要过去了！

伤心老家

尤龙要回老家乐川办一个砖厂的想法是在大年初一的那一天产生的。大年初一的下午，尤龙来到我家给我拜年。他的心情那一天很不好，这一点他一进门我就看出来了。虽然他见到我时脸上抑制不住地露出了笑意，但他的笑无法掩饰他内心的苦衷。他坐下之后，我忙着给他拿糖和水果，可他什么也不吃，接过去很快就放到了糖果盒里。我于是问他，尤龙，你今天是怎么啦？他沉默了一会儿，然后扬起脸认真地对我说，西凤，我想退休以后回老家办一个砖厂。尤龙的这个想法让我感到十分突然。我马上睁大双眼问他，你怎么会产生这个念头？尤龙没有正面回答我的问题，却给我讲了上午在他家里发生的一些事情。

在讲述上午的事情之前，尤龙先问我，西凤，你还记得去年腊月二十八那天我跟你说过的那番话吗？我说，记得，才过两三天的时间我怎么会不记得呢？

那天的傍晚，我到菜场去买藕，恰巧碰上尤龙也在那里买藕。我们是在买完藕从菜场出来的时候相遇的，当时我们每人的手上都提着一个沉重的菜篮子。我和尤龙回家同一段路，在那段路上我们有意放慢脚步，一边走一边说话。当话题涉及过年时，尤龙的脸色忽然阴沉下来。他说，我这个人最害怕过年了。我问为什么？他说一到过年老家的侄儿就要跑来给我拜年，我真是害怕他的到来！我迷惑不解地问，有亲人来给你拜年是好事啊，你为什么要害怕？尤龙犹豫了片刻说，侄儿说起来是给我这个大伯拜年，实际上是想趁这个机会来要一些破衣烂鞋什么的。我并不是舍不得那些破烂东西，只是他那种可怜的样子让人看了伤心。当然，更让我伤心的还是我的老婆陈仙。她每一回将那些破烂东西递给我的侄儿时，脸上总是露出一种古怪的神情，那种神情哭不像哭笑不像笑，没有一丝对于我的侄儿的同情，只有对我老家亲人的讥讽和鄙视。正是由于这个原因，我就害怕侄儿来给我拜年，说严重一点简直就是恐惧。听了尤龙这番话，我有很长时间没有言语。作为一个从乡村移居城市的人，我完全理解尤龙的那种心情。

那天分手时，尤龙对我说，如果尤山明年的大年初一不来给我拜年就好了！尤山就是尤龙的侄儿，他是尤龙弟弟尤虎的孩子。我说，他每年的大年初一都来，明年的大年初一怎么会不来呢？尤龙苦笑了一下对我说，我今天上午给尤虎发了一个加急电报，让他告诉尤山千万不要再来拜年。

尤龙以为他发往老家的那封加急电报能够起到作用，所以他在大年初一早晨醒来的时候没有像往年的大年初一那样感到紧张和不安。

他从床上下来时，看见陈仙正在衣柜里清理旧衣。她已经找出几件胡乱地扔在地上。你找这些破衣烂裤干啥？尤龙明知故问。给你的侄儿准备呗。他今天又来给你拜年了，我想让他一进门就看到这些衣服，这样他会觉得我这个城市的大妈对乡下的穷亲戚并不是那么坏！陈仙一边说一边给尤龙丢了一个怪模怪样的眉眼，这个眉眼使尤龙的自尊心大受伤害。尤龙说，你别清了，陈仙，尤山今天不会再来给我拜年了。陈仙一愣问，为什么？难道今天的太阳会从西边出来？尤龙神情亢奋地说，如今老家也富裕了，尤山他们再不缺吃缺穿了，所以他不再来城市收破烂了。陈仙听尤龙这么一说，猛然感到有些尴尬，质问尤龙说，既然如此，你怎么不早说呢？害得我大清早忙得头昏目眩。她说着就把地上的那几件破衣旧裤捡起来塞进了衣柜。

然而，那封电报丝毫没有起到作用。大约在上午十点过一刻的样子，尤山气喘吁吁大汗淋漓地走进了尤龙的家门。为尤山开门的是陈仙，她一开门就惊叫了一声，哎呀是尤山啊！你怎么来啦？尤山上气不接下气地说，我来给大伯大妈拜年！尤龙当时正在客厅里看电视，听到尤山的声音禁不住打了一个冷噤，然后马上从沙发上弹起来朝门口走去。尤龙一见到尤山就沉下脸色问，你没有收到我的加急电报吗？尤山忙说，收到了，大伯。收到了为啥还要来拜年？尤龙顿时气得连眉毛都竖起来了。尤山看出了尤龙不高兴，赶忙红着脸说，大伯，我是说不来的，可我爹硬要我来，说不来给大伯大妈拜年是不孝的表现。再说，你的侄孙子尤水已经六岁了，我也该领着他来认认大爷爷大奶奶家的门，往后好让他常来看看你们。

尤山这么说着就从他背后拉出了一个头发枯黄的小男孩。尤龙的眼睛一下子落在了那个名叫尤水的小男孩身上。他的心像被什么咬了一口，猛地疼了一下。尤水，还不赶快给大爷爷大奶奶磕头？尤山在他儿子的头上拍了一掌说。尤水仿佛是事先训练过，没等他爹的话音落地便双膝一弯跪在了尤龙和陈仙的面前。六岁的尤水看上去只有四岁的样子，个子矮小，浑身干瘦，就像农田里的那些因肥料不足而发育不良的庄稼。但他很乖巧，磕头时将额头紧紧地贴在地板砖上，尖削的屁股高高地翘了起来。祝大爷爷大奶奶升官！祝大爷爷大奶奶发财！尤水磕在地上声音脆亮地说。当时的尤龙感到心碎欲裂，他没顾上去拉起地上的尤水便扭头回到了客厅。后来是陈仙拉起了尤水，她一边拉一边怪声怪调地说，你看这孩子，年龄不大礼却不小！

吃过午饭，陈仙一丢下碗筷就去衣柜前把早晨清出来的那几件衣服重新找了出来。她没有直接把它们递给尤山，而是先扔在了尤山身边的地上。尤山，陈仙不紧不慢地喊了一声说，这些旧衣服本来是给你准备的，可听你大伯说，乡下现在也富裕了，不再需要这些破烂货了，所以……尤山没等陈仙把话说完就抢过话头说，大伯说笑话呢，乡下哪里会富裕得起来，简直是一天不如一天啊！我今天来拜年的目的就是……他说着就蹲下身去捡地上的那些衣服，捡起来一件便提到眼前看一会儿，说这一件适合爹穿，这一件适合妈穿，这一件我老婆穿，这一件我自己穿。

在尤山捡衣服的时候，他的儿子尤水一直鼓着两颗铜铃般的眼珠站在他的屁股后面，当尤山把地上所有的衣服都捡完时，尤水忽然问，爹，没有我穿的吗？尤山没有回答尤水的问话，他目光黯淡地看了尤水一眼，然后凝视着陈仙问，大妈，尤蛟到哪里去了？陈仙说，尤蛟被他爸爸妈妈带着去玩儿童乐园了，听说那里最近开辟了一个名叫宇宙飞船的新娱乐项目，尤蛟就闹着要去坐宇宙飞船。这会儿他没准正在天上飞哩。尤山迟疑了一会儿问，不知道尤蛟有没有不想再穿的衣服，要是有的话就请送几件给我的尤水，他下半年就要读小学了，身上没有一件囫囵衣服。陈仙听了没有回答尤山，她突然转过脸去看坐在沙发上默默无语的尤龙。尤龙也看了陈仙一眼，他发现一种令人发指的笑容像花一样开在陈仙的脸上。尤龙于是再也坐不住了，他一耸身从沙发上站起来，然后就头也不回地走出了家门。

尤龙离家以后径直到我这儿来了。在这个浩大的城市里，唯一能够倾听尤龙说心里话的人就是我了。从他家到我家大约有十五分钟的路，他说就是在他独自走在这段路上的时候，一个让他激动的想法像一只在草丛中埋伏已久的野兔忽然之间蹿上了他的心头。这个想法就是在他退休之后回老家乐川去办一个砖厂。

尤龙一字一句地对我说，西凤啊，我不能让老家的亲人们一代接一代地来城市乞讨。当年是我弟弟尤虎带着我的侄儿尤山来，现在是我侄儿尤山带着我的侄孙尤水来，将来难道还能让尤水再带着他的下一代来吗？尤龙这么说着，泪水不知什么时候流满了他那张苍老的脸。我掏出我的手帕为他擦泪，劝他不要过于伤心。尤龙，我温柔地喊了他一声说，你也不要自尊心太强了，陈仙嫂子的那种态度虽然叫人难受，但她毕竟是你的妻子呀，你就不要太当真了。尤龙却说，不，即使陈仙不是那种居高临下的态度，我也不希望老家的亲人每年来家里收破烂。他们应该有一点儿骨气才行。所以我下定决心要退休以后回老家去办一个砖厂。

听了尤龙的那些肺腑之言，我更加崇敬他了。与此同时，我对他回老家办砖厂的想法表示了坚决的支持。我说尤龙，你要是有什么地方用得着我的话就只管说吧，你的老家也是我的老家，尽管我在老家已经没有亲人了，但我也衷心盼望老家早日富裕起来。尤龙听我这么说顿时冲动了，他一下子将我的两只手抓在了他的手里。西凤，他一边使劲地捏我的手一边说，要是当年我娶你做了老婆该有多好！都怪我父亲从中作梗。

尤龙的这句话立刻勾起了我对往事的回忆，我于是伤感了好一会儿。后来我用幽幽的声音对尤龙说，可我俩没有那个缘分啊！

清明节前的某一天，我夹着一件刚刚做好的黑色金丝绒旗袍到尤龙家里去了一趟。那旗袍是陈仙托我为她做的，她说她要在清明节那天穿着这件黑色旗袍前往城市西郊去给她的父亲扫墓。

陈仙虽然也知道一些我和尤龙早年在老家乐川的那段青梅竹马式的恋情，但她觉得我这个乡下女人无论哪个方面都不能与她这个城市女人相比，所以就从来没有把我当作情敌。正是因为如此，陈仙每当要做新衣服的时候都去西凤裁缝店找我。一方面我的手工比较精细，另一方面我从来不收她的工钱。陈仙觉得让我为她做衣服是一件两全齐美的事情。

我那天到达尤龙家里大约是上午十一点钟的光景，当时退休的陈仙刚刚从老年活动中心打完麻将回来。她一见到我就喜形于色地告诉我她打麻将打赢了。我就说祝贺你呀嫂子。可陈仙的脸色说变就变了，我的话音刚落，她忽然皱紧眉头说起了另外一件事。她说她在打麻将回来的路上遇到了一个乞丐，那乞丐五十出头，却见到每一个过路人都喊大爷。陈仙感到那乞丐怪可怜的就想给他一块钱，可她掏了半天没找到零钱，最小的一张也是十块的。乞丐见陈仙为难就说，大妈，我这儿有零钱找。陈仙听他这么说就把十块钱递过去了，并让他找回九块钱来。谁知那乞丐接过钱后一分钱也没找她，陈仙问你为什么不找钱？乞丐说你这钱是假的，按规定伪钞一律没收！陈仙气愤地告诉我，她打了几个小时麻将总共就赢了十块钱，而那十块钱全部送给了那个可恶的乞丐。陈仙最后对我说，那个乞丐像是乐川那一带的人，因为他的口音与你和尤龙的一模一样，正是因为这一点，我才没再要那九块钱。我想算了，只当是救济了尤龙老家的亲戚的。

陈仙说完乞丐的故事，一低头看见了我手中的旗袍，她蓦地转怒为喜了，接着就走到穿衣镜前把旗袍穿在了身上。五十六岁的陈仙穿上旗袍之后显出了许多风韵，真像人们经常说的那种半老徐娘。

正当陈仙穿着旗袍站在镜子前面左顾右盼的时候，尤龙兴冲冲地从他上班的建筑装饰公司回来了。尤龙一进门就说，报告一个好消息，我马上就可以退休了。陈仙大概以为尤龙是在开玩笑，所以就没有理睬她，仍然对着镜子一心一意地欣赏着镜中那个身穿旗袍的女人。我问尤龙，你们男的不是六十岁才退休吗？而你今年才五十八岁呀？尤龙说，最近厂里有了新政策，说年满五十的都可以提前退休，写一张申请书就行了。退休以后工资照发，只是没有奖金。陈仙听到这里再没有心思孤芳自赏了，她一转身面对尤龙问，你没发疯吧？别人都巴不得多上几年班，而你却想提前退休。我看你八成是得了神经病！尤龙说，我一没发疯，二没得神经病，就是想提前退休。陈仙走近尤龙，指着他的鼻子问，你要提前退休了去干什么？尤龙张开嘴巴许久没有出声，我猜想他肯定是不愿意把回老家办砖厂的想法告诉陈仙。而陈仙却穷追不舍地问，你老实告诉我，提前退休了到底要去干什么？尤龙支吾了一会儿说，我在这城市里过厌烦了，想退休后回老家去玩两年。陈仙听尤龙这么回答顿时火冒三丈，她跳起脚来对尤龙吼道，好，你退吧，退了赶快滚回你的老家去，回去了就不要再回来！陈仙这样吼尤龙的时候，白色的唾沫星子接二连三地从她的嘴里飞出来。它们像冬天的雪花铺满了尤龙的脸。尤龙没有再说什么，他一边擦脸上的唾沫星子一边悄无声息地走到另外一间房里去了。陈仙却没有就此罢休，她又指着尤龙的背影骂了几句，我看你真是一个贱骨头！城市里这么舒适不想待，却要回你的老家去。你的老家那么穷，不知有什么好玩的！

因为陈仙和尤龙发生了冲突，我便没有在他们家里久留。我本来想劝解他们几句的，但又不知道说些什么好，于是就匆匆告辞了。

从尤龙家出来后，我一边走在回家的路上一边想，既然陈仙如此反对，尤龙还会提前退休吗？一路上我一直在思考这个问题，但直到临近家门也没能得出一个答案。不过，那一天的晚上我做了一个梦，梦见尤龙最终还是对陈仙妥协了。尤龙在我的梦中被陈仙逼迫着撕毁了要求提前退休的申请报告，他将那一把破碎的纸片信手扔在空中，纸片们在空中飞飞扬扬，极像一群白色的蝴蝶。

人们都说事实与梦境恰恰相反，这种说法我第一次在尤龙的身上得到了证实。清明节过后不久，我在街上与尤龙不期而遇。尤龙高兴地对我说，他已经正式办好退休手续，一个星期之后就要回到老家乐川去。他说他想在一个月时间把砖厂办起来，争取下半年就能见到效益。尤龙说这些话时精神饱满雄心勃勃，完全是一种干一番大事业的样子。

我听后自然非常高兴，不过同时我也表示了我的忧虑。因为我觉得办一个砖厂并不是一件简单的事情，不说别的，只说开始的投资至少也得上万元。我问尤龙，你的启动资金准备好了吗？尤龙神秘地对我说，估计没多大问题。我问，陈仙如果知道你要回老家办砖厂，她会给你钱吗？尤龙说，我没有告诉她我要办砖厂，只说要回老家给我死去的父母修墓立碑，所以她就答应给我五千块。我说，五千块恐怕不够吧？尤龙压低声音贴着我的耳朵说，这几年陈仙每个月给我两百块的烟钱，我每个月只花了一百块，另一百块存起来了。现在我已在银行偷偷地存了五千多块哩。

我伸手捅了一下尤龙的腰说，你这人看起来老实巴交的，没想到这么鬼呀！尤龙苦涩地一笑说，这也是没有办法的事。如果我讨一个像你这样通情达理的老婆，我怎么会这样呢？

然而，尤龙却犯了一个错误。他有一天一不小心将他回老家的真实目的告诉了他的儿子尤海。那天晚上，尤龙和尤海单独在一起的时候，尤海问尤龙，爸爸，你要给爷爷奶奶修墓立碑，为什么不赶在清明节之前呢？按照风俗习惯，这种事情都该在清明节前夕完成的。尤龙咬着尤海的耳朵说，告诉你吧尤海，我回老家其实并不是为了给爷爷奶奶修墓立碑，我是要去办一个砖厂。爷爷奶奶已经死了，给他们修一座再大的墓立一块再大的碑又有什么用呢？我只想让你的叔叔他们一家能够尽早地富裕起来。如果他们富裕了，爷爷奶奶睡在九泉之下也会高兴的。尤海听了愣着眼睛问，爸爸，你为什么不把这个想法如实地告诉妈妈呢？尤龙说，你妈妈是城市人，她不可能理解我的心情，我怕她知道我的真实想法以后会阻拦我的行动。那晚尤龙和尤海谈完之后，尤龙还特意对尤海说，尤海呀，你千万不要把我们两人的谈话告诉你妈妈，要是你走漏了风声，你妈妈答应给我的那五千块钱就会彻底泡汤。尤海笑笑说，放心吧爸爸，我会为你保密的。

可是，生在城市长在城市的尤海很快出卖了他来自农村的父亲。在尤龙一切准备就绪，正打算开口向陈仙要钱的时候，陈仙却突然变卦了。陈仙皮笑肉不笑地问，你到底是去给你爹妈修墓立碑，还是去给你弟弟办砖厂？尤龙一听当即就吓了一跳，心想完了，肯定是尤海泄密了！

尤龙后来对我说，事情到了这一步，他就没必要再对陈仙说假话了。他索性理直气壮地问陈仙，修墓立碑怎么样？办砖厂又怎么样？口齿伶俐的陈仙马上答道，修墓立碑我就给钱，办砖厂我一分钱不给！尤龙扩大声音问，那是为什么？陈仙以手叉腰说，因为给你爹妈修墓立碑是你的责任，而给你弟弟办砖厂纯属多管闲事！陈仙这么一说，尤龙于是就无言以对了。尤龙是一个口齿笨拙的男人，每次与巧舌如簧的陈仙争吵都是以失败而告终。

尤龙是在和陈仙吵架之后到我家来的。他对我讲完事情的经过后，情不自禁地把尤海大骂了一通。尤海真他妈是个不孝之子！他咬牙切齿地说。

骂过尤海，尤龙涨红着脸对我说，西凤，陈仙那里的五千块钱看样子是不能到位了，你能借我五千吗？我毫不犹豫地说，可以，我的存折上刚好有五千块！你什么时候要？尤龙说，越快越好，我恨不得明天就去老家。我说那我马上去银行给你取钱。尤龙眼睛亮了一下说，这样吧，你先在家里等我一会儿，我回家拿一个存折，然后和你一起去银行。尤龙说完就匆匆忙忙地回他家拿存折了。

那天尤龙回他家拿存折足足过了一个钟头才返回我家。我问他你怎么去了这么久？尤龙说我的存折被陈仙藏起来了。怎么？陈仙知道你有存折？我惊奇地问。也许是我的孙子尤蛟告诉她的，因为有一次我去存钱时把尤蛟带到银行去了。我当时一点儿也没想到七岁的孙子会这样多嘴！尤龙痛苦万分地说。他一边说一边后悔莫及地用巴掌拍自己的脑门。后来我们就取消了去银行取钱的计划。尤龙像被人抽了骨头一样倒在我的沙发上，有气无力地给我讲述了他回家寻找存折的情景。

尤龙有一件用羊皮做的军大衣，那是他在新疆当兵时留下来的唯一纪念。有人曾经要用两千块钱买去，而他却没有同意。他一直将那件军大衣十分珍爱地挂在衣柜里，有什么贵重东西都要放入它口袋里保存。尤龙那天一进门就打开衣柜将手伸进军用大衣的口袋，他先后掏出了身份证和退伍证，唯独没掏出那个存折。

在尤龙寻找存折时，陈仙一直站在他身后不远的地方注视着他。尤龙没找到存折一下子就呆了。陈仙于是在这时候走到了他跟前。你是找存折吗？陈仙故作温柔地问。怎么，我的存折是你……尤龙情急之下连话也说不出来了。陈仙却笑着说，别急，你的存折我替你保存着呢，上面的钱我一分也不会动你的。尤龙给自己的喉咙鼓了一把猛劲说，你马上把存折给我，我现在急等着用钱！陈仙退后一步说，这不行，我不能眼看着你把这些钱拿到老家去打水漂！尤龙讲到这里再没往下讲了。他闭上眼睛沉默了许久，后来他睁开眼睛时，我看见他满眼是泪。西凤啊，他喊了一声对我说，我当时真想甩陈仙几个耳光，然后逼着她乖乖地把存折交出来，可我……唉！他没把话说完就唉声叹气了，一边唉声叹气一边无可奈何地摆他的头。

陈仙以为，她控制了资金，尤龙就会死掉回老家办砖厂的那一条心。其实，尤海和他的妻子魏静也是这么认为的，甚至那个年仅七岁的尤蛟也说，爷爷没钱就不会再闹着回老家了！

开始的几天，尤龙是一副万念俱灰的样子，整天把自己关在家中，足不出户，要么在沙发上呆呆地坐着，要么在床上静静地躺着。他不跟任何人说话，连以前最疼爱的尤蛟喊爷爷他也不答应。他终日缄口不语，就像一块冬天里的石头。谁也不知道尤龙在那几个沉默的日子里想了一些什么。

第四天的早晨，尤龙在天刚麻麻亮时就起床出了门。他离家时没跟任何人打招呼，陈仙还以为他去散步了。可是尤龙那一天却一去不返，早饭没回去吃，中饭也没回去吃，到了吃晚饭的时候还是没有回去。这么一来，陈仙和尤海他们就开始焦急起来。他们于是怀着惶惶不安的心情四处寻找尤龙。

我是当天晚上八点半钟知道尤龙出门未归的消息的，因为那时候陈仙和尤海找到我家里去了。他们找遍了所有的地方未见到尤龙的影子，就以为尤龙在我家里。我家里成了他们最后的希望。陈仙一进我的门槛就问，尤龙在你这儿吗？我说，没有啊，我好几天没见过他的面了。陈仙听我如此回答就露出了绝望的神情，她身子一歪差点倒在地上，幸亏身边的尤海及时将她架住。他们见尤龙不在我家便匆匆走了，尤海说他们只有去电视台登寻人启事了。

那天晚上陈仙和尤海走后，我一直坐立不安。尤龙会到哪里去呢？我在心里一遍又一遍地问着自己。难道他会两手空空地回老家乐川去吗？不会！那么他究竟去了什么地方呢？正在我急得像热锅上的蚂蚁的时候，有人轻轻地敲响了我的门，敲门的是尤龙，我一听敲门的声音就知道是他。

我慌忙地把门打开了，果然是憔悴不堪的尤龙站在我的面前。你上哪里去了？我开口就问。尤龙没有回答我，他有气无力地说，你先煮一碗面条给我吃吧，西凤！我麻利地为他煮了一碗面条，还在面条下面埋了四个荷包蛋。尤龙那天真是饿到了极点，他一支烟的工夫就把那碗面条和四个荷包蛋像风卷落叶般全部吞进了肚子。放下碗筷之后，尤龙一边抹嘴一边有些不好意思地对我说，西凤，我一天没吃东西呢。这时我又问，尤龙，你今天到哪里去了？尤龙回答说，我在城西建筑材料市场那里的一座立交桥上坐了一天。我双眼一愣问，你跑到那里坐着干啥？尤龙说，我坐在那里招揽生意。

尤龙接下来告诉我，他待在家中的那几天虽然一句话也没说，但他的脑子一刻也没休息过。他一直在冥思苦想着怎么去赚一笔钱。后来他终于想到了一条赚钱的门路，那就是去为别人搞室内装修。尤龙在建筑装饰公司工作了几十年，他在这个方面可以说是轻车熟路。就因为有了这样一种设想，他一大早就用纸板写了一块招牌坐到城西建筑材料市场附近的那座立交桥上去了。尤龙说那地方买建筑材料的人络绎不绝，好多从乡下来城里做装潢生意的人都坐在桥上“守株待兔”。

我问尤龙，你在桥上守了这么一整天等到兔子没有？他微笑着对我说，等到了，虽然临近傍晚才等到，但一等就等了一只大兔子。尤龙说他找到的那个户主是一个大老板，最近在南湖花园为他的小老婆买了一套三室一厅的房子，准备进行豪华装修。尤龙当时跟着那个大老板去了南湖花园，并且装修的工钱都谈妥了。那个老板看起来很大方，他对尤龙说，如果你们自己负责吃喝，我就付你们一万元工钱；如果我给你们管吃管喝，就只付七千。尤龙考虑了一会儿说，那我们就自己负责吃喝吧。

听说尤龙有了挣钱的门路，我就忍不住从心眼儿里为他高兴。我说尤龙，你把这套房子一装好就可以回老家办砖厂了。尤龙说，我正是这么打算的。过了一会儿他又说，不过，生意虽说是接到了手，但是把钱赚到手还并不是那么容易的。首先我要去找些工人，那个老板要求我在一个月之内装修完毕，我初步算了一下，至少要五个工人才做得出来。另外还要去请一个做饭的女工，让她就在那套房子里为我们做饭，这样可以节约时间。我问他，可以找到吗？尤龙说，按说是没有问题的，我明天就去找，争取后天就开工。

那天晚上我和尤龙不知不觉就谈到了十一点钟。后来我催他，快点儿回家吧尤龙，陈仙他们还不知道你的下落哩。尤龙冷笑了一声说，他们哪里会关心我？要说关心我的，就只有你一个人了！尤龙说完沉吟了一会儿，然后双眼忽然一亮对我说，西凤，我真不想回我那个家，我恨不得就在这儿住上一夜！尤龙的话让我当即吓出了一头冷汗。胡说什么呀？我赶忙低下头说，作为一个死了丈夫的单身女人，我怎么敢留一个男人在家里过夜呢？你还是赶紧回去吧！我一边说一边把尤龙推出了我的家门。

第二天的傍晚，尤龙再次来到了我家。他说装修工人已经找齐了，泥工木工电工都有，可就是找不到做饭的女工。他的样子看上去十分焦急，额上的皱纹像干旱土地上的裂缝那样密密麻麻。

我说找不到做饭的女工怎么办？他说我就是为这件事来找你帮忙的。我说你是想要我去给你们做饭吗？他说那倒不是，你的裁缝铺这么忙，我怎么能让你关门呢？我说那你干脆就请陈仙嫂子去做吧。他说那更不可能，那几个工人都是农村来的，她一见就会皱眉头的。我说那你究竟打算怎么样？他说我想请你帮我跑一趟老家行吗？我一怔问，回老家干啥？尤龙说，听说我侄儿尤山的媳妇从前在公路段上做过饭，你让她来这里帮一个月忙。我说她会答应来吗？尤龙说，你就告诉他我是为了回老家办砖厂才去给别人装修房子的，这么一说她肯定会来。我说好吧，明天一早我就去乐川。尤龙见我答应去乐川就高兴不已，他拉着我的手说，真是太感谢你了西凤，我本来应该亲自回去的，可我走不开呀。

乐川离我居住的这座城市大约两百公里。那是一个穷山村，我在那个地方生活了十八年。十八岁那年我父母双亡，孤苦伶仃的我就到城市投奔了我的姑妈。记得就是在我进城的那一年，尤龙也离开乐川去了部队。刚进城市的那几年，我还每年回乐川去为我的父母扫墓，后来成家以后就再没有回去过了。乐川对我来说就像是一个遥远的回忆。

我那天早晨六点钟就坐上了开往乐川的长途汽车，抵达村子已经是中午十二点了。一下汽车我就朝尤龙的弟弟尤虎家快速奔去，我希望当天就能带着尤山的媳妇赶回城市。

尤虎的那栋土墙房子坐落在一个山包的脚下，门口是一条小河。我去的时候他们还没有吃午饭，一家人正坐在门口的土场上争着看一张报纸。那张报纸最后落在了一个三十出头的女人手里，她一边看着报纸一边兴奋地喊着表叔。我随后很快就知道了，这个三十出头的女人就是尤山的媳妇，她的名字叫黄梅。在那一家人中，只有尤虎和他的老婆米二美认识我，他们显得十分苍老，张开深陷的眼窝打量了我老半天才认出我是西凤。尤虎似乎特别怕冷，坐在八月的阳光下还穿着过冬的棉袄。认出我之后，尤虎把萎缩在衣领里面的脖子朝外伸了一下，然后一边给我让座一边问我怎么突然回到老家来了。我没来得及坐下就把我的来意告诉了他。尤虎一听顿时激动起来，两只老眼里闪出了明亮的光芒。他马上对着黄梅喊道，黄梅呀，你大伯请你进城帮他煮一个月饭哩，听说他很快要回老家来帮我们办一个砖厂！黄梅一直在埋头看那张皱皱巴巴的报纸，许久过后才抬起头回答尤虎说，我不能去煮饭，我要立刻到深圳去一趟。尤虎忙问，你要去深圳干啥？黄梅捧着报纸快步走到尤虎跟前说，我要去深圳找我的表叔，这报纸上说我表叔在深圳当了大老板，已经是百万富翁了，我想去找他要一笔钱回来！尤山也迅速走向了尤虎，他没等黄梅的话音落地就附和着说，我也同意黄梅下一趟深圳，如果她找到了表叔，表叔至少也要给她一万！

听着他们的话，我的眼前不禁感到一阵迷糊。我问黄梅，你的表叔是谁？

黄梅赶快指着报纸上的一则新闻对我说，这个名字叫赵建华的，他就是我表叔，五年前去深圳的，如今在那边当了一家公司的总经理。他可有钱了，你看这报纸上说，他一次就给希望工程捐了二十万！我听后沉默了片刻，然后对黄梅说，你找你表叔要钱何必亲自去深圳？写一封信让他给你寄回来不行吗？黄梅摆着头说，不行，表叔太忙了，我以前给他写了好几封信，他一封信也没回过。连回信的时间都没有，他哪还有工夫给我寄钱？我必须亲自去找他！黄梅的口气异常坚决，我因此就没再劝她。

过了一会儿，我站起来对尤虎说，既然黄梅不肯去帮她大伯的忙，那我就走了。我要赶回城里好让尤龙另想办法。尤虎双手插在棉袄袖筒里，对我抱歉地一笑说，西凤，真是对不起，让你白跑了一趟。如今我老了，说话孩子们也不听了，真是没有办法呀！

从乐川回到城市已是夜晚九点多钟，我没顾上回家就去了尤龙家里。而尤龙家里却没有尤龙的影子，他的孙子尤蛟告诉我，他爷爷从清早出门后一直没有回来。

接着我便坐一辆三轮出租车去了南湖花园。我想尤龙和那几个民工肯定还在加班给别人装修房子。尤龙曾经对我说过他们那套房子所在的门栋，所以我没费什么周折就找到了他。我推门进去的时候，尤龙和那几个蓬头垢面的民工正坐在一堆地板砖上啃方便面，每个人的嘴里都发出咯嘣咯嘣的声音。我愣在门口问，尤龙，你们就是这样吃饭吗？尤龙因为嘴里包着方便面而口齿不清地对我说，今天没有做饭的，就这么用方便面混一混。明天就可以吃饭吃菜了。尤龙一边说着一边歪头朝我身后张望，他以为尤山的媳妇黄梅就站在我的后面。我却马上告诉他，尤龙，我没能把你的侄儿媳妇请来。什么？尤龙一下子从地板砖上弹了起来，两只眼睛睁得又圆又大。我接下来把事情的经过一五一十地给尤龙讲了一遍，在我的讲述接近尾声的时候，直直地立在我面前的尤龙忽然之间倒在了地上。尤龙你怎么啦？我飞快地朝他跑过去。尤龙显然是被他的侄儿媳妇气得昏迷了，我看见他脸色苍白，双眼紧闭，完全像一个死人。

劳累和饥饿了一天的尤龙那天晚上昏迷了很长时间，后来我说别生气了尤龙，我每天给你们做饭！听到我的这句话以后，尤龙才慢慢地睁开眼皮。

为了帮助尤龙实现他的那个梦想，我主动承担了每天给尤龙和五个民工做两餐饭的任务。本来我提出把锅铲搬到他们装修的那套房子里开火的，可尤龙考虑到我的裁缝店不能终日关门闭户，于是就让我还是在我家里做饭，到了中午和晚上就给他们送去。他说这样我还可以兼着缝一些衣服。那段时间，我感到又忙又累，不仅要缝衣服做饭，还要一天跑两趟南湖花园，差点叫我没坚持住。

不过，最为繁忙和劳累的还是尤龙。他虽然是包工头，本来可以只动嘴不动手，叼上一支香烟在那里来回走动着发号施令。但他是一个劳动惯了的工人，双手一刻也闲不住。每次送饭去的时候，我总是看见尤龙忙得大汗淋漓，不是在锯五夹板就是在扛水泥包。有一天我心疼地对他说，尤龙啊，你已是快六十岁的人了，不要什么活都亲自动手，如果弄垮了身体，那可就得不偿失了。尤龙却毫不在意地说，不怕，我是当过兵的，骨头硬着呢。他说着又去往厨房搬瓷砖了。望着尤龙那倔强的背影，我只有无可奈何地摇头叹息。

由于尤龙不听我的劝告，他终于在一个深夜里累倒了。当时装修工程还没有完成一半，而时间却像流水一样去了半个多月。尤龙担心不能在一个月之内按时完工，便决定连续加两个通宵的夜班。那五个民工都是三十岁左右的青年人，他们熬两个通宵还能勉强坚持，而尤龙在第二个夜晚却没能熬过来。那天晚上的劳动是安装石膏吊顶，约莫在下半夜两点的时候，站在简易木梯上的尤龙突然感到双眼一黑，随即就连人带石膏线一起呼哗啦啦地滚下了木梯。尤龙是膀子先落地的，当两个民工把他从地上扶起来时，他疼痛难忍地说，完了，我的膀子断了！

幸亏离南湖花园不远的地方有一家空军医院，两个民工迅速将尤龙送到了医院的急救室。医生经过一番检查之后无情地告诉尤龙说，你的膀子骨折了！

我在尤龙出事的第二天中午才知道这个不幸消息。那天中午，我和往日一样去南湖花园送饭，推门进去却不见尤龙的影子。他呢？我问一个正在包门的木工。木工说，他膀子骨折住进了空军医院。我一听就慌了神，赶忙调头朝空军医院跑去。在空军医院二楼的一间病房里，我看见了膀子上缠满绷带的尤龙。医生刚刚给他接过骨头，他躺在床上一声接一声地呻吟着，豆大的汗珠滚满了他的脸。在医院照看尤龙的是他的儿媳妇魏静，她正躬着腰在用毛巾为尤龙擦汗。我问她你婆婆为什么没来护理你公公？魏静说她要去老年人活动中心打麻将。我又问，她难道不晓得尤龙的膀子断了吗？魏静说，她晓得，但她说膀子断了活该！我说，陈仙她怎么这样说话？魏静说，因为公公是为了挣钱回老家办砖厂才摔断膀子的，所以婆婆就说他断了膀子活该！婆婆还说她巴不得公公把腿子也摔断，这样就不会往老家跑了！连声呻吟的尤龙听见我和魏静的对话猛然停止了呻吟，我看见两排晶莹的泪珠无法阻挡地冲出了他的眼睛。

魏静看上去是一个心地善良的女子，她赶快用毛巾为尤龙擦了泪水，然后轻声细语地说，爸爸，你就别再为老家操心劳神了吧，免得妈妈对你眉毛不是眉毛眼睛不是眼睛。尤龙却身子一耸说，不！她越是反对，我越是要在老家把砖厂办起来！我不能让她永远看不起我的老家！

尤龙从医院出来以后没有回家休息，而是直接去了南湖花园。他用绷带将受伤的那只膀子吊在脖子上，用另一只手做一些力所能及的事情。尤龙的精神让那五个民工深受感动，他们做起事来更加卖力，工程的进度因此越来越快。在离一个月还有五天的时候，他们已经给地板和墙壁涂了第二遍油漆。看来我们可以提前完工了！尤龙欣慰地说。

就在尤龙说这句话的那天中午，房子的主人挽着他的小老婆来到了房子里。当时我正去那里送午饭，于是碰上了。那个大款拉着他的小老婆在每间房子里转了一圈，然后十分满意地对尤龙说，不错不错，我今天就开你们一半的工钱。他说着就打开了手中的那个黑色皮包，顺手掏出一叠钱递在尤龙手里。这是五千，另外五千过两天就给。大款说。尤龙接过钱迅速数了一遍，刚好五千！尤龙笑着对大款说，你真是一个爽快人！

在尤龙领到五千块工钱那天的傍晚，我踩着如血的夕阳去南湖花园送饭。走到尤龙装修的那套房子的楼下的时候，我老远看见一个年轻人像一只无头苍蝇在楼下那块草地上转来转去。因为我的眼睛正好对着夕阳的光芒，所以我无法看清那个人的脸，直到走到他的身边时，我才恍然认出他是尤龙的侄儿尤山。尤山在我认出他的同时也认出了我，他的两只灰暗的眼窝突然闪出了两朵明亮的光。请问阿姨，你知道我的大伯在什么地方吗？尤山一见到我就迫不及待地问。我指着面前的那栋高楼对他说，就在这一栋的五楼。尤山沿着我的手朝那五楼匆匆看了一眼，然后拔腿就朝楼上冲去。他的鞋子在楼梯上敲出了一长串刺耳的声音。听着尤山的这种脚步声，我便预感到尤龙的老家出了什么麻烦。

事情果然不出我的所料。我拎着饭盒上到五楼时，尤山正在哭哭啼啼地对尤龙说他的媳妇黄梅出事了。

事情的经过是这样的。在我离开乐川的第五天，黄梅便借了三百块的路费带着那张皱皱巴巴的报纸坐上了南下深圳的火车。那张报纸上说她的表叔赵建华开的是一家名叫笑哈哈的儿童玩具公司，所以黄梅在深圳一下车就四处打听这个笑哈哈。大约转了五辆公共汽车问了十个警察之后，黄梅终于找到了笑哈哈公司门口。那门口站着两个腰挂警棍的保安人员，黄梅走上去问其中一个，这里的总经理是叫赵建华吗？那个保安说，是的，你是赵总的什么人？黄梅自豪地说，赵总是我的表叔。那个保安一听立即进门卫房给赵总拨了一个电话，他在电话里说了几句什么之后走出门卫房对黄梅说，赵总在八楼办公，你坐电梯上去找吧。黄梅不知道怎么坐电梯，她就老老实实地步行而上。上到八楼的时候，汗水已经湿透了她的全身。黄梅一边抹脸上的汗一边走到了总经理办公室门口，她看见一个三十岁左右的年轻人正坐在一把高背椅上阅读文件。请问赵总在吗？黄梅气喘吁吁地问。那个年轻人眼睛从文件上移到门口说，我就是。黄梅一听两只眼睛顿时迷茫了，她又赶紧说，我找赵建华总经理。年轻人认真地说，我就是赵建华。什么？你不是我的表叔赵建华？黄梅当即尖叫了一声，接着就像被人打断了双腿似的一屁股坐在了地上。那个与黄梅的表叔同名的赵总一见黄梅倒地马上跑过来问，你是怎么啦？而这时候的黄梅却什么话也说不出来了，她只能用捏在手上那张报纸回答赵总。那张报纸已经被汗水浸破了，赵总捧在眼前看了好半天才在那则新闻里找到自己的名字。赵总显然是一个聪敏的人，他很快猜出了黄梅找他的原因，于是就忍俊不禁地打出了一串嘹亮的哈哈。黄梅在赵总的哈哈声中忽然号啕大哭起来，她一边哭一边咒骂自己说，我真傻！怎么就没有想到世上有那么多同名同姓的人呢？

尤山讲到这里已经泣不成声。尤龙锁紧眉头追问，后来呢？尤山抬起衣袖擦了一下眼泪说，后来的事情我就不好意思说出口了。我走上去告诉尤山，在大伯面前还有什么说不出口的？你不说出来大伯怎么帮你？尤山想了一会儿说，好吧，事情到这一步，我也顾不上羞丑了。尤山说，黄梅临走时借的那三百块钱在到达深圳的时候就只剩下五十块了，她原想一找到表叔就会有很多的钱，可她辛辛苦苦找到的那个总经理却不是她的表叔，因此她就没有回家的路费了。从笑哈哈儿童玩具公司出来之后，黄梅便成了一条丧家狗，不知道到什么地方去。后来她走投无路就去火车站当了一个乞丐，她想讨点路费回家。然而火车站那里的乞丐成群结队，而且大都是缺胳膊断腿的。黄梅一连讨了上十天，每天讨到的钱勉强能够填饱肚子。那些日子黄梅每天晚上都在火车站门口的走廊上过夜，她捡来一块别人扔下的纸壳子垫在屁股下面，深夜困倦极了就像刺猬那样蜷曲在纸壳上迷糊一会儿。大约在第四天的半夜里，黄梅刚刚在那块纸壳上躺下来，一个民工模样的男人摸摸索索来到了她的身边。民工以为黄梅是一个卖身女子，他一来就低声问，小姐打炮吗？黄梅听不懂打炮这个词，便问民工什么是打炮？民工说，打炮就是睡觉，你如果愿意陪我睡一觉，我给你两百块钱。黄梅一听说两百块钱立刻就从纸壳上坐了起来，两眼放光地问，你说的话可是真的？民工说，你要是不相信，我先把两百块钱给你，然后我们再睡觉。他说着就掏出两百块钱塞在黄梅手里。黄梅一见到两百块钱便激动异常，她二话没说就跟着民工去了离火车站不远的一块草坪。那地方没有人，也没有灯光，民工告诉黄梅这里十分安全。然而，他们脱下衣服正忙得忘乎所以的时候，两个巡逻的警察不知从什么地方突然冒了出来。后来的事情就可想而知了，警察把民工和黄梅一起带到了车站派出所。

尤龙听着尤山的讲述，浑身的血液似乎都涌到了脸上，我感到那些愤怒的血液几乎快要涨破尤龙的脸皮了。后来尤龙横眉冷眼地问尤山，你今天来找我干啥？尤山说，那边的派出所通知我速带两千块钱去深圳取人，我特地来找大伯借两千块钱。尤龙气不打一处来地说，这样的女人取回来干啥？就让她永远关在那里算了！尤山却慌急地说，这怎么行？我好不容易才找到一个媳妇，怎么能不把她取回来呢？不取回来我就要打一辈子光棍啊！大伯，求你一定借我两千块钱吧，我将来当牛做马也挣了还你！尤龙没再说什么，他默默地从口袋里掏出那一叠工钱，一张一张地给尤山数了两千。

尤山一接过钱就马不停蹄地去火车站赶通往深圳的夜行火车了，剩下尤龙靠在别人的墙壁上长吁短叹了半个小时。尤龙气得一口饭也不吃。我说你多少得吃一点儿，不然饿坏了怎么办？尤龙没有回答我，却跟我说起了另一个话题。尤龙说，我本来想得到这笔工钱后再借上你那五千就回老家办砖厂的，现在尤山突然拿走了两千，看来我的计划又要延期了！

开始我还以为黄梅出的那件事会动摇尤龙回老家办砖厂的想

法，没料到他还是如此态度坚定。我想要是换了我，我再也不会同情老家的那些人。后来我索性迎头给他浇了一瓢冷水。算了吧尤龙，我说，老家的人既然那么不争气，你就别管他们了！谁知我这话刚出口，尤龙就狠狠地瞪了我一眼。随后他说，不，我无论如何也要回老家把砖厂办起来。他们现在的一切，都是被穷逼出来的啊！

后来，尤龙居然没有因为尤山借走了两千块钱而推迟回老家办砖厂的时间。在结束南湖花园那套房子装修的第二天上午，尤龙兴致勃勃地来到了我家。我看见他那高兴的样子，还以为他又找到了什么挣钱的渠道，因为在这之前的头天晚上，他还在为差两千块钱而焦愁不安。

头天晚上，尤龙是在和那个五个民工结完账之后来我家的。他告诉我他本来能够得五千块钱，可因为尤山借走两千现在就只有三千了。他说他还必须想方设法去挣上两千，然后再让我把我那五千元的存折取出来借给他。他离开我家时，我问他打算怎么去挣那两千块钱？他说我正在为这个问题着急呢。然而，尤龙只回家过了一个晚上就把那两千块钱弄到手了。

尤龙一进我的门就说，西凤，你赶快去把那五千块钱取出来借给我吧。我愣着眼睛问，你不是还差两千块钱的吗？尤龙有些神秘地说，不差了，我手头已经有五千了！我忙问，你那两千是从什么地方弄来的？尤龙压低声音说，我把我那件羊皮军大衣卖了。尤龙说这句话的时候，我看见有一种无法形容的忧伤从他那苍白的脸上一闪而过。

尤龙离开城市回老家去的那一天，阳光灿烂，万里无云，真是一个无话可说的好天气。然而在尤龙临行之前的半个小时，他的妻子陈仙却又一次和他激烈地吵了一架。

那一架是由陈仙挑起来的。尤龙正在收拾衣服的时候，陈仙忽然从另外一间房里走到了尤龙的跟前，她用不阴不阳的声音问尤龙，办砖厂的钱凑齐啦？尤龙也用不阴不阳的口气还了她一句，你以为活人会被尿憋死吗？陈仙接着冷笑了两声，然后严肃着面孔说，依我看，你还不如把你挣的这几个血汗钱拿来，我为你保管着可靠些。尤龙一抬头问，你这是什么意思？陈仙说，我的意思还不明显吗？因为我断定你那个砖厂办不成！尤龙有些气愤了，他一耸身站起来说，胡扯，你凭什么说我办不成？陈仙摇头晃脑地说，我说你办不成就办不成，要是办成了我在你面前倒走！尤龙听这话差点气昏过去，他指着陈仙破口大骂道，你狗嘴里吐不出象牙！陈仙马上发起泼来，她跳起双脚回骂道，你才是狗哩！真是狗咬吕洞宾，不识好人心！你要回老家折腾死了，我连尸也不去给你收！

我那天去为尤龙送行时，他们夫妻正吵得如火如荼，像两个不共戴天的敌人。如果不是我及时劝阻，不知道他们要吵成什么局面，没准还要动手打起架来。我劝陈仙说，你少说两句吧嫂子，他不管怎么说心是好的。陈仙却愈发扩大声音说，那算什么好心？他那是异想天开！我见劝不住陈仙就转来劝尤龙。我说尤龙，你何必跟嫂子吵呢？嫂子说你办不成，你就把砖厂办成了让她看看不行吗？我这么一说，尤龙便停止了争吵。他随手从地上拎起那个简单的行李包，头也不回地跨出了他家的门槛。尤龙，你去一段时间就回来休息几天。我对着尤龙的背影说。尤龙却对天发誓一般地喊了一声，我不把砖厂办起来决不回城！他的喊声犹如一串惊雷，在空中滚来滚去，经久不息。

尤龙是在五月中旬回到老家乐川的。大约在六月上旬的某一天，我收到了尤龙的一封来信。他在信中给我描述了他回到老家以后的情形。

尤龙回去的时候，老家到处都是一派充满诗情画意的风景。尤虎房子后面的那个山包上，所有的树木都长满了碧绿而厚实的叶子，它们在阳光的朗照下五彩缤纷。门口的那条小河里，水也涨起来了，河水日夜欢快地奔流着，如同一曲绵长的山村歌谣。尤龙说，与那满眼的自然风景极不和谐的是尤虎的那栋土墙房子，它又矮又小，像一条老狗趴在那里，墙上布满令人恐惧的裂缝。不过这栋土墙房子更加激发了尤龙创办砖厂的热情，他说一等砖厂生产出了火砖，他首先就要把那栋尤家住了几辈子的土墙房子掀掉，然后在那片地基上重新建造一栋城市人住的那种现代化高楼。

尤龙回到老家办砖厂的消息使尤虎一家男女老少都感到欢欣鼓舞。特别是尤虎，他的眼睛在此之前一直眯着，像是永远睡不醒似的，而尤龙一回去他的眼皮突然就掀开了。他握着尤龙的手说，我原来还以为你是说了玩玩的，没想到你真的要回来办砖厂。好，这样我们尤家就有希望了！尤虎家后面的山包上有一座破庙，尤虎在尤龙回去的当天就去破庙里烧了几炷香，乞求观音保佑砖厂成功。从破庙里回来后，尤虎对尤龙说，哥，你就担任总指挥吧，你怎么说我们怎么干。

回到老家的第二天，尤龙就开始着手砖厂的建设了。他把厂址选在那栋土墙房子门口的一块平地上，那里北面靠山，南面临河，既有制砖所必不可少的土，又有烧砖离不开的水，真是一个得天独厚的开砖厂的好地方。尤龙安排尤虎带领一些人上山砍树，让他尽快搭建一个工棚。尤虎接受任务后二话没说就高举斧头爬上了房子后面的山包。尤山的任务是打窑，尤龙要他在半个月之内将烧砖的窑打好。尤山拍着胸脯对尤龙说，放心吧大伯，我只要十天就能把窑交给你，并且保证质量。挖土那个摊子由黄梅负责。黄梅早被尤山从深圳接回来了，她因为那件事情而对尤龙充满感激，一见到尤龙就千恩万谢。尤龙对黄梅说，别谢我了，接受一个教训吧，以后要靠自己的劳动吃饭。黄梅在经历了那段耻辱之后突然变得勤快起来，她每天都要挖十个小时的土，脸上一天到晚热汗纵横。

尤龙吃和住都在尤虎家里。生活的艰苦是不言而喻的。每餐吃的菜都是从自家菜园里扯起来的青菜萝卜，米二美用盐加水把它们一煮，然后盛在一个肮脏不堪的瓷盆里，连一粒油星子也看不见。尤龙睡觉的床是用门板充当的，到了晚上就把门板拆下来支在堂屋里，天亮以后再安到门上去。好在尤龙并不怕苦，他是在艰苦中长大的，这种生活对他来说并不奇怪。尤龙同时还认为这种艰苦的生活是暂时的，一旦砖厂见到效益，一切都会发生改观。这么一想尤龙就愈发不畏艰苦了，虽然吃不好睡不好，但笑容却终日洋溢在他的脸上。

在那一封信的结尾，尤龙说老家只有一种现象让他无法忍受。他告诉我老家没有吊蚊帐，而那里的蚊子特别猖狂。到夜里，成千上万的蚊子都飞起来了，它们围着尤龙睡的那个门板齐声鸣叫，听上去就像是在举行着大合唱。因为那些蚊子，尤龙每天晚上总是不能安心入睡，他必须手握一面芭蕉扇，不停地挥赶它们，否则稍不小心蚊子们就会吸他的血。尤龙曾经想过到附近的小镇上去买一个蚊帐，可一方面时间紧迫无法抽身，另一方面却是没有钱。尤龙说他带去的那一万块钱必须都要用在砖厂里。

读完尤龙最后一页信的时候，我的泪禁不住涌了出来。在泪光中我仿佛看见了被蚊子围困在门板上的尤龙，他的身上布满了数不胜数的红色斑点。那个晚上，我一夜没能合眼。次日天亮时，我忽然心头一热，决定亲手为尤龙缝一个蚊帐。

六月中旬的一天早晨，我带着一个洁白的蚊帐又一回坐上了从城市开往乐川的长途客车。那时候尤龙已经回老家整整一个月时间了。我坐在车里，闭上眼睛想象尤龙现在的模样，但我怎么也想不出来。我的脑海就像没有转播节目的电视荧屏，只有一片令人目眩的雪花点。

临近老家的时候，我头靠车窗迷迷糊糊打了一会儿盹。在那大约一刻钟的工夫里，我居然梦见了少年时代的尤龙。少年尤龙剃着一颗青皮光头，他每天放学后和我一起去山包上放牛。尤龙放的那头牛是一头性情温顺的老母牛，任何人骑它它都不会反抗。而我放的那头小公牛却非常调皮，你一爬到它背上，它就要奋蹄狂跑，非把你从背上甩下来不可。因此，尤龙总是让我骑他的牛。我和尤龙常常一同骑在牛背上，有时候他抱着我的腰，有时候我抱着他的腰。我们在牛背上度过了多少美妙的少年时光。

当我睁开眼睛的时候，那辆油漆斑驳的长途客车已经到了乐川的村口。我急急地从车上下来，接着就把目光朝河那边投了过去。我很快看见了一个用木头撑起来的工棚和一根高耸的烟囱，烟囱里已经青烟缭绕。尤龙办事的速度真是快啊！砖厂离我下车的地方只有一里路的样子，我一路小跑着朝砖厂赶去。刚刚走过小河上的那道木桥，我便一眼看见了尤龙。当时尤龙正在制砖机前面忙着搬砖，他从地上一抬头也看见了我。我正准备喊他时，他却抢先惊叫了一声我的名字。西凤，你怎么来啦？他喊着就立刻丢掉手里的砖朝我跑了过来。我一时没有回答他，因为我被眼前的尤龙惊得张不开嘴了。尤龙变得又黑又瘦，嘴巴周围的胡子像疯长的野草，头发里面夹满了土粒，看上去比一个月前至少老了十岁。西凤，你为啥这样看我？尤龙问我。我艰难地启开牙缝说，尤龙，你怎么一个月时间就老成了这样子？尤龙却开怀大笑了两声，然后用沾满泥土的手拍着我的肩说，老点怕啥？等砖厂开始赚钱了，我就会返老还童的。尤龙说完便领着我朝工棚里面走。他一边走一边对我说，砖厂办得非常顺利，第一窑砖前天已经点火烧起来了，过七天就可以出窑。这一窑砖少说也能卖两千块钱！尤龙说起来眉飞色舞，双手还不停地做着手势。见尤龙的情绪如此舒畅，我沉重的心情也顿时轻松了许多。

可是，一走进工棚我的心情突然又沉重起来了。因为我一进去就看见了一张状似狗窝的床铺。那张床铺支在工棚里面的一个角落里，实际上只是一块门板上垫了一捆黄稻草，黄稻草上面胡乱地堆着一床满是破洞的毛巾被，而且连枕头也没看见。我问尤龙，这是谁睡的？尤龙迟疑了片刻说，是我！我马上又问，你不是睡在尤虎家里吗？怎么会睡在这个狗窝里？尤龙的脸色陡然沉郁下来，他语气黯淡地对我说，我只在尤虎家里住了半个月就搬到这工棚里来了。我忙问，你为什么要搬到工棚来？这里这么潮湿，并且连墙都没有，能睡人吗？尤龙苦涩地一笑说，我也是没有办法呀！

尤龙接下来给我讲了他睡进工棚的原因，那是因为他和他的弟媳米二美发生了一次不大不小的冲突。米二美是一个不讲卫生的女人。她喂了几只鸡，家里的地上到处可以看见鸡屎，尤龙一进门就感到臭气扑鼻。米二美从来不去清扫鸡屎，她一有空闲时间就去和隔壁李家宽的女人聊天。尤龙曾经建议米二美见到鸡屎就清扫一下，米二美却说，这乡下哪能没有鸡屎？没有鸡屎还像乡下吗？你要是看不惯就回你的城市去吧。尤龙听到这一番胡言乱语之后气得不行，但他努力克制了自己，因为他知道米二美是一个没有文化的乡村妇女，觉得自己没必要跟她一般见识，心想自己有时间就动手把那些鸡屎清扫一下。然而，米二美不仅不清扫鸡屎，反而经常吐痰。她的痰又绿又浓，吐在地上比鸡屎还令人作呕。有一天晚上，米二美从尤龙睡的那张门板床旁边走过去的时候，她居然随口在尤龙的鞋子上吐了一口。这一下尤龙就忍受不住了。喂，你难道没长眼睛？尤龙质问米二美。米二美不但不认错，相反还蛮不讲理地说，我长了眼睛，可痰没长眼睛，谁要你睡在这堂屋当中？尤龙告诉我，就在米二美说这句话的当天晚上，他就一气之下把门板扛到了工棚。从此以后他就睡在了工棚里。

在尤龙从尤虎家里搬到工棚住下的第三天，尤龙吃饭也同尤虎他们分开了。事情仍然是由米二美引起的。在此之前，尤龙曾经抽空上了一趟附近的小镇，他从小镇上一次买回了十斤猪油。他把猪油交给米二美说，砖厂的活这么重这么累，人不吃油怎么行？以后你炒菜时就多放些油吧。开始的几天，菜里的油水的确多了一些。然而只过了三四天时间，菜盆里却看不见油的影子了。那天吃饭时，尤龙夹着一筷子无油的白菜问米二美，你怎么不给白菜放油？米二美眨巴了一下她的绿豆小眼说，油吃完了。胡说！尤龙把筷子往桌子上一放说，十斤猪油才吃了四天，怎么会吃完呢？你肯定是做了什么手脚！正在这时，六岁的尤水站起来告诉尤龙，大爷爷，那猪油没吃完，奶奶把它藏在她床下的一个瓦罐里，她每天趁家里没人的时候就一个人炒油盐饭吃。米二美听了尤水的揭发，脸一下子就红得像泼了猪血。就因为这件事情，尤龙决定自己开火了。

听完尤龙的叙述，我半天说不出话来。过了许久我问尤龙，那你现在怎么吃饭？尤龙转身望着他背面的一个角落对我说，我在那儿打了个土灶，每天自己下面条吃。我睁大眼睛朝那个角落里看去，那里果然有一个土灶，灶沿上摆着几斤面条。我鼻腔酸楚地说，尤龙，你这么下去会垮掉的！尤龙却淡淡地一笑说，不会的，等砖厂红火了一切都会好起来！他说着便转过头去，仰望高耸在窑上的那根烟囱。烟囱的青烟这会儿更加茂密了，它们像一团一团的乌云从烟囱口喷涌而出，仿佛要弥漫整个天空。尤龙久久地凝视着那根烟囱，我看见笑容像山花一样开满了他的脸。

回到老家乐川的那一天，我没有按照原定的计划在当天晚上返回城市。一方面是因为尤龙怎么也不放我走，当我把崭新的蚊帐给他挂上以后，他激动地拉住我的手说，西凤啊，你今天就别走了，我要让你在这新蚊帐里睡第一夜。我斜瞪了他一眼说，瞎说哩，我睡这蚊帐里你睡什么地方？尤龙鼓足勇气说，你如果不让我和你一起睡，我就到窑上值夜班，那里日夜要人守着添水加煤。

另一方面却是由于砖厂在那天下午发生了一桩非常荒唐的事情，那桩事情让尤龙差点气炸了肺。为了安慰尤龙，我于是就在那里过了一夜。

那桩荒唐的事情发生在尤山的身上。砖厂创办之后，尤龙让尤山从村里请来了七八个打工的，其中有一个名叫柳枝的女子，她的外貌尚有几分姿色，尤山的那桩荒唐事情就与柳枝密切有关。柳枝是挖土工，每天都在山包下面那个土场里挥锄挖土。我到达老家的那天下午，柳枝忽然对负责土场的黄梅说，她要请半天假回家里办一件事。黄梅问她有什么事。她说她妈过生日。黄梅一听这个理由就批了她的假。大约在柳枝离开土场半个钟头之后，黄梅手中的那把锄头突然断了，她因此就回家去取另外一把锄头。当时，米二美又到隔壁和李家宽的女人聊天去了，黄梅以为家中无人。然而，黄梅一开门进屋就感到自己错了，因为家里不仅有人，而且还有两个人。这两个人竟是她的丈夫和柳枝。黄梅看见尤山和柳枝紧紧地抱在一起，还发现柳枝的衣服已经被尤山的手剥得只剩一条三角裤头了。好啊，你们这两个流氓！黄梅怒吼一声，随即冲上去把他们抓住了。事情很快闹到了尤龙所在的工棚。尤龙当时正喝一杯茶，当黄梅哭诉完毕，尤龙一把将手中的茶杯扔在了地上，茶杯当即碎裂，玻璃片四处飞扬。等那些玻璃片全都降落之后，尤龙把两只充血的眼睛瞪在了尤山的脸上。尤山，我一直以为你是一个作风正派的男人，没想到你会干出这种下流事来，你真是太叫我失望了！尤山低眉吊眼坐在一块湿砖上，他沉默了好一会儿，然后抬起头说，大伯，我并不是那种下流东西，只是因为心中有一股气憋得难受，才找到柳枝要做那种事的。尤龙一怔问，你有一股什么气在心中？尤山却没有马上回答，她的眼睛迅速地把他身边的黄梅看了一下。你倒是说与我听听，究竟有一股什么气憋得你难受，难受到要去做那种下流事？尤龙刨根挖底地问。尤山又看了黄梅一眼，接着把头一扬说，自从听说黄梅在深圳做那种事情之后，就有一股气憋在了我的心中，有时候憋得我难受死了。我觉得我真是太亏了，一天到晚都感到自己的头上戴着一顶绿帽子。后来我想，怎样才能把心中的那股气排出去呢？想来想去，我就想到自己也应该去做一回那种事情才行！所以我就把柳枝叫到家里去了。龙山话音未落，黄梅忽然尖叫了一声，随即箭一般地冲向尤山。她抓住尤山的头发说，原来是这样，既然你心里有气，何必让我回来？尤山说，还不是因为我穷，怕不要你再找不到女人。要是我有钱的话，我绝对不会再要你，说什么也要再另外找一个！黄梅听了尤山这话更加愤怒，她拼命地扯起尤山的头发来。尤山大概是感到他的头皮被黄梅扯疼了，他也一伸手抓住了黄梅的头发，两个人顿时像斗鸡似的闹得不可开交。尤龙这时越发气得厉害，他顺手抓起地上的那个陶瓷茶壶，咬牙切齿地朝尤山和黄梅面前扔了过去。茶壶落地后发出一声炸弹般的巨响，尤山和黄梅听到这声巨响才停止打斗。

那天的晚饭由于有我，尤龙特地到附近农户那里买了十个鸡蛋。他说一是招待我，二是他也好长时间没吃过鸡蛋了。可是鸡蛋煮好之后，尤龙却一个也吃不下去。我知道他心里还生着尤山的气。就在这个时候，那个名叫柳枝的女人满脸泪痕地来到了工棚。她一来就扑通一声跪在尤龙的面前说，大伯，请你帮我说句话吧，黄梅要把我赶出土场，可我不想走，因为我挖了一个月的土连一分钱也没到手啊！尤龙认真地打量了她一会儿问，柳枝，你一个未婚大姑娘，怎么会愿意和尤山做那种事呢？柳枝赶忙用双手蒙着脸说，尤山许诺到时候发工钱多给我一百，所以我就……她没有把话说完，眼泪就像大雨一样从她的指缝里飞了出来。尤龙听后把他的头使劲地摆了几摆，然后出了口长气说，好吧，你就留下来接着挖土，不过再不要做那些下贱事情。柳枝见尤龙同意她留下便激动不已，又给尤龙磕了两个头才站起来离去。

我从乐川回到城市第八天的黄昏时刻，尤龙出人意料地出现在我的缝纫店门口。我兴奋地把他迎进屋里坐下，接着为他启开了一瓶冰冻汽水。尤龙像一块久旱的土地，他一口气就把那瓶汽水喝得一干二净。尤龙放下空瓶子一边抹嘴一边对我说，第一窑砖已经出窑了，并且卖了两千五百块钱。我说，祝贺你呀尤龙，你终于成功了！尤龙的脸色却马上变得乌黑了，他情绪万分低落地说，成功什么呀？我的心快被他们折磨死了！我大吃一惊问，为什么？尤龙说，说来话长了，你再给我启一瓶汽水，让我边喝边给你讲吧。

卖砖的那一天，尤龙首先从两千五百块钱中拿出一千为那些打工的发了工钱。问题就出在那剩下的钱上面。那天晚上，尤虎一家老少都涌到了尤龙所在的工棚里。开始尤龙还以为他们是来祝贺第一窑砖圆满成功的，丝毫没想到他们是为钱而来。第一个开口的是米二美。她先当众吐了一口痰，接着就问尤龙，大哥，那钱你打算怎么用？尤龙说，我想再添一台制砖机，这样可以扩大生产。米二美说，有一台制砖机就够了，要那么多干啥？我想找你要八十块钱去缝一件柔姿纱的衬衣。李家宽的女人有一件，她总是穿着在我面前炫耀，我想我如今也是有头有脸的人了，总不能比不过李家宽的女人！六岁的尤水紧接着说，大爷爷，你给我十块钱吧，我想去镇上买一袋旺旺雪饼吃。那天毛狗子吃旺旺雪饼，我让他给我一块，那小气鬼只给我半块！尤水话刚说完，黄梅也迫不及待地开口了。她说大伯，我想要五十块钱去买点儿化妆品，你看深圳那边的女人都显得年轻，其实她们都是用化妆品化成的。所以我也想买点儿回来化一化，不然尤山会嫌我老的。至于制砖机嘛，我同意妈的意见，一台就够了。尤山马上接话说，大伯，我也不同意买制砖机。万一到时候砖厂不办了，这制砖机还不好出手哩。不过我也不要钱，只是请大伯是否考虑给柳枝再加五十块的工钱，因为当时我给她发誓多发一百的。既然我和她没干成那事就被黄梅阻止了，那就只给五十吧。不然别人会骂我尤山说话不算话。黄梅听了尤山的话，立刻站起来想说什么，但她还没开口，尤虎抢着发言了。大哥呀，依我看，什么钱都可以不花，但有一笔钱非花不可啊。尤龙忙问，什么？尤虎说，买一挂鞭到那个破庙里去放一放，要不是菩萨保佑，我们的第一窑砖怎么会卖这么好的价钱？

听罢尤龙的叙述，我心里像被虫子咬了一样难受。我问尤龙，后来你是怎么回答他们的？尤龙说，我当时就站起来发了一通脾气。我说，你们呀，不是自私自利，就是封建迷信，一个个目光这样短浅！早知道你们都是这种思想，我压根就不会回老家来办什么砖厂！告诉你们吧，这钱，我谁也不会给，我要用它再去买一台制砖机！尤龙说，他这次回城就是为了买制砖机的。

沉吟了一会儿，我满怀伤感地说，尤龙，既然他们都是那种德行，你何必还要那么卖劲地去办砖厂呢？尤龙无奈地一笑说，唉，我现在是进退两难啊！投资了那么多，难道就这样半途而废吗？再说，我总认为他们的那些毛病都是因为穷而引起的。

尤龙回到城市的那天晚上，他无论如何不肯回到他的家里去。我说你既然这么远回来了，还是回家看看陈仙吧。尤龙说，不回去，我一辈子再不想见到她！我说，你这话没说好，你们毕竟是几十年的夫妻。俗话说一日夫妻百日恩呢。尤龙说，我和她根本无恩可言，当初结婚就是一个错误，一想到这我就恨我那死去的父亲，如果不是他逼着我找一个城市女人，我哪里会这么窝囊一生？

尤龙这话陡然又勾起了我的回忆。当年转业时，尤龙本来有好几个城市供他选择，可他因为我而选择了现在的这一个。然而当我们要筹备结婚的时候，他父亲却赶来横加干涉。他不单嫌我是个农村丫头，而且还嫌我是一个没有正式工作的裁缝，硬要尤龙找一个有工作的城市姑娘。尤龙对他父亲表示了坚决的反抗，还当着他的面说非我不娶。可他父亲这时使用了绝妙的一招，他从怀里掏出一瓶农药，拧开农药瓶盖对着自己的嘴巴说，尤龙，如果你不听我的话，我就把这一瓶农药像喝酒一样全部喝光！就因为这瓶农药，尤龙对他父亲作了让步……

后来我问尤龙，你不回家那你今晚去什么地方睡觉？尤龙脱口说，西凤，你就让我在你这儿过一夜吧。我睡你的沙发上。我赶忙摇头说，不行，这绝对不行。尤龙于是涨红着脸色说，西凤，我一直有个想法埋在心里，不知道能不能说出来你听听。我问什么想法？尤龙喘着粗气说，我想有一天和陈仙分手，然后与你结婚！什么？我吓了一跳说，尤龙你怎么能开这样的玩笑？尤龙圆睁双眼紧紧地盯着我说，西凤，我这不是开玩笑，是心里话呀！我于是低头沉默了，感到心里一片麻乱。尤龙接着告诉我，他打算把老家那个砖厂办顺了就交给尤虎或者尤山，然后回到城市跟我办喜事。说完这些他又问我，西凤，今晚就让我在你这儿过夜行吗？我犹豫了好半天，最后终于无声地点了点头。

那晚我和尤龙吃过晚饭已是夜里九点钟了。在我把碗洗好后，尤龙突然对我说，西凤，这次回来，别人我都不想见，只想看一眼我的孙子尤蛟。在老家，我有好几次在梦中见到尤蛟，每次都梦见他给我吃糖呢。我不吃，他却不依，把糖差点塞进我的鼻孔里去了。我说，那你就回家去看他一眼吧，爷爷想孙子是人之常情。尤龙却说，这不行，我决不回去。我说，那你永远不回那个家？他说那倒不是，将来等我老家的砖厂成了大气候，我就回去气一气陈仙。到时候我还要看着她倒走呢！我又问，你既然想看尤蛟，又不想回家，那怎么办？尤龙拍着我的肩说，请你帮我跑一趟吧，想办法把尤蛟带出来让我偷偷地看上一眼。

我爽快地答应了尤龙的请求。我也说不清我这个本来性格孤傲的女人为什么会对尤龙有求必应。但是，我没能完成尤龙交给我的任务，也就是说我没把尤蛟带出来。其实我去的时候机会是再好不过的，当时陈仙去老年人活动中心打麻将还没回来，尤海也到外面办事去了，家中只剩下魏静和尤蛟。魏静在看杂志，尤蛟在看电视上的动画片。我问尤蛟，你想你的爷爷吗？尤蛟凝视着电视机头也不扭地说，不想。我心里顿时一凉，接着又问，你为什么不想爷爷？尤蛟十分流利地说，爷爷心里只有老家，根本就没有我们！魏静听了这话，顺势将手中的杂志伸出去，在尤蛟的头上打了一下，批评说，你这孩子，怎么能这样说爷爷？爷爷平时最疼你，你难道不知道吗？魏静说完又扭头对我说，尤蛟都是跟他奶奶和爸爸学的，真是没办法！我苦笑着说，孩子还小，不能怪他。

魏静似乎也隐约知道一些我和尤龙的关系，她语气认真地问我，西凤阿姨，你最近得到过我爸爸的什么消息吗？我迟钝了一会儿说，老家今天来了一个人，说你爸爸身体还好，就是那地方太艰苦了。魏静赶忙问，那个人最近回老家吗？我说回去。魏静立刻从沙发站起来，一转身去了另外一间房子。不一会儿，魏静拿着几件夏季的衣服走到我身边说，西凤阿姨，爸爸回老家时没带什么衣服，现在天热了，他肯定没衣服换，请你托那个人把这几件衣服捎给他吧。我十分感动地说，好的，好的，尤龙能有你这样的儿媳真是他的福气呀！临走时，我又用开玩笑的口气对尤蛟说，尤蛟，你爷爷在我那里，你去看看爷爷好吗？尤蛟不耐烦地说，不去，我要看动画片！

从尤龙家回到我家后，我没有把我在他家遇到的真实情形告诉他。我说尤蛟跟他奶奶出去了，只有魏静一个人在家里守门。我这么说，是我担心尤龙承受不了那种感情的打击。而尤龙却以为我说的全是真的，他无奈地说，唉，什么时候才能见到我的孙子啊！

尤龙在我家客厅的沙发上睡了一夜，次日天一亮就出门买制砖机去了。临走时他告诉我，他买了制砖机就直接坐车回老家乐川。我说让他在城里多休息两天再走不迟。他却说他对老家的砖厂放心不下。出门后他还回过头对我说，他回老家后打算再打一座砖窑。我目送着尤龙的背影，心想尤龙真有气魄啊！将来有了两台制砖机和两座砖窑，老家的砖厂没准儿真可以出现一番奇迹呢。

后来的事实证明我的估计一点儿没错。不到两个月时间，砖厂在乐川已经红透了半边天，方圆几十里都知道那地方有一个砖厂，而且价廉物美。于是拖砖的卡车和拖拉机便在砖厂那里出现了络绎不绝的现象。然而，谁也不曾料到，就在砖厂处于如日中天的时候，一连串让尤龙气得吐血的事情却接二连三地发生了。

七月是一个令人躁动不安的季节，就在这个季节的某一天，尤山突然毫无遮拦地告诉他的媳妇黄梅，说他想找个女人来睡一觉。当时正是烈日炎炎的中午，尤山和黄梅正并排躺在他们卧室的竹床上睡午觉。两人刚刚脱了衣服躺下去，尤山就横空出世般地说了这么一句。黄梅开始不相信自己的耳朵，她让尤山再说一遍。尤山便一字一句地重复说，我想找个女人来睡一觉。黄梅这一下彻底相信了，她的两颗眼珠差点被惊得从眼眶里飞了出来。稍稍平静一点之后，黄梅问尤山，你为什么想找个女人来睡觉？尤山平静如水地说，因为我心中的那股气还没有出！黄梅问，哪股气？尤山说，就是你在深圳卖身使我憋上的那股气。黄梅从床上坐起来说，尤山，我是走投无路才那样的。尤山冷笑一声说，这我不管，反正你让我戴了绿帽子！这股气我非出不可，不然终有一天会憋死我的。黄梅压低声音说，上次你不是找柳枝出了那股气吗？尤山眼睛一翻说，那回没成功，我们刚抱到一起你就冲了我们，所以我心中那股气还憋着。黄梅语塞了，她不知道再用什么话来反对尤山。过了许久她又问，你打算找哪个女人来睡？尤山顺手从枕头下面掏出一叠钱晃动着说，如今我有钱了，想找哪个女人睡就找哪个女人睡。黄梅眼睁睁地看着那叠钱，那叠钱少说也有五百块。上午尤山卖了一车砖，他在和尤龙结账时少交了五百。黄梅看了一会儿那叠钱说，尤山，你不能有了钱就乱搞女人！尤山用鼻孔哼了一声说，别人有钱了还离婚换老婆呢，我不离婚只搞一搞还不行吗？如果你不同意的话，我们就离婚吧！黄梅的身子忽然抖了一下，然后她抓住尤山的一条膀子说，好吧，我同意你找一个来搞一次，但只能一次！尤山喜笑颜开地说，行！保证只搞一次。尤龙还说，其实我并不是真的想搞女人，只是想把心中的那股气排出去。

第二天的中午，黄梅在睡午觉之前到门口那条小河里去洗了一条裤头。洗完裤头回家，她发现卧室的门被人从里面反锁了。尤山开门，黄梅喊道。别急，我这会儿正忙着哩。卧室里传出尤山的声音，同时还传出一个女人的呻吟。黄梅顿时明白了一切，她的怒火一下子从心底蹿了起来。她真想一脚把门踢开，然后把尤山和那个正在呻吟的女人打得头破血流。但是，黄梅却拼命地把她的怒火压住了，她用泉水般的眼泪浇灭了心中那熊熊的火苗。后来，黄梅死树一般立在卧室门口，闭着眼睛静静地等候卧室里的呻吟停止。大约过了半个钟头，有人把卧室的门打开了，黄梅睁眼看时，只见柳枝捏着几张钱披头散发地走了出来。原来是你！黄梅禁不住这么说了一句。柳枝却没有说话，她像一阵旋风快速消失了。黄梅进入卧室的时候，尤山已经像一只放了气的皮球瘫痪在竹床上。黄梅问，现在你心中的那股气该消了吧？尤山有气无力地说，消了。黄梅又问，你今后不会再搞女人了吧？尤山说，不会。黄梅接着问，你也不会和我离婚？尤山说，肯定不会。经过这样三问三答，黄梅长期悬在空中的那颗心终于落下来了。

后来尤龙告诉我，发生在尤山、黄梅和柳枝三人之间的那个近乎天方夜谭的故事本来是非常保密的，除了三个当事人之外没有任何人知道。可是，大约在事发十天之后，那个按说已经结尾的故事又有了新的发展。于是，原来的故事和后来的故事便一起被传开了。

十天之后的那个黄昏，柳枝在那座新打的砖窑上找到了尤山。当时尤龙正和尤山站在窑顶上商量生产上的事情，夕阳的光芒像刚从猪脖子里放出来的新鲜猪血染红了整个砖窑。柳枝走上窑顶就说，尤山，我怀孕了！什么？尤山顿时大吃一惊。尤龙也跟着大吃一惊，不过他没有说话，他只用眼睛愣愣地注视着尤山和柳枝。柳枝接着对尤山说，是你让我怀的孕。尤山结结巴巴地说，怀了孕就、就、就打掉！柳枝却一扬脸说，不打，我要跟你结婚。尤山浑身一颤说，胡扯！我有老婆呢。柳枝口舌轻巧地说，你把老婆离掉，然后娶我。尤山赶忙说，不行，这绝对不行！柳枝却提高嗓门说，行也得行，不行也得行！她说完便扭身而去。走下窑顶后，柳枝又回头说，尤山，你等着我哥哥来找你提亲吧！

尤龙对我描述说，那天尤山一听柳枝说到她哥哥就一屁股坐在了窑顶上，差点没掉进窑洞里去。我问尤龙，柳枝的哥哥是个什么人物？尤龙说，他是一个刚从牢里放出来的人，坐牢之前是乐川一带的地头蛇，一天到晚手里玩着一把水果刀。老家的人们没有谁见到他不胆战心惊。

第二天的上午，柳枝的哥哥就来到了砖厂。他的样子看上去并不凶狠，相反还是一个笑面虎，只是他手里的那把刀子有些吓人。当时尤山正在埋头制砖，柳枝的哥哥一来就笑着对尤山说，我给你讲一个故事。尤山当即脸色铁青，他抖着牙齿说，你、你讲吧。柳枝的哥哥说，刚才我在来的路上碰到一个手拿黄瓜的小子，我态度和蔼地说把黄瓜给我吃吧。可他不给，忽然将拿黄瓜的那只手藏到背后了。我没有跟他发脾气，只是把刀子伸上去在他脸上划了一道口子。那口子不深，只有两厘米。那小子还算懂事，他没等我划第二刀就赶紧把黄瓜递到了我嘴里。尤山听到这里已经站不稳了，身子一歪倒在地上。尤山倒在地上对柳枝的哥哥说，你想说啥就说吧，我全都答应你！柳枝的哥哥把刀子从左手甩到右手说，也没啥大事，只是想请你当我的妹夫！尤山立刻点头说，行，行，我马上就和我老婆离婚。柳枝的哥哥满意地笑着说，好，很好，我给你半个月时间。

尤山当天中午就和黄梅提出了离婚的事。黄梅一怔问，你这人怎么说话不算话？尤山说，其实我并不想离婚，但现在是身不由己呀！黄梅问，什么意思？尤山说，柳枝怀孕了，她的哥哥要我当他的妹夫，我如果不答应，他就会要我的小命。黄梅尖叫一声说，什么？柳枝的哥哥从牢里出来啦？尤山说，出来了，比坐牢前还厉害啊！黄梅于是就不说话了，她开始了长时间的哭泣。开始一阵子，她像吹喇叭一样高声号哭，接下来就像唱歌似的抑扬顿挫，后来便改为抽泣了。黄梅足足哭了两个小时，后来，她擦干眼泪转脸对尤山说，离婚可以，但有两个条件。尤山忙问，快说，哪两个条件？黄梅说，第一，儿子归我；第二，给我五千块钱现金。尤山为难地说，第一个条件好办；第二个条件嘛，我还要找大伯商量一下。现在虽说砖厂有钱，但都被大伯掌握着。

尤龙对我说，尤山找他要钱的时候，他手头确实有五千块钱的现金，当时就放在他睡觉的那块门板下面的一个工具箱里。他说那五千块钱是专门留下来还我的，所以尤山找他要钱，他就说没有钱。尤龙还对尤山说，我就是有钱也不能给你！我辛辛苦苦回老家办砖厂，不是让你们离婚的！尤山见尤龙口气这么坚决，便没再说什么，转身木然地走了。然而，就在尤龙拒绝尤山的当天晚上，尤龙放在门板下面的那五千块钱不翼而飞了。那天的晚饭之后，尤龙独自到砖窑门口去看了一下火势。约莫在那里停留了半个小时。当他从砖窑门口返回工棚时，他感到那块门板好像有人动过。尤龙当即心里一惊，赶快掀开门板打开那个工具箱找钱，可他发现那五千块钱不见了。我问尤龙，那五千块钱是尤山偷了吗？尤龙咬着牙齿说，这还用问吗？这是秃子头上的虱子——明摆着的。我问，你有什么证据？尤龙说，在我丢钱的第二天，尤山便与黄梅办了离婚手续。尤龙还说，当他看着离婚的黄梅怀揣五千块钱手拉尤水走出砖厂在通往她娘家的那条路上消失的时候，一口鲜红的血从他嘴里吐了出来。

我又一次去老家乐川是在七月的最后一天。这一回是尤龙的儿媳魏静让我陪她前往的。魏静的父亲是一位退休的老师，当他从魏静嘴里听说尤龙的事情之后，他指示魏静不管怎样也要去老家探望一次公公。魏静不知道怎么走，便请我为她带路。

事实上我当时也正在琢磨应该抽时间去看一眼尤龙了。我和魏静到达乐川时恰巧就是尤山和黄梅办完离婚手续的那一天，当时黄梅刚回娘家不久，尤龙吐在工棚里的那口鲜血还没有干，我和魏静一进工棚就被那口红色的液体吸引住了。尤龙吐血之后，浑身上下已经没有了一点力气，他身子一歪倒在了那张狗窝似的门板床上。尤龙身子蜷缩着，初看上去简直就像一条奄奄一息的老狗。魏静一见到尤龙就忍不住痛哭起来，泪水一下子淋湿了她手中的那一包礼物。

尤龙显然没料到魏静会这么远来看他，他激动得想坐起身来，但他挣扎了好半天也没能坐起来。后来，尤龙就躺在门板上老泪纵横地给我和魏静讲了那一连串让他气得吐血的事情。

听完尤龙的讲述，我有生以来第一次在盛夏七月感到了寒冷，觉得从头到脚都是冰凉的。我说尤龙，赶快回城吧，你再不能在这个地方待下去了！魏静也连忙接话说，回去吧爸爸，你要是再待在这里，我担心你这把老骨头也会……她没把话说完就泣不成声了。尤龙却没有立刻回答我们，大约过了五分钟，他才启开两片没有一点儿血色的嘴唇说，我也想离开这里，可我现在不能走。为什么？我问。我现在回去怎么有脸见人？说什么也要把投进去的钱赚回来才行。尤龙说着把目光投向了工棚外面那几排没烧的砖坯。他接着说，那些砖坯只要烧出来，少说也要卖两万块钱，等我把砖厂的事告一段落后就一心一意回城市享福去。

尤龙说到这里，天上突然响起了几声炸雷。尤龙听见雷声，不知从哪里来了一股力气，轰地从门板床上坐了起来。然后，他神色惊惶地对不远处一个正在制砖的小伙子说，四宝，你赶快去把尤虎给我叫来。名叫四宝的小伙子应了一声就转身朝砖窑那个方向跑，一支烟的工夫便把佝腰偻背的尤虎叫到了工棚。大哥找我有事？尤虎站在门板床前问。天上这时又响了两声炸雷，雷声令人心惊。尤龙摸索着从衣服口袋里掏出一张纸条递给尤虎说，镇上粮管所欠我们两千块的砖款，说好今天去取的，你马上去找胡所长取回来。尤虎接过纸条问，这两千块钱取回来干什么？尤龙说，这两千块钱你取回来就别给我了，你拿去请些人尽快把屋后山包脚下的那条防洪渠修一下。那条渠已经多年没人管了，渠道阻塞不说，到处都是缺口，前几天我去镇上卖砖，听说八月份要发特大洪水。如果山上的洪水冲下来，我们的砖厂就会被冲得一干二净。所以我琢磨这条防洪渠非修不可。尤龙话音未散，又一声炸雷从远处的天空滚了过来。你快去吧，尤虎！尤龙催了一句。尤虎眨巴了一下他的眯缝小眼，然后转身而去。

令人遗憾的是，尤虎从镇上粮管所取回那两千块钱之后，并没有按照尤龙的安排去修那条防洪渠，而是自作主张地拉了七八个相信迷信的农民登上了山包上的那座破庙。尤虎站在破庙门口对那几个农民说，我早就想修修这座庙了，可一直没有钱，现在我要用两千块钱把它从里到外修一修。其中有一个农民说，你大哥让你修防洪渠，你却要修庙，万一他知道了怎么办？尤虎说，修渠有什么用？如果菩萨不保佑，你修十条渠洪水照样要冲你；要是有菩萨保佑，你就是一条渠不修也平安无事。先瞒着我大哥吧，等庙修好了再告诉他。尤虎说完朝手心里吐了一口涎水，接着紧紧抓住锄柄立刻摆出了挥汗大干的架势。

那段时间，尤龙被气得吐了血的身体基本上都瘦弱不堪地躺在工棚那张门板床上，有时勉强拄着一根木棍走到砖窑那里去看上一眼。十天以后，尤龙的身体渐渐硬朗了一些，他于是决定去山包脚下看看，心想那条防洪渠也许修得差不多了。然而，尤龙一到山包脚下就目光呆滞了，因为他发现那条防洪渠没有任何人动过。渠道里填满乱石和淤沙，堤岸像老太太的牙齿，一个缺口连着一个缺口。尤龙顿时急得团团打转，大声呼喊尤虎的名字。可他听不见尤虎的回答，也看不见一丝尤虎的影子。

后来，正在和李家宽的女人聊天的米二美听见喊声后告诉尤龙说，尤虎他带人在山包上修庙呢。尤龙一听，脑海里顿时轰隆响了一声，像是有什么东西在里面爆炸了。尤龙接着就一口气爬上了山包，他看见那破庙已经修得焕然一新。尤虎看见尤龙后露出了一脸憨笑，他边笑边说，大哥，这庙终于修好了，菩萨会保佑我们万事如意的。尤龙没跟尤虎说话，他用两只如同火烧的眼睛一眨不眨地看了他一会儿，然后便转头愤然下山了。

就在尤虎修好破庙的第二天，约莫凌晨五点钟的样子，一场多年罕见的大雨忽然从天而降。雨势从一开始就十分吓人，并且越来越凶猛。到早晨六点钟，滔滔的洪水就从山上滚下来了。洪水犹如咆哮的野兽，一眨眼工夫就吞掉了尤虎的半栋房子。尤虎吓得浑身打抖，他慌忙找出一面铜锣敲打起来。老天爷长眼睛啊，不要再下了，快停吧，快停吧！他一边敲锣一边祈祷。可那雨却愈下愈大，仿佛天河缺了口似的。

面对狂奔而来的洪水，尤龙焦急万状却束手无策。他站在那座新窑的窑顶上，眼巴巴地看着洪水冲倒他的工棚，接着又冲垮了那几排还没来得及进窑的砖坯。看着看着，尤龙感到心如刀割。后来，尤龙那两只充满洪水的眼睛猛然胀大了一圈，因为他看见有一件非常眼熟的黑色物体正在被洪水慢慢卷走。尤龙很快看清楚了，那件黑色物体就是他前不久买回来的那台制砖机。尤龙于是再也站不住了，他迈开双腿不顾一切地冲向了洪水。他想他一定得把他的制砖机从洪水的血口中抢回来。可是，尤龙不仅没有抢回他的制砖机，自己的生命也被洪水吞噬了。

当我得知噩耗赶往乐川时，那里的洪水已经退去。然而，尤龙办的砖厂却变成了一片废墟。唯有那块尤龙睡过的门板还没有被洪水冲走，它默无声息地倒在那片废墟上。在那块门板的上面，我看见了尤龙被洪水冲得千疮百孔的尸体。尤龙城乡两地所有的亲人都到了，他们像篱笆一样紧紧围在尤龙的四周，哭声响彻了老家的上空。

哭声停歇之后，尤龙的亲人们开始讨论把尤龙安放在什么地方这个问题。尤虎说，就埋在老家吧！陈仙却说，不，拖回城市！他们各执己见，争论不休。后来他们同声问我，西凤，你说呢？我却如鲠在喉，什么话也说不出来。

镇长的弟弟

一

正月初四的晚上，我们三个人开车到了湖北襄阳。车是老包借的，小皮负责开。到宾馆住下后，老包再三考虑，还是决定给冯知三打个电话。

我们这是去给冯知三拜年。冯知三住在一个名叫油菜坡的山村，那地方非常远。经过襄阳市，我们还要到康山县，再从康山县到老垭镇，然后才能去油菜坡。不过，一到老垭镇就好了，因为冯知三的哥哥是那个镇的镇长。

初三早晨从广东东莞出发时，小皮就建议打个电话给冯知三，好让他早点儿有个准备。但我反对打电话，我说先应该保密，到时候给冯知三一个惊喜。老包当时觉得我的想法挺好的，就依了我，没给冯知三打电话。我姓唐，原名唐启琼，后来读职业高中时自己把名字改了，改成了唐糖。我有一点儿浪漫情调，总希望生活中多一些意外和激动。

冯知三是我们在东莞打工结交的朋友。其实我们和冯知三一样，都不是东莞人，老包家在河南，小皮来自贵州，我是个湖南妹子。我们四个人都在东莞下面的一个包装箱厂打工，开始是同事，后来就成了朋友。

我们那个厂生产各种各样的包装箱子，大到包装高档电器的，小到包装蔬菜水果的，应有尽有。包装箱就好比人的衣裳，不管多么差的产品，只要一包装就好看了，就值钱了。这是一个包装时代，我们厂的包装箱总是供不应求。

春节期间，厂里业务更加繁忙，厂方就号召民工们留在厂里过年。过年加班，干一天活可以拿三天的工资。老包和小皮都主动留下了，他们把老婆孩子都带在身边，在哪里过年都一样。我原本是打算回家陪父母的，后来买不到火车票，也留了下来。冯知三一开始也决定留在厂里，可他父亲腊月中旬突然病了，就只好回了湖北老家。

冯知三年前离开东莞时，老包约上小皮和我，在一家小酒馆请冯知三吃了一顿饭，算是为他饯行。我们四个人都喝多了。送冯知三去长途汽车站坐车时，我们都有些依依不舍。在站台上分手的时候，冯知三红着眼圈对我们三个人说，过年之后欢迎你们去我家做客！我们听了都很感动，三个人竟异口同声地说，好啊，我们正月间去给你拜年！

当时，我们说的都是客气话。谁也没想到，大家即兴说的一句客气话居然变成了现实。我们三个人没想到，冯知三恐怕更没想到。

因为留厂加班的人特别多，几大单业务在大年初一就完成了，厂里决定从正月初二开始休息。初一的晚上，老包把小皮和我喊到一起聚了一下。我们又喝了酒。平时小聚都是四个人，这次没有冯知三，我们都感到少了什么，有点儿不习惯。快结束时，我突然喷着酒气说，我们去湖北给冯知三拜年吧！没想到，我的提议马上得到了老包和小皮的赞同。第二天一早，我们三个人便踏上了这条漫长的拜年之路。

我们是在下午五点钟左右到襄阳的。进入市区之前，老包建议在郊外吃晚饭。在一家农家菜馆吃饭时，小皮又提出给冯知三打电话。他说，我们大老远跑去给他拜年，如果不先通知他，我们去了他正好不在家怎么办？我马上反问他，大过年的，他不在家会跑哪里去？老包琢磨一下说，小皮说的也有道理，万一冯知三也出门给别人拜年去了呢？我嘟哝着说，哪会这么巧？

虽然我还是不赞成给冯知三打电话，但到底打不打，最后还得听老包的。老包在我们几个中岁数最大，在厂里又是车间主任，所以一路上的事情都由他说了算。不过，究竟给冯知三打不打电话，老包没有在吃饭时当场定夺，说还要再好好想一想。到宾馆安顿下来后，老包才对我们说，还是给冯知三打个电话吧。

老包说完，分别看了看小皮和我。因为老包采纳了小皮的意见，所以小皮显得很高兴，脸上还露出一丝淡淡的得意。我嘛，心里肯定有些不舒服。因为这个电话一打，我们和冯知三见面时就不那么刺激了。但是，老包已经拍板了，我也不好再说什么。

电话是老包亲自打的，用的是他自己的手机。老包拨电话时，小皮和我都在场，分别站在老包的左右两侧。电话很快拨通了，冯知三一下子听出了老包的声音。

老包你好吗？我想死你了！冯知三在电话那头兴奋地叫了起来。他的声音很大，我和小皮都听得一清二楚。

我也想你啊！唐糖和小皮都很想你！老包一边说，一边给我和小皮挤了挤眼睛。

冯知三用更大的声音说，是吗？我也想唐糖和小皮呀！你要是见到他们，一定代我问他们好！

老包这时又给我和小皮挤了一下眼睛。我以为老包会说我和小皮正在他身边，也许还会让我俩也跟冯知三说上几句，但老包没有这样。他停了一会儿又对冯知三说，我们三个人好想去给你拜年呀，可又担心去了你不在家。要是去了碰不上你的人，那我们该多扫兴！

我开始没想到老包会对冯知三这样说，顿时觉得他是个人才，心里的那点儿不快一下子就没有了。我马上给老包翘了个大拇指，还对他多情地笑了一下。

冯知三很快在那边说，怎么会碰不到我呢？我一天到晚都待在家里，就是出门也只是在村里转转，偶尔到镇上逛一下。

老包突然提高嗓门说，好啊！既然你说不出门，那我们就真去给你拜年啦！

冯知三也提高嗓门说，你们来吧，如果真来了，我让我哥哥派车去康山县城迎接，然后在老垭镇设宴款待你们！

冯知三说最后一句话的声音实在是大，像打炸雷，差点儿把我们的耳膜都震破了。老包吓一跳，慌忙把手机从耳门上拖开了。这个冯知三，一说到他哥哥就来劲！老包挂了电话说。小皮马上说，谁叫他哥哥是镇长呢！我也跟着说，到底是镇长的弟弟，说话这么大的口气，又是派车又是设宴！

老包正要把手机放进口袋，猛地拍了一下脑门说，哎呀，刚才忘了让冯知三代我们问他哥哥好！小皮说，是该让他代问一下的，也怪我，忘了提醒你！我把两眼一眨说，要不，再打过去补一句？老包想了想说，算了，这手机的漫游费贵得很。再说，过两天就要见到他哥哥了，到时候当面给镇长问好！

二

次日上午八点，我们就从襄阳出发了，中午一点到了康山。按说，我们当天就可以赶到老垭镇。可按原计划，我们还要在康山县城参观一条街，所以就留在这地方过夜了。

我们要参观的街，叫茶叶一条街，是冯知三告诉我们的。听冯知三说，这条街上有一百多家卖茶叶的店铺，卖的大都是产自老垭镇的茶叶。实话实说，我们三个人这次远行，除了给冯知三拜年，还想附带办个事情，就是了解一下这里的茶叶市场。如果可能的话，我们今后还打算做点儿茶叶生意。

进城以后，我们先找到一家便宜的旅社住下来，接着又去摊子上吃了点儿东西。吃完，我们没回旅社，直接去了茶叶一条街。

要说起来，我们能和冯知三成为朋友，还与茶叶有关。冯知三去包装箱厂，比我们三个人要晚半年，当时我们三个人已经是朋友了。我至今还记得冯知三刚进厂时的那个样子，又瘦又黑，穿一件皱巴巴的西服，见了人缩头缩脑的，一看就是个从大山里出来的人。老实说，我们当初都瞧不起他。

冯知三一开始当搬运工，每天扛着一两百斤的纸壳子上车下车，压得连头都抬不起来。虽说干的是苦力活，工资却不高，一个月才一千二百块钱。冯知三那会儿一个朋友也没有，除了上班，没人愿意跟他在一起。别人下班后都有朋友，要么三人一群，要么五人一伙，一道吃饭，一道逛街，一道打牌。只有冯知三孤零零的，像一只孤雁。

我当时在组装车间办公室打杂，头衔是办公室副主任，除了上传下达，还兼着做收发工作。有一天，快递公司送来一个包裹，收件人是冯知三。下班后，我通知冯知三到办公室领包裹，那是我第一次与他打交道。我问他，包裹里寄的是什么？冯知三说，茶叶。我又问，谁给你寄的？冯知三说，我哥哥。当时是清明节前后，我问冯知三，寄的是新茶吗？他说，是的，清明茶。冯知三和我说话时显得有点儿猥琐，脸色泛红，不敢正眼看我。他领了包裹就慌忙走了。

冯知三收到茶叶后自己没舍得喝，当天就送给了老包。老包是组装车间的主任，冯知三也归他管。老包不吸烟，就是爱茶，平时手里总是捧个茶杯。收到茶叶的当天晚上，老包把我和小皮叫到了他住的地方。小皮是组装车间的货车司机，与老包的关系也十分密切。我们三个人经常在一起吃吃喝喝。

那晚我和小皮一进门，老包就说，我请你们来喝清明茶！小皮也一向爱喝茶，一听说有清明茶喝，马上高兴得叫起来。我对茶说不上有什么偏爱，但有空也喜欢喝一点儿。老包很快把茶泡上了，我们围坐在茶几边细细品赏。没喝上几口，老包和小皮就陶醉了，眯着眼睛说，好茶呀，好茶！我也觉得茶不错，喝在嘴里连舌头都是清爽的。

喝完第一道茶，小皮问老包，你从哪里弄来这么好的茶？老包有点儿得意地说，冯知三送的。其实我一进门就知道了这茶的来历，但我没说。小皮愣了一会儿说，冯知三居然有这么好的茶，真是没看出来呀！老包说，人不可貌相，冯知三的哥哥是镇长呢！小皮愣得更厉害了，睁圆眼睛问，什么，他哥哥是镇长？老包说，是的，这茶就是他的镇长哥哥寄来的。我也禁不住愣了一下，用羡慕的口气说，没想到，冯知三还是镇长的弟弟啊！

康山县城只有三条街。我们找了十几分钟，就把茶叶一条街找到了。这条街不宽，只能算条小巷子，巷道里铺着鹅卵石，两边的店铺都是木头的，看上去有点儿仿古的味道。正如冯知三所说，这条街上所有的店铺都是卖茶的，许多铺面上都挂着一个黄布做的幌子，上面写着老垭茶。冯知三曾经告诉我们，老垭的茶叶在康山县最有名。看来他没说假话。

那次，冯知三送给老包两大盒茶，每个大盒里又有五小盒。那天晚上，品完茶要走时，老包给我和小皮每人送了一小盒。就是因为这几盒茶叶，我们很快和冯知三成了朋友。

老包把茶叶转送给我的第二天，我在车间门口碰到了冯知三。一见面，我就主动上前与他打招呼。你的清明茶真好喝！我笑着对他说。当时我正从街上买了新鲜荔枝回来，还顺手抽出两枝送给了他。冯知三见我对他这么客气，顿时激动不已，脸一下子红到了耳根。中午吃饭时，小皮在食堂门口遇上冯知三，开口就说他的茶叶好，还给他上了一根烟。冯知三接烟时，我看见他的五个指头抖个不停，受宠若惊的样子。

老包快把冯知三送的茶叶喝完的时候，小皮做东，请老包和我到厂附近一个餐馆吃饭。点菜时，老包忽然对小皮说，把冯知三叫来一起吃吧。小皮只稍微犹豫一下，就给冯知三打了电话。那是冯知三第一次和我们吃饭，他来后愣了半天不敢坐。老包说，都是朋友了，快坐吧！冯知三听老包叫他朋友，鼻头一颤，热泪一下子漫出了眼眶。

那天吃完饭从小吃店出来，冯知三突然问老包，茶叶喝完了吗？老包说，还没有，不过不多了。冯知三说，我让我哥哥再寄些来！老包说，怎么好意思再让你破费？冯知三说，不要紧，我哥哥当个镇长，大的能耐没有，弄几斤茶叶不在话下！老包说，那我就不客气了！他说着还伸手在冯知三的肩上拍了一下。

过了一星期，快递公司又给冯知三送来了一个包裹。我一看就知道是他当镇长的哥哥又寄茶叶来了。这次寄的是四盒，冯知三送了老包两盒，另两盒给了我和小皮。从此，我们三个人和冯知三就真的成为朋友了。

不久，老包给冯知三换了一个岗位。他不再扛纸壳子了，当上了质检员，专门负责检查包装箱子的质量。这个工作轻松，工资也高，冯知三每月比以前多拿五百块钱。

大家也从此对冯知三刮目相看了。以前从来不理睬他的人，一下子都争着与他亲近，点头的点头，哈腰的哈腰，微笑的微笑，还经常有人给他上烟，周末还有人请他吃饭喝酒。冯知三自己也像变了个人，穿着带拉链的夹克，走路昂首挺胸，还说起了广东普通话，人也长胖了，皮肤好像也白了一点儿。

茶叶一条街不长，大约一公里路的样子。我们不慌不忙地逛着，一边逛一边看茶叶。老包本想买点儿茶叶带回东莞的，但新茶还没上市，卖的全是去年的陈茶，就没有买。

我们沿路最感兴趣的，不是茶叶本身，而是茶叶的包装和售价。我们觉得，这里的茶叶确实不错，但包装却远远跟不上，包装盒的形状和色彩以及广告词都是司空见惯的，一点儿创意也没有，因此价格就上不来。要说，我们早在冯知三送给我们茶叶时就看出了一些问题。没想到实地一看，问题还这么普遍。

给冯知三拜年这件事定下来以后，老包提出了一个设想。他说，冯知三的哥哥不是镇长吗？我们顺便去找他谈一笔业务。小皮问，是卖茶叶吗？老包说，对，我们让他把老垭镇茶叶的销售权交给我们。小皮又问，是由我们做销售代理商吗？老包说，就是这个意思。他接着说，那里的茶叶这么好，如果我们给它来一个全新的包装，一定会打开销售市场。我一听也很振奋，马上说，太好了，到时候呀，我们几个人干脆创办一个茶叶公司！

大约走了两个小时，我们走到了茶叶一条街的尽头。最后的一个铺子装修得很别致，金碧辉煌的，乍一看像个小宫殿。门口挂一块小黑板，上面用粉笔写着两个大字：新茶。老包很快跑过去了。我和小皮跟过去的时候，卖茶的小嫂子已把样品摆到柜台上。

老包抓起一撮，先看，再闻，然后说，不错，的确是新茶！老包问价，小嫂子说三百块钱一斤。能便宜一点儿吗？老包问。这是刚采的芽茶，便宜了卖不起！小嫂子诚恳地说。老包不再说什么，默默地从胸前掏出了钱包。老包打开钱包看了一眼，红着脸对小嫂子说，对不起！说完就转身出了门。

从茶叶一条街出来后，小皮问老包，好不容易碰到了新茶，你怎么不买？老包说，身上的钱不多了。我快嘴快舌地说，刚才我看到了你的钱包，里面的钱还不少呢，少说可以买两三斤。老包说，这钱要留着，等会儿去给冯知三的哥哥买点礼物。小皮说，哎呀，这我怎么没想到！我趁机拍个马屁说，还是老包想得周到啊！

我们很快找到了一个超市。老包决定买酒。我问，冯知三的哥哥喝酒吗？小皮说，当镇长的没有不喝酒的。进门的时候，我和小皮每人掏出两百块钱给老包。老包问，这是干什么？小皮说，凑份子给镇长买礼物。老包看看钱说，每人两百哪里够？给镇长送酒，没有两瓶茅台拎不出手。我说，那就再加一百。老包说，算了，我多出点吧！

拎着茅台酒走出超市后，我猛地想到了冯知三。我说，我们专门去给冯知三拜年，应该也给他买点什么！小皮看着我说，要买你一个人买。我问，为什么要我一个人买？老包怪笑一下说，你心里明白！我知道小皮和老包是什么意思，他们以为我和冯知三在谈恋爱。冯知三的确对我有那种想法，也表示过。但我没明确答应他。我还年轻，不想把终身大事定得太早。

我没再跟老包和小皮饶舌，麻利地返回超市，给冯知三买了一条烟。凭良心说，冯知三对我不错，很爱我。我也有点儿喜欢他。

三

正月初六一清早，我们便离开康山前往老垭。老包的打算是，中午赶到老垭镇，和镇长一起吃个午饭，一边吃一边商量一下卖茶叶的事。下午就往油菜坡赶。冯知三说那是一个美丽的小山村，我们都想到那里住上一晚。

从康山到老垭，路程说不上太远，但路况很糟糕，沿路坑坑洼洼的，把我们差点儿颠死了。老包借的是一辆快要报废的车，似乎每个零件都松了，一边走一边像知了叫个不停。小皮一路上都提心吊胆，总怕它出毛病。

开了一个多小时，我们到了一个名叫盘龙的村子。刚到村口，小皮担心的事情终于发生了。村口的一段公路垮了，来往车辆要从一道河堤上绕。我们的车在爬河堤那个陡坡时突然熄了火，怎么也打不着了。完了！小皮说。我看见他一脸的沮丧。

我们都从车上下来了。小皮赶快到车头掀起发动机盖，撅着屁股查看。老包贴着小皮问，能修好吗？小皮没回答，伸手在几根管线上拨弄了几下，回头无奈地摇了摇头。

不远处有一户人家，一个老头站在门口树下撒尿。等他撒完后，我跑过去问，请问这附近有修车的吗？老头像钟摆一样摆头说，没有。这时我才发现，他刚才撒尿太慌张了，撒了不少在自己的裤子上。

后面不一会儿来了一辆卡车。老包找小皮要过烟盒，抽出一支朝卡车跑过去，对司机一边晃烟一边说，求你帮忙看看吧！卡车马上刹住了，司机很快跳下来，车门没关就上来看我们的车。他一看就是个老司机，我们用异样的眼神看着他。可是，老司机也修不好我们的车。他说有个重要配件坏死，只有拖到修车铺才能修好。我们的眼神一下子就暗了。

卡车擦着我们的车开走后，小皮说，马上给冯知三打电话，让他哥哥派车来接。老包扭头看着我说，看来不能再对他保密了，惊喜就拉倒吧。我有点儿无奈地说，也只有这样了！

老包掏电话时说，冯知三说镇上有辆三菱的吉普车，差不多是他哥哥专用的。我说，那就让他派这车来接我们。小皮说，吉普车底盘高，下午干脆再让他哥哥派这车把我们送到油菜坡。我们这么一说，刚才布在脸上的愁云转眼散尽，笑容像阳光一样洒到了我们脸上。

老包很快拨通了冯知三的手机。你在哪里？老包语气平静地问。

我正在老垭镇给我父亲抓药。冯知三说。他停一下问老包，你在哪里？

老包说，你猜我在哪里？

我猜不到。冯知三说。

老包说，你好好猜猜。他提示说，我和小皮唐糖在一起。

冯知三在那边沉默下来，手机里只听见电流的声音。他肯定猜不出来！我小声说。小皮有点儿焦急地说，别让他猜了，快把一切都告诉他！

老包提高声音说，好，我直接告诉你吧，我们正在去给你拜年的路上呢！

什么？你没开玩笑吧？冯知三的声音显得很吃惊。

老包说，我什么时候跟你开过玩笑？真的，我们已经在路上了。

嗨！你们怎么真的来了？冯知三停顿一下说，你们别来了，赶紧掉头转去吧，我一不是当官的，二不是有钱的，怎么安得上你们来给我拜年？

我这时从老包手里夺过手机说，我们已过康山了！

天呀！冯知三在那头激动地说，你们已过康山啦？

我正要说车的事，小皮一把夺过手机，用命令的口气说，我们的车坏到盘龙村了，你赶快让你哥哥派吉普车来接一下。

手机那头没立刻回话。过了好一会儿，冯知三才说，好，你们等着吧，我马上跟我哥哥打电话。冯知三显得越发激动了，我从手机中听到了他说话时的颤音。

老包挂手机时，长长地松了一口气。我和小皮也跟着松了一口气。一辆班车这时从对面开过来，经过我们的坏车时突然停下了。那地方太窄了，班车太宽开不过来。司机把头伸出窗户，直直地看着小皮。小皮又扭头看老包，目光也是直直的。老包皱着眉头想了一会儿，然后指着我刚才去过的那户人家说，我们把车推到那儿去，请那老头帮我们看着，到时候让冯知三的哥哥找人帮我们修。

推了半个小时，我们才把破车推到那户人家门口。老头还站在那棵树下。我扫了一眼他的裤子，刚才撒在裤子上的尿还没干。小皮掏出十块钱递给老头说，给你十块钱，请你帮我们看看车。老头摆摆头，不伸手接钱。老包马上说，再加十块，怎么样？老头说，我不要钱，看车又不费力气，还要什么钱？小皮和老包一听都脸红了。我这时从包里抽出一个口香糖，不依分说地塞进了老头手里。

我们三个人都将手机握在手上，耳朵一直竖着，还不住地看显示屏。可它们一个都不响，连条短信也没有。冯知三怎么还不打电话？小皮看着老包问。老包没作声，脸色突然有点儿难看。我举起手机问老包，我给他打过去怎么样？老包仍没作声，只是对我点了个头。

我很快拔了冯知三的手机号，一个女人在那边用普通话说，对不起，现在用户正忙，请你等会儿再拨。等了一会儿，我又拨过去，还是那个女人的声音，她的普通话真让人讨厌。后来我又拨了三次，每次都是占线。老包有点儿心烦了，黑着脸说，别打了，等他打过来。

大约又过了半个小时，老包的手机终于响了。他没马上接，先看了看号码。是冯知三的！老包对我们说。他的脸色陡然柔和多了。老包摁下接听键的时候，我和小皮赶紧朝他走拢一步，把耳朵也竖得更高了，有点儿像野兔。

冯知三气喘吁吁地说，对不起，我打了十几个电话才找到我哥哥！让你们等了这么久，真是对不起！

找到了你哥哥就好！他什么时候能派车来？老包问。

不好意思！冯知三结结巴巴地说，我哥哥，现在，现在不在老垭镇，他昨天，昨天突然跑，跑到宜昌去了！吉，吉普车也开，开去了！真是不好意思！

我们三个人一下子全傻了眼，你看我，我看他，他看你。老包还把手机放在耳边，但什么话也说不出来。

冯知三停了一会儿说，不过，我哥哥答应了，下午就赶回老埡镇，赶回来陪你们吃晚饭！

小皮这时从老包手里夺过手机问，我们的车坏了，你哥哥不派车来，我们怎么去老埡镇？

冯知三在那头想了一下说，只好委屈你们坐班车了，康山下午还有一趟到老埡的班车，三点钟的样子经过盘龙村。你们搭那趟车来，六点钟就可以到老埡镇了，我到时候在车站恭候你们！

把手机还给老包时，小皮问，他让我们坐班车去，你说怎么样？老包叹口气说，除了这样，还能怎么样？我看了一下手机上的时间，才上午十点多钟。想到还要在这个鬼地方等好几个小时，心里顿时有些不安。

老头听说我们还要等车，就邀请我们进屋喝水。我们没进去，不想给人家添麻烦。那棵树下有几个石凳，我们说就坐树下等。干坐了一会儿，小皮提议斗地主消磨时间，但老包摇手拒绝了。哪还有这心情？他苦笑一下说。

快到十二点的时候，我的手机突然响起来。一听，竟是冯知三打来的。是唐糖吗？冯知三问。我心头猛地一热，却故意冷冷地问，有什么事？冯知三说，请你帮我一个忙！我问，我能帮你什么？冯知三说，马上到吃午饭的时间了，你到路边找户人家，代我请老包和小皮吃顿饭。饭钱你先垫上，见了面我再给你！我想了想说，好吧！

老头在我接电话时进屋了。我挂了手机跟进去，发现还有一个白发大妈。我掏出一百块钱给大妈，请她给我们做午饭吃。大妈说做饭可以，只是没什么好吃的。我说，只要能吃饱就行。大妈接过钱，顺手放在一边的茶几上。

大妈做饭慢，我们一点多钟才吃上。不过，她做了一大桌子菜，有肉有蛋，还有我喜欢吃的烟熏香肠。老头还拿出了自己煮的苞谷酒，老包和小皮喝了都说好！这顿饭吃得很开心，从桌子上下来时，我们三个人都笑容满面。道谢出门时，我说，这一百块钱值得！话刚出口，大妈追上来，塞了五十块钱在我手里。你这是？我问。大妈说，只要五十就够了！我一下子很感动，想把五十块钱退给大妈，可她坚决不收。

班车是两点半来的，比冯知三说的早了半小时。我们一招手，它就停了。车上人不多，我们都找到了座位。班车关了门正要开走时，老包却要司机等一下。小皮问，怎么啦？老包说，我把给镇长买的茅台酒忘那破车上了。老包赶快下车去拿酒。拎着酒再上车时，老包问我，你给他买的烟没忘吧？我说，没忘！

四

傍晚六点钟，我们终于到了老垭镇。班车本来可以在五点半到站的，可车上有个人晕车，司机心好，停下来让那个人下车透了口气，这样就耽搁了半个小时。

冯知三说好六点钟在车站恭候我们的，但我们下车后却没看到他。我们三个人像三只警犬一样到处找，把车站的里里外外都找遍了，却连他的影子毛都没见到。后来，老包气冲冲地对我说，打他的手机！我像个听话的小学生，立刻拿出手机拨冯知三的号码。可是，我没有拨通，那个说普通话的女人对我说，对不起，您拨打的用户已关机。我一下子晕了，有一种严重贫血的感觉，身体还猛地歪了一下。要不是小皮赶忙扶我一把，我说不定就一头倒在地上了。

车站门口有个花坛，花已经一朵也没有了，只剩下几根枯草。老包和小皮把我扶到花坛边，让我坐下来休息一下。他们没有坐，都绷着脸，心事重重的样子。

过了好久，老包说，冯知三可能是个骗子！小皮说，我也这么想，只是没敢说。他们说完，一起扭过头看着我，好像等我下结论。我想了想说，我再打他的手机试试吧，也许刚才是换电池呢！我说着就打了，遗憾的是，冯知三仍然关机。我有点儿伤心地说，看来他可能真是骗子了！

夜幕很快笼住了老垭镇。我突然感到有点儿冷。小皮这时问老包，我们该怎么办？老包想了一下说，我们干脆到政府找镇长去，看镇长究竟是不是冯知三的哥哥！我和小皮都觉得这个主意不错。

老垭镇很小，我们没费什么周折就找到了政府。政府门口有一盏很亮的路灯，我们看见一辆半新的吉普车停在灯下，不过不是三菱的，好像是北京现代的。一个三十岁左右的年轻人正在给车打蜡。

政府在一个大院子里，没有门卫，两扇铁门半关半开着。我们正要进院子，打蜡的年轻人机警地走过来问，你们找谁？老包说，找你们镇长。年轻人问，请问你们是干什么的？老包反问，请问你是干什么的？年轻人犹豫了一下说，我是镇长的司机。一听说他是镇长的司机，老包的口气马上变了。哎呀，你是镇长的司机啊！

司机把我们认真打量了一会儿，然后问，请问你们与镇长是什么关系？老包考虑了一下说，我们和镇长的弟弟是朋友。司机扬起脸来问，镇长的弟弟？镇长的哪个弟弟？老包说，冯知三。

老包一说冯知三，司机就夸张地笑了一声。哈哈！他是这样笑的。我听他这样笑，浑身都感到不自在，有些地方还起了鸡皮疙瘩。小皮也觉得奇怪，连忙问，你怎么这样笑？司机说，真是好笑，冯知三怎么会是镇长的弟弟呢？他是菩萨的弟弟！

怎么，你认得冯知三？我赶紧问。司机说，认得，怎么不认得？我和他是一个村的人，还是初中同学呢。

老包猛地把头扭向司机问，你刚才说的菩萨是谁？司机说，冯知三的哥哥，一个癞痢头，四十岁了还打光棍。老包问，他怎么叫这样一个名字？司机忍不住一笑说，菩萨是他的绰号，真名叫冯知一，那年村里改选，冯知一也想当村长，竞选时说，他要是当了村长，一定会像菩萨一样保佑大家，从此油菜坡人就喊他菩萨了。

小皮插进来问，菩萨后来当上村长了吗？司机说，没有，村民们嫌他是个癞痢头，觉得形象不佳，就没投他的票。冯知三真是敢吹牛，他哥哥连村长都不是，居然还说是镇长！

我这时又拨了一次冯知三的手机，仍然关着，看来他是故意的。老包和小皮听了司机的介绍，都显得有点儿惊异，一下子沉默下来。

司机转过身，要去给车接着打蜡。他正要走，我叫住了他。请问你最近看见过冯知三吗？司机说，别说最近，我今天还见过他呢！这家伙，今天不知道是怎么搞的，像赖子一样差不多缠了我一天！

小皮这时抽出一支烟，递给司机说，你别慌，吸支烟慢慢地讲了我们听，冯知三今天到底怎么缠你了？司机接过烟，点燃吸了一口说，嗨，上午八点多，冯知三就打我的手机，要我开着吉普车去帮他接几个人。我说不行，这车又不是我私人的，没有镇长发话，我怎么敢随便开出去？冯知三却不依不饶，要我偷偷地开出去，还说给我钱，半天五百块。我说真的不行，你给我一千我也没这个胆！他那个电话，打了快一个小时，真是把我缠死了！

你不是说今天见过冯知三吗？老包接着问司机，你和他是什么时候见的面？司机吐一个烟圈说，今天中午，我刚下班回家，冯知三就跑到我家里去了，还给我拿去一条烟呢。老包说，他找你干什么？司机说，我以为他还是找我借车呢，没想到，他是要我帮他请镇长吃饭！老包一愣问，请镇长吃饭？司机说，冯知三说他晚上要在镇上请几个客人吃饭，想请镇长去出席一下，哪怕只去敬个酒也行！还说请动了镇长，他给我五百块的介绍费。老包问，你没答应他？司机说，我哪敢答应？镇长是那么好请的吗？他给我一千，我也不一定请得动！

离开政府以后，我们三个人沿着一条狭窄的小巷子往前走。我们走得很慢，脚像戴了铁镣一样挪不动。我们谁也不说话，嘴像被胶带封住了。走了半个小时，我们走出了小巷子，眼前出现了一家旅社，旅社旁边还有个小吃店。

在巷子口，我们同时停了下来。老包指着那个小吃店问我，去吃点儿什么？我摆摆头说，我不饿。小皮先朝那家旅社努努嘴，扭头问我，进去住吗？我又摆摆头说，我不想在这儿住。

老包和小皮同时盯着我问，你想怎样？我勾下头说，既然到这里来了，我想还是应孩去油菜坡看看冯知三。没等老包和小皮说话，我又说，如果你们不愿意去，我就一个人去。老包突然说，谁说不愿意去了？小皮说，没人说不愿意去！听他们这样说，我心里一热，马上抬起头说，那我们现在就去吧！

五

我们在老垭镇租了一辆小面包车，半个小时就坐到了油菜坡脚下。司机说坡上不通公路，我们只能从这里步行上山。

下车后，我们在路边看到了一个小杂货店，不仅卖烟卖酒，还有新鲜的鱼肉卖。我走到门口问，去冯知三家怎么走？老板指了指躺在夜色中的一条土路对我说，顺着那条路一直走，走上一个钟头，看到四根大松树就到了。我道了谢正要转身离开，老板猛然问我，你们是从广东来的吧？我一愣问，你怎么知道？老板说，是冯知三下午来我这儿买酒时说的，他说有三个广东客人可能去他家吃晚饭，不光买了酒，还买了鱼和肉呢。

老板说的话，老包和小皮也听到了，他们和我一样感到不可思议。我愣了一会儿，掏出手机问老包和小皮，我再打一下？他俩同时给我点了个头。我小心翼翼地拨着号，接听时连呼吸都憋住了。但是，奇迹并没发生，冯知三仍是关机。

这晚有月亮，虽说不上多么明亮，但能照见路。我们走得很快，六只脚像六条比赛的小船在山路上划着，只用了五十分钟，我们就到了四根大松树下。树下有一栋黑瓦房，大门半开半掩着，偏暗的灯光从门缝里洒出来，铺在地上像一块黄布。

冯知三，冯知三在家吗？老包在门口喊了两声，便有人迎到了门口。我定睛一看，却不是冯知三。我顿时有点儿失望。站在门口的人骨瘦如柴，头发稀稀拉拉的，我一看就断定他是冯知三的哥哥菩萨。

你们来啦！菩萨一边给我们打招呼，一边把两扇门全推开了。他很快把我们迎到了屋里。进门是一间堂屋，说不上宽敞，但收拾得很整洁，一张木头方桌摆在中间，四周围着四条板凳。菩萨让我们在板凳上坐下，给我们每人倒了一杯茶。

堂屋两边是两间厢房。左边那间是厨房，我看见有个三十出头的女人在灶台上炒菜。右边那间的门关着，我听见有老年人哮喘的声音。在我到处乱看的时候，老包和小皮也在东张西望。我知道，他们和我一样都在寻找冯知三。可是，我们没看见他。

冯知三呢？我看着菩萨问。他出去了，买了些东西回来就出去了。菩萨说。他去哪里了？我又问。他没说去哪里，只说今晚不回来了。我有点儿奇怪地问，他不晓得我们要来吗？菩萨说，晓得，他又是买这，又是买那，还专门把他姐姐知二找来给你们做饭，怎么会不晓得？临出门时，他还一再嘱咐我要把你们招待好呢！

我们把一杯茶喝完时，菩萨对着左边的厢房说，知二，饭好了吗？客人们走这么远的路，肯定饿坏了！厨房的女人说，好了！她说着就用托盘端着七八碗菜出来了。菩萨很快拿来酒，满满地斟了几大杯。这顿饭准备得很丰盛，但我们却怎么也吃不起劲来。一想到冯知三，我们心里就忐忑不安。

吃完饭已是夜里十点，老包提议我们还是回到老垭镇上去住。我这时把那条烟掏出来交给菩萨，请他转给冯知三。见我掏烟，老包把两瓶茅台酒也送给了菩萨。可是，当我们告辞时，菩萨却怎么也不让我们走。他说，知三走之前把楼上的客铺都检好了，你们无论如何也要在这里住一夜，不然到时候我不好向知三交代！菩萨把话说到这个份上，我们就再不好说走的话了。

简单地洗了一下，菩萨就送我们到楼上去休息。楼上有两间木板房，老包和小皮住一间，我一个人住一间。我没有急着进我那间房，时间还早，老包和小皮让我在他们房里坐一会儿。菩萨把我们送到房门口就转身走了。他扶着木梯下楼时，我发现他的头发真是少得可怜。

菩萨刚下楼又上来了，手里拎着三盒茶叶。他走进房来，递给我们每人一盒。我们没马上接，都睁大眼睛看着菩萨。收下吧，这是知三专门给你们买的，刚采的芽茶！菩萨说。一听说是芽茶，我们更不敢接了。老包急忙摆手说，不要不要，这茶太贵了！我和小皮也跟着说不要。菩萨说，这是知三的一片心，你们不要，会伤他的心的！他说完把茶叶放在我们面前，转身又下楼了。

老包打开茶叶，低头看了一会儿说，这比茶叶一条街卖的芽茶还要好！小皮说，这个冯知三，没想到这么大方！我叹息一声说，唉，他会去哪里呢？老包这时突然抬起头，红着眼圈对我说，唐糖，再打一下他的手机，看他开了没有！我说，好的，我马上打！然而，冯知三的手机还是没有打开。

夜里十一点钟，我进了隔壁我那间房。刚进门，我听见了一串上楼梯的脚步声。脚步声响到我这间房门口突然停了，接着响起了敲门声。谁？我问。是我！门外回答。我听出来了，是菩萨的声音。我赶紧把门打开，果然是菩萨站在门口，他手里拿着五十块钱。你有什么事？我疑惑地问。知三让我把这五十块钱交给你。菩萨说着将钱朝我递过来。我没接钱，愣神地问，他为什么要给我五十块钱？菩萨说，他说这是你在盘龙村替他垫的钱，一定要我亲自交给你。我一下子明白了，感到哭笑不得。我收了这五十块钱。

油菜坡的夜晚是真正的夜晚，除了几声鸟叫，什么声音也听不见。在这么好的夜晚，本应该睡个好觉的，可我老进入不了梦乡，辗转反侧，几乎一夜无眠。直到天蒙蒙亮的时候，我才迷迷糊糊地睡去。然而，我刚睡着一会儿就被一阵哭声惊醒了。

哭声是从木板房的后窗飘进来的，如刀子一样尖利，让人感到头皮都被划破了。我赶快跑到窗口去看。窗外是一块茶地，长满了半人高的茶树。我一眼看见了菩萨，他正坐在茶树丛中号哭。菩萨怀里抱着一个人，因为茶树挡着，我看不清那个人的脸。

不一会儿，茶地上就跑去了不少人。我看见老包和小皮也跑去了。菩萨的哭声越来越响。从他的哭声中，我听出来，他怀里抱的那个人已经死了，是自己喝杀虫剂死的。

我没有朝那块茶地跑。如果跑去了，我就会看清那个死者的脸。我害怕那张脸是冯知三的。

为一个光棍说话

一

开春以来，油菜坡的男女老少都在议论光棍杨喜的事，杨喜简直成了村里的一个焦点人物。人们在说到杨喜的时候，虽然语气、表情和动作都不一样，但有一点却是一致的，那就是大家都在贬着杨喜，有的嘲笑他，有的指责他，有的咒骂他，总而言之，都在说杨喜的坏话。在村里，除了哑巴和那几个还不会说话的娃娃，好像每个人都在说着杨喜。只有我这个下台多年的村长，还一直保持着沉默。我老了，没有用了，所以平时就不大愿意说话。但是现在，我不能再这么沉默下去了，我要开口说话，我要站出来为光棍杨喜说几句话。

杨喜偷看邱巾洗澡这件事，当然不能说是一件什么好的事情。当事人说他几句，批评他一通，让他给道个歉，也是应该的。让我感到遗憾的是，事情并没有就这样到此为止，有人像是要抓住这件事大做文章。先是四处宣扬，深怕村里有哪个人不知道；接着又以此为由敲诈杨喜；后来，居然还说要把这件事情告诉邱巾的丈夫。作为一个已经下台多年的村长，我本来不打算吃辣萝卜操淡心的，但他们对杨喜太过分了，我实在看不下去了，所以就不得不站出来为杨喜说上几句。

杨喜的事情发生之后，除了邱巾，反响最强烈的就是赵威了。不对，赵威的反响似乎比邱巾还要强烈。赵威这个人，怎么说呢？我觉得他压根儿就不是一只好鸟。他仗着他哥在县里当一个小官，就认为自己与众不同，总是盛气凌人，指手画脚，什么事情都要管，好像这油菜坡就是他的。杨喜的事情一发生，赵威就变得像一只吃错药的公鸡，红着冠子，张着翅膀，撒着腿子，到处乱飞乱跳，乱喊乱叫。将杨喜的事说得人尽皆知的，是他；帮邱巾出歪点子的，是他；扬言要把杨喜的事说给邱巾丈夫听的，还是他！这个赵威，他究竟想干啥？说句心里话，我看不惯赵威这种人，我甚至有些厌恶他。

邱巾本来是一个漂亮的女人，从外表看上去也还算和善，但我没想到她的心会那么冷那么硬，对人居然连一丁点儿同情心也没有。我原先对她还是多多少少有些好感的，但自从杨喜的事情发生之后，我就觉得邱巾这个女人不能算是一个好女人了，如果说她有些坏也不过分。我是一个当过多年村长的人，说什么都爱讲究一个实事求是。我不能因为邱巾长得漂亮就不讲原则地为她说话。杨喜偷看她洗澡，这显然不对。邱巾听说后，一气之下将杨喜骂了一个狗血淋头，还说了许多伤人的粗话，这些都还是可以理解的。但是，她后来的一些做法就让人难以容忍了。虽然我知道是赵威在背后指使她的，许多行动都是赵威的主意，但我还是无法容忍邱巾。邱巾已不是小姑娘了，一个三十多岁快四十岁的女人，脑袋长在自己的脖子上，怎么能随随便便听别人的指使呢？况且这个指使者还是赵威。

杨喜说起来真是一个可怜的人。他现在已经四十多岁了，却还是一个光棍，而且连女人是什么味道都没尝过。杨喜不缺鼻子不缺眼，膀子和腿子都是全的，做起活来像一头牛，心眼儿也善良，可就是找不到老婆。他母亲少说也托人给他介绍过十几个女人，但没有一个愿意嫁给他。杨喜不讨女人喜欢，主要是因为他脸上有一块火烧疤。那块疤是杨喜小时候烤火时滚进火坑里烧的，它差不多占据了杨喜的半张脸，颜色是绛红的，有点儿像用卤水卤过的猪皮，所以看上去特别刺眼，甚至还有些吓人。以前媒人介绍的那些女人，都是被杨喜脸上的这块火烧疤吓跑的。我想，如果杨喜脸上没有这块疤，那他早就娶妻生子了。村里像他这个年纪的人，哪个不是一手抱老婆一手抱孩子？不说别人就说赵威吧，他和杨喜是同一年生的，却已经娶过两个老婆了。第一个是在他二十三岁那年娶的，还给他生了一个儿子。三十岁那年，赵威又看上了一个更漂亮的，于是离了第一个娶了第二个，第二个又给他生了一个儿子。与赵威比起来，杨喜真是可怜得不能再可怜了。杨喜虽然脸上有块疤，但他仍然是个男人，一个男人到了四十多岁还没接触过女人，你说他可怜不可怜？作为一个老光棍，杨喜肯定是非常想女人的。一个男人想起女人来，那种味道是不好受的，有时心里头可能是火烧火燎的，也可能像是有好多鸡爪子在胡乱地抓，还可能连死的念头都会产生。我估计，杨喜是在想女人想得无可奈何的时候才去偷看邱巾洗澡的。如果真是这样的话，我觉得我们应该原谅并宽容杨喜的这一荒唐举动。这也正是我要站出来为杨喜说话的一个重要原因。

二

杨喜偷看邱巾洗澡的事情，发生在立春之后不久的一个黄昏。这时候天气已经暖和起来，路边的枯草里已经冒出了嫩芽，树枝上可以看见待放的花苞，风也温柔了，吹在脸上痒酥酥的，像是猫舌头舔着一样。还有那些狗们，已经在路上你追我赶。杨喜在这个时候去偷看邱巾洗澡，我想多多少少与天气有一些关系。

杨喜和他母亲住在一棵痒树下面。痒树又叫紫薇树，开花的时候，人在树根上一摸，树上的花儿就颤动，像是一个人被搔了胳肢窝似的，痒得直抖，所以油菜坡这地方的人都把紫薇树叫作痒树。

邱巾住的房子离杨喜的家不足一里路，她的房子后面有一棵高大的松树。从杨喜家到邱巾家，走得快只要一支烟的工夫。在事情发生以前，杨喜经常去邱巾那里。邱巾的丈夫一年四季在外地打工，家里的农活都是邱巾请工做的。杨喜是一把务农的好手，邱巾每次请工做活都少不了杨喜。事后有人说，杨喜之所以去偷看邱巾洗澡，就是因为他对邱巾那里的情况非常熟悉。邱巾住的是一栋明三暗六的房子，她每天都在后面靠左边的那间厢房里洗澡。那间厢房的墙上，有一个不大不小的窗户，窗户离地面很高，人在窗外要是不搭板凳是看不到窗内的，所以邱巾洗澡一般都不关那窗户的门。杨喜是个矮个子，他即使在脚下搭上一条板凳，也看不到窗内的情景。但是，杨喜也有他聪明的地方，他利用了邱巾屋后的那棵松树。那棵松树长在一块菜园边上，离邱巾洗澡的那间厢房约莫一米的样子，又正对着厢房上的那个窗户。杨喜就是爬到那棵松树上偷看邱巾洗澡的。事发之后，有人还模仿杨喜爬过那棵松树。爬松树的人说，杨喜真会选地方，爬在松树上能把厢房里的一切都看得清清楚楚呢！

邱巾差不多每天都要洗一个淋水澡。这是她自己说出来的。油菜坡的人几乎都知道她的这个习惯。邱巾说这些，是想说明自己是个讲卫生的女人。事实上也是这样，邱巾在全村的女人中最爱干净，她从来不穿弄脏的衣服，在她身上丝毫闻不到其他女人身上的那种怪味。邱巾还给人们具体描述过她洗澡的过程。她在那间厢房里常年放着一个大木盆，每天洗澡时只需要提进去一桶热水就行了，热水桶里放着一个葫芦瓢，那是她用来朝身上淋水的。开始洗澡前，邱巾总要把身上的衣服脱得一丝不挂，接着就赤条条地站到那个木盆里，然后用那个葫芦瓢舀了水往身上淋。邱巾对人们说，在往身上淋水的时候，她真是爽快极了，简直有一种吸鸦片的感觉。每当这时，她都会轻轻地闭上眼睛，一动不动站上好几分钟。关于洗澡的这些情景，邱巾毫无疑问只会跟村里的女人们说起。但是，女人们听了之后是不会保密的，她们不可避免地要说给男人们听。这么一来，几乎全村的人都知道邱巾是怎样洗澡的了。不然的话，我怎么会这样清楚呢？我想，杨喜在偷看邱巾洗澡之前，也一定听到过相关的描述，否则他不会起这个念头的。

那天黄昏，杨喜早早地就爬上了那棵松树。他在松树上足足等了半个钟头，邱巾才提着热水桶进入那间厢房。在苦苦等待的那段时间里，杨喜非常难受，简直可以说是倍受煎熬。那棵松树上有一个洞，杨喜没想到会有一窝野蜂躲在洞里。杨喜刚爬到树上停顿下来，一只野蜂就从洞里钻出来了，冷不防在杨喜的脸上咬了一口。杨喜当即就感到疼痛难忍，不一会儿脸上便肿出了一个大包。幸亏杨喜及时用一只袜子堵住了那个洞，不然还会钻出许多野蜂来，那非把他咬死不可。被野蜂咬了以后，杨喜曾想过放弃这次行动，但他最后还是咬紧牙关坚持住了。我们可以猜想一下杨喜当时的心理活动，他有可能这样对自己说，忍着吧，四十多岁了还没见过女人的身子呢，也许一见到邱巾的身子脸上就不疼了！约莫过了半个钟头，那间厢房里终于有了动静。杨喜顿时激动起来，脸上果然一下子就没有疼的感觉了。

邱巾提着热水桶一进厢房便把灯拉燃了，杨喜陡然有了一种看电影的感觉。邱巾开始脱衣服的时候，杨喜已经听到了自己心跳的声音。心跳得怦怦乱响，就像一台动力机发动了一样。杨喜从来没听见他的心这样跳过，这让他感到兴奋而又紧张。然而，在邱巾把全身的衣服脱完的那一刹那，杨喜突然发现自己的心跳停止了，他一下子昏迷过去。杨喜事后坦白说，他那天黄昏只看见邱巾脱了衣服，后面的什么也没看见，本想等她脱光后好好地看上几眼的，可惜自己没有这个眼福，到了好看的时候什么也看不见了。杨喜是个老实人，我相信他说的是真话。当时他可能是因为过度激动而昏迷过去了。这么说来，杨喜事实上并没有看到邱巾洗澡。如果把邱巾洗澡比作一部电影的话，那杨喜只是仅仅看了一个片头。杨喜从昏迷中醒过来的时候，邱巾已经开始穿衣服了。

大家都知道，杨喜是被赵威惊醒的。如果不是这样的话，油菜坡就不会有人知道杨喜偷看邱巾洗澡这件事。赵威后来对乡亲们说，那天黄昏时分，他去邱巾家借石膏，他想借点儿石膏回家打豆腐吃，刚走到邱巾屋后，便发现那棵松树上待着一个人，他当时带着一支电筒，用电筒往松树上一照，原来竟是光棍杨喜。赵威当即大喝一声说，嗨，你趴在树上干啥？杨喜大概就是在这个时候被惊醒的，他一醒过来就从松树上溜下来了。

杨喜没想到自己会被人发现，所以他见到赵威后显得无比难堪，马上就转身逃跑了。赵威追了几步没追上，便指着杨喜的背影吼，看你跑吧，你跑得了和尚跑不了庙！赵威接着还骂了一句，流氓，居然偷看邱巾洗澡！赵威这么一骂，油菜坡就黑得伸手不见五指了。

三

因为当过多年村长，我总是喜欢站在别人的立场上想事，或者说，我习惯了揣摩别人的心理活动。我能想象出杨喜被赵威发现后的心情，他的心情肯定是惊恐万状。事发的当天晚上，杨喜无疑是一夜没能合眼，他非常担心赵威把他的事情说了出去。每个人都是有自尊心的，尽管杨喜是一个光棍，脸上还有一块火烧疤，但他仍然有自尊心。杨喜当然也知道，他所做的这件事情是一件很不光彩的事情，如果赵威说了出去，那他就无脸见人了。杨喜还想，油菜坡的人本来就瞧不起自己，要是他们知道他偷看邱巾洗澡，就会更加瞧不起他了，说不定还要朝他吐唾沫呢！杨喜的父亲好多年前就已去世，一个哥哥到望娘山做倒插门女婿了，一个妹妹也嫁到了铁厂垭，现在只有他和母亲相依为命。母亲已经七十多岁，为了杨喜这个光棍儿子，一天到晚愁眉不展，没有过上一天舒心的日子。我想，杨喜那天晚上一定想到了他的母亲，其实他最害怕的还是母亲知道了这件事情。杨喜心里会这样想，要是做母亲的听说自己的光棍儿子偷看一个女人洗澡，那她的那张老脸该往哪儿搁呀！杨喜那天晚上肯定是一个盹儿都没打。第二天的一大早，我看见杨喜提着一壶酒匆匆忙忙去了赵威那里。

赵威和我住得很近，他住坎上，我住坎下，简直可以称得上是邻居。但我们两家没有来往，我说过，我厌恶这个人。那天早晨，我刚起床出门，就看见杨喜提着一壶酒从我的房头闪了过去。他没有看见我，径直到了坎上赵威的门口。赵威平时是个喜欢睡懒床的人，而这天早晨他却早早起来了。杨喜刚到赵威门口，赵威正好挑着一担水桶从屋里走了出来。我的房头有一棵芭蕉树，我站在芭蕉树后面看着他们。他们在明处，我在暗处，所以他们没有发现我。赵威看见杨喜后有些吃惊，忙问，你来干啥？杨喜这时把那壶酒递了上去，说，我送你一壶酒喝，求你不要把昨天的事情说出去！杨喜说得非常诚恳，声音里有点儿哀求的味道。但赵威却没有接那壶酒，他冷冷地笑了一声说，哼！要想人不知，除非己莫为。赵威说完就丢下杨喜，挑着水桶大摇大摆地走了。我看见杨喜当时就傻了眼，手里的那壶酒扑通一声掉在地上。很快，我便闻到了一股浓浓的酒气。那个时候，我还不知道究竟发生了什么事情。当杨喜失眉吊眼往回走经过我的房头时，我就问他发生什么事了，而杨喜却没有回答我，只叫了我一声村长就走了。那时我飞快地扫了杨喜一眼，发现他两眼都是红肿的，像两颗熟透了的毛桃子。

油菜坡有一股著名的泉水，叫龙洞，全村的人差不多都在这里挑水吃。龙洞下面是一口水塘，每天都有许多妇女在这里洗衣服。所以，龙洞这里几乎成了油菜坡最热闹的地方。我每天也要去龙洞挑一担水。那天早晨，当我挑着水桶到达龙洞时，那里已经聚集了一大堆人。那些人像开会一样围了一圈，中间站着赵威。赵威站在一个高耸的石头上，他挥舞着双手，旋转着身子，正绘声绘色地讲着杨喜偷看邱巾洗澡的事情。我就是在那天早晨听说这件事情的。赵威讲得很具体，还描绘了许多细节。他说，杨喜爬在松树上的样子，像一只猴子；脖子朝邱巾的厢房长长地伸着，又像一头长颈鹿；舌头伸在嘴巴外面的时候，好像一条狗！围在四周的人一边听一边喧哗，说不出是高兴还是愤怒，但一个个都显得特别激动。

我朝龙洞下面的水塘看了一眼，发现在塘边上洗衣服的几个女人也被赵威的讲述迷住了，手中的棒槌居然都悬在了空中。这时，我看见一个白发苍苍的老太婆提着一筐子衣服朝水塘走来了，定睛一看竟是杨喜的母亲。我心里马上咯噔响了一下，额头上不禁冒出几颗冷汗。赵威还在高声大嗓地讲着，嘴里不断地出现着杨喜的名字。我打从不当村长以后，就尽量不在公众场合抛头露面了，也尽量少管别人的事情。但这会儿我却无法控制住自己，两步就冲到了赵威跟前。我说，赵威，你不要再讲下去，杨喜的母亲来洗衣服了！但是，赵威却不买我的账，他横了我一眼，然后放开喉咙喊道，杨喜的母亲来了我越发要讲，谁让她养出这样的流氓儿子，居然爬到树上偷看女人洗澡，真是卑鄙下流无耻到了极点！赵威的喉咙就像当年我当村长时用的那个高音喇叭。赵威的声音还在龙洞的上空盘旋，水塘那里响起了一个女人的惊叫声。天啊，有人晕倒了！那人是这么叫的。我一听见叫声，就知道晕倒的是谁了，我心里顿时又咯噔地响了一下。

我和另外几个热心人跑到水塘边上时，两个洗衣服的妇女已把杨喜的母亲抬到一块石板上平放着了。杨喜的母亲干瘦如柴，简直让人不敢正眼去看。老人家这时双眼紧闭，脸色纸白，看样子已经气息奄奄。我一下子急了，大声说，快掐人中！站在我身边的一个乡亲马上走上前去，弯下腰就在老人家的额头上掐了起来。过了好一会儿，杨喜的母亲才慢慢地睁开了眼睛，眼睛刚刚睁开，两股浑浊的泪水就涌了出来。她一边涌泪一边有气无力地说，我这是造了什么孽啊？

杨喜被人找来了，我看了他一眼，发现他就像一个霜打的茄子。杨喜老远就叫了一声妈，然后三步并作两步跑到母亲身边，接着就双膝一弯跪在了母亲面前。老人家见到儿子，顿时气不打一处来，我看见她缓缓地举起一只手，颤抖着朝杨喜的脸伸了过来，她显然是想给儿子一个耳光。但是，老人家没有这个力气了，她的手没伸出多远便软了下去。这时，杨喜突然抡起了自己的两个巴掌，猛劲地在自己的脸上打了起来。杨喜一边打一边骂自己不要脸。看到这个场面，我的眼睛马上就潮湿了。

四

杨喜事后有很长一段时间没有出门，我差不多半个月没有见到他的影子。在这之前，他几乎每天都要到别人家里去做活，一天挣十五块的工钱。现在，他成天躲在屋里，无疑是不好意思见人。我想，这都怪赵威，如果不是他那张臭嘴，杨喜也不会落到这步境地。

杨喜家门口的那棵痒树这个时候开花了。痒树上的花儿一开，杨喜家的那栋又旧又黑的土屋陡然也亮堂了不少。这棵痒树是我们这一带最好看的一棵树，当年我还在村长这个位子上的时候，每回有上级领导来视察，我都要带他们去看这棵树，看的人没有一个不说好。记得有一位县里的干部，居然一眼看中了这棵树，提出要买，但杨喜没卖。杨喜特别看重自家门口的这棵树。痒树上的花儿真是好看，花朵像小女孩的嘴唇，又薄又亮，看上去像是用彩绸做的，美不胜收。

这天上午，杨喜大概是在屋里呆闷了，就想出门看看花。他刚到门口，便看见痒树下站着一个女人。女人穿着花衬衣，正在仰头赏花。因为女人背对着杨喜，所以杨喜一时就没认出来，直到女人转过身时，杨喜才发现这个女人是邱巾。杨喜顿时一惊，不知邱巾又来找他干什么。在杨喜偷看邱巾洗澡的第二天，邱巾曾把杨喜堵在路上骂了许多难听的话，她一口一个流氓，骂得杨喜恨不得找个地缝钻进去。那次挨骂之后，杨喜便以为事情就这么过去了，压根儿没想到邱巾还会来找他。

杨喜愣了许久，稍微平静一点儿后，便朝邱巾走了过去，他指着痒树下的一把木椅对邱巾说，请坐。邱巾却没坐，她面无表情地说，杨喜，我找你有事。杨喜愣了一下问，什么事？邱巾说，还是上回那件事。杨喜说，不是都过去了吗？邱巾说，那么大一件事，不能就这样轻易地过去！杨喜说，你还要怎么样？邱巾说，你必须补偿我。杨喜说，怎么补偿？邱巾说，要么赔我一百块钱，要么把你这棵痒树送给我。邱巾说着又抬头看那些盛开的花了。杨喜勾头沉默了好一会儿，然后扬起头问，要是我都不同意呢？邱巾立刻黑下脸说，那我就去派出所告你！就在邱巾说出这句话的时候，杨喜的母亲出来了，她正好听见了邱巾的这句话。老人家一下子就惊呆了，脸色白得怕人。杨喜是个孝子，一见母亲这个样子，马上对邱巾说，好吧，我赔你一百块钱！

那天杨喜来找我借钱的时候，我猛然想起了头天经历的一件事情。杨喜找我借钱是为了赔给邱巾，他借了好几户人家没借到才跑来找我。油菜坡是个穷村，手头有活钱的人家很少。杨喜对我说，我若是不赔她一百块钱，她就要我门口的那棵痒树，不然她就要去派出所告我。一听杨喜说到痒树，我立即想起了头天的那件事。大约是午饭过后不久，邱巾突然去了赵威家里。半个小时的样子，赵威送邱巾出门了。赵威把邱巾送了一程，经过我的房头时，我无意之中听见了他们的几句对话。赵威说，你家门口应该栽一棵漂亮的树。邱巾说，我也这么想，可不知栽一棵什么树好。赵威说，最好栽一棵痒树，只有痒树才配得上你这么一个漂亮的女人！邱巾说，痒树当然好，但去哪儿找这种树呀？赵威说，杨喜家门口不是有一棵吗？我当时只听到他们说了这么几句，他们这么说着就走远了，所以后面说了些什么我就不清楚了。当年当村长的时候，我学会了把几件事联系起来看。那天，我把邱巾找杨喜要补偿的事和我头天听到的对话联系起来一分析，我就马上断定，一切都是赵威指使的。

虽说我曾经当过多年村长，但我手上并没有存多少钱。不过，那天我还是翻箱倒柜好不容易凑齐一百块借给了杨喜。我这个人喜欢帮助人，别人找我借东西，只要手头有，我是不会不借的。当村长那些年，我也记不清借过乡亲们多少米多少面，有的还我了，有的没还，这我都不在乎。杨喜接过钱连声谢我，我说，不用谢。我还补充说，宁可失去一百块钱，也不能失去那么好一棵树，你的选择是对的！杨喜听我这样说，就抬头深情地看了我一眼，然后说，这棵痒树，是我父亲亲手栽的！当时，我和杨喜谁也没想到此后还会有麻烦事。

赵威真是欺人太甚。杨喜将那一百块钱赔给邱巾不到一个月，赵威突然又找到了杨喜。那是六月中旬的一个傍晚，赵威梳着一个大分头找到了杨喜的家。赵威留的是长头发，长头发朝两边一分看上去像个鬼。杨喜没有让赵威进屋，甚至连椅子也没让他坐。杨喜没和赵威打招呼，只用仇恨的目光注视着他。赵威却先说话了。他古怪地一笑说，邱巾的丈夫过几天就要回油菜坡了。杨喜说，他回来与我有什么相干？赵威说，你就不怕我把你偷看他老婆洗澡的事告诉他吗？杨喜是一个胆小的人，他顿时就有点害怕了，脸色很快变得苍白如纸。赵威接着说，邱巾的丈夫可是一个厉害的角色，你听说过吗？他在读书的时候就打断过别人的腿子。杨喜这时开始发抖了，额头上冒出豆大的汗珠。赵威的嘴巴又动了起来，他又要说话了。但杨喜却抢在他前面开口了，杨喜说，你想要我怎么样？快说吧。赵威这时信步走到了痒树下，用手摸着树说，把这棵树送给邱巾！杨喜后来没再说什么，赵威已经把邱巾的丈夫抬出来了，他还能说什么呢？杨喜只能无可奈何地给赵威点点头。

五

我得到杨喜将痒树送给邱巾的消息已是第二天了。当我赶到杨喜那里时，赵威已开始挥锄挖树了。树下，除了赵威，还有两个帮工。邱巾也来了，她抱着双手站在一边，静静地注视着挖树的人。我没有看见杨喜，也没见到杨喜的母亲，只发现他们家的门虚掩着。他们谁也没想到我会在这个时候去，更没想到我这个已经下台多年的村长会站出来管别人的闲事。一到杨喜门口，我就学着我当年当村长时的样子，大吼一声说，住手！不许挖这棵树！

赵威大吃一惊。邱巾也大吃一惊。与此同时，杨喜从屋里出来了。我想他肯定是听到我的吼声后出来的。过了一会儿，杨喜的母亲也出来了。杨喜和他的母亲见到我也都大吃一惊。

赵威很快平静下来。他又举起了锄头。他冷笑着对我说，你多管闲事呢，你以为你还是村长吗？他说着就挖了一锄头。我更加愤怒了，于是扯开嗓门喊道，赵威，你赶快住手吧，不然我让你没有好果子吃！赵威却置若罔闻，继续挖树，根本不把我放在眼里。

我忍无可忍了，就索性继续喊道，赵威，你这个流氓无赖！如果你敢把杨喜的事告诉邱巾的丈夫，那我就把你和邱巾偷情的事也告诉她丈夫！本来我不想管你们那点破事的，但你们对杨喜太无情了！杨喜四十多岁了还打着光棍，偷看女人洗一次澡，值得你们这么大惊小怪吗？难道比你们偷情还严重吗？我一口气喊了半天，直到嗓子哑了才停下来。这时候，我发现在场的所有人都目瞪口呆了。我特意看了赵威一眼，他像一个白痴一样站在树下，手中的锄头早已落在地上了。我又回过头去看杨喜，只见杨喜泪流满面。我没有看见邱巾，不知道这个女人什么时候跑掉了。

春寒

一

唐卓自杀在春寒来到这所大学的第二天。

气候几乎是转眼之间发生巨变的，春节过后，温度便像点火似的升高，刚进三月，棉衣就穿不住了，甚至毛衣也穿不住，校园里于是就盛行了衬衫。可是没热两天一阵风陡然从北方呼呼啦啦刮下来，气温一下子降到了零下，春寒就这么来了。说来就来了。

最先发现唐卓自杀的，是唐卓的妻子韩春。她是这所大学的一位打字员。她长得很漂亮，打扮得也很漂亮。这所大学所有的打字员都长得很漂亮，也都打扮得很漂亮。这真是一种奇怪的现象。韩春这天没去上班，寒风刮来的时候刮断了通向打字室的那根电线，打字室就停了电，所以韩春就放假在家。唐卓自杀的时候，韩春正在她和唐卓共同的卧室里干一种对不起唐卓的事情。

唐卓是在他的书房内自杀的。书房与卧室仅隔一道墙，所以唐卓倒地的声音让韩春听见了。韩春听见响声并没有想到是唐卓。因为唐卓吃过早饭就匆匆出门了，说要去办一件很重要的事，最早也要到中午才能回家。唐卓出门时不到八点，韩春听到响声时是九点钟，因此就一点也没想到会是唐卓，不过韩春听到响声之后还是立即去了书房，她想弄清楚是什么东西倒在了书房里。

唐卓采用的方式是服毒。韩春跑到书房时，唐卓已仰面倒在地上，嘴里吐着带有农药味的白沫，一个农药瓶歪倒在他身边，没喝完的农药还正在朝外流淌。唐卓选择这种方式自杀很容易理解。他是化学系讲师，对农药有很深的研究，曾经出版过一本名为《农药使用百忌》的书。

韩春发现丈夫自杀后的情景不难想象。她首先是惊恐，其次是呼喊。她高喊：

“唐卓服毒啦——”

第二个发现唐卓自杀的是唐卓从前的学生任重远副教授。韩春惊恐的喊叫声还没散开，任重远就冲到了书房，因为当时他就在韩春和唐卓的卧室里。任重远进到书房时，韩春已目瞪口呆，背靠着书柜浑身发抖。于是，打电话报案的任务就义不容辞地落在了任重远身上。

这栋楼一楼走道里有一部公用电话。任重远一口气拨了三个电话，一是校医院，二是校长办公室，三是化学系。电话拨得十分顺利，第三个电话刚拨完，医院的救护车就响着独特的声音开到了楼前。

救护车很快把唐卓送往了医院。

救护车开走不久，校系两级领导都赶来了。其中有副校长吴月金和化学系主任万达，他们先对哭得死去活来的韩春说了几句安慰的话，然后就马不停蹄地去了校医院。

校医院坐落在一片竹海深处，这真是个环境优美的地方。医院院长亲自投入了对唐卓的抢救。吴月金副校长和万达主任以及其他一些领导同志都万分焦急地守在急救室门口。他们的脸庞全都阴沉着。他们的眉头全都紧锁着。他们的眼睛全都黯淡着。他们像是在排练一场悲剧。

院长终于开门出来了。

“他怎么样？”吴月金急切地问，

“看来不行了！”院长沉重地说，眼里似乎转动着泪花。

吴月金的心陡然一沉。万达的心也陡然一沉。所有人的心都陡然一沉。人心都是肉长的，在这种情况下不能不沉。

二

唐卓没留下遗书。韩春找遍了每一个地方都没有找到。不过，关于唐卓自杀的原因，至少可以断定与职称有关。

前面说过，唐卓吃过早饭就匆匆出门了，他告诉韩春要去办一件很重要的事，这件事就是去职称评聘领导小组要求解决他的副教授问题。职称评聘领导小组简称职评组，职评组设在这所大学行政楼的最高层。这栋楼高耸入云，站在最高层朝地面看，来往的行人犹如蚂蚁在爬。唐卓在自杀之前的确去过职评组，对此行政楼的许多人都可以作证。最有力的证明人是职评组长吴月金副校长。在学校集中精力评聘职称这段时间里，他一直坐在职评组里负责这项重要工作。

吴月金是八点钟准时到职评组的，那时唐卓早已等候在职评组门口了。吴月金开始很热情地接待了唐卓，他先拍了一下唐卓的肩，然后就一起进了职评组办公室。后来秘书小张也上班了，张秘书还给唐卓倒了一杯白开水。

“我的副教授这回应该没有问题了吧？”唐卓一开始就把话题切入了实质。

“这话怎么说呢？”吴月金苦笑了一下。

“上一批就应该解决我。”唐卓说。

“是的，因为指标有限。”吴月金说。

“上一批我让了一步，你说下一批一定解决我。”唐卓说。

“是的，我当时是这么说过，”

“那么这一回就不会再有问题了。”

“可是又有了新的问题。”

“什么问题？”唐卓这时开始激动。

“你们系的周全博士从美国回来了，他早不回晚不回，偏偏在这时候回来，看来只有先解决他的了。”吴月金说。

“那我呢？”唐卓轰然站起来。

“你只好再等下一批。”副校长兼职评组长吴月金说。

唐卓听了这话便由激动转入气愤。他的脸霎时变得通红，有几根头发像豆芽似的竖立起来。

“你作为校长，怎么能够出尔反尔？”唐卓扩大声音说。

“情况是在不断变化的。”吴月金却显得很冷静。当领导的遇事都要冷静。

唐卓的火越烧越旺，熊熊的火焰从他两只眼睛里射出来。他忽然想到周全与吴月金有一种亲戚关系。这层关系化学系许多人都知道。据说学校当时派周全去美国深造就与此有关。唐卓从前一直没介意这一点，而现在他觉得他应该提一提这件事才好。

“听说周全是你的亲戚。”唐卓突然说。

“这并不重要。”吴月金说，他仍然很冷静。

“这很重要。”唐卓拍了一下桌子说，“所以你要把副教授给他！”

“他是博士，与我无关。请你不要无理取闹！”吴月金的声音也大起来，脸由白变红。任何人的冷静都是有限的。

这时唐卓退出职评组办公室，他是一边吵一边退出办公室的。然后又一边吵一边下楼。当他从最高层下到地面时，他的嗓子已经嘶哑。因此行政楼的大部分人都听见了唐卓的吵声。

后来唐卓就气着回了家。后来就自杀了。所以说他的自杀与职称有关。正因为如此，吴月金副校长一听到唐卓自杀的消息就火速赶到了现场。

唐卓的自杀也许还有另外一个原因。这一点只有两个人知道。一个是唐卓的妻子韩春，另一个是唐卓从前的学生任重远副教授。韩春是一个长得很漂亮并且打扮得也很漂亮的女人，这一点前文已经提过。唐卓的学生任重远早在化学系读研究生的时候，就已经对韩春怀有爱慕之心，只是考虑到唐卓是他的兼课老师而没有明确表达。后来他毕业留校了，后来又破格提了副教授，后来就与师娘韩春建立了特殊的关系。

他们的关系一直很小心很保密，唐卓几乎毫无觉察。这天唐卓出门之后，韩春突然很想任重远，便给任重远拨了电话。她听唐卓说中午才能回家，就觉得这是一个约会的好机会。任重远很快就来了。他们于是在卧室里进行拥抱接吻之类的活动。就在这段时间里，唐卓突然回家了，韩春没想到他会这么快就回来。韩春后来想，唐卓进门时可能看见了她和任重远，因为卧室的门上有一块透明的玻璃，他们忘了拉上布帘。人在冲动时候往往容易忽视一些细节。韩春想这也许是促进唐卓自杀的另一个原因。当然，韩春和任重远谁也不会说出这一层。

三

副校长兼职评组长吴月金突然召开了一个紧急会议。与会者都是学校高级职称评委会委员，会议地点在行政楼最高层的职评组办公室。吴月金在医院急救室门口听院长说唐卓不行了的时候便决定要开这个会。从医院回来，他立刻派张秘书通知了各位评委。评委们这一次集合比往常任何一次都雷厉风行，通知发出去不到半小时，所有评委都衣冠楚楚地坐在了会场上。

会议由吴月金亲自主持。他先看了下在座的评委，然后站起来讲话。

“唐卓老师的事各位都知道了。”吴月金把声音压得很低。

评委们的确都知道了唐卓的事。这样的事一向传播迅速。因此他们的表情都无比沉重。

“今天的会专门讨论唐老师的职称问题，他是老讲师了，教学科研都早已达到了副教授的水平，只是因为指标有限没有解决。唐老师现在出了不幸，很快就要离开我们了。为了安慰他的家属，也为了安慰即将死去的灵魂，我们决定解决他的职称问题。下面就请各位评委发表意见。”

评委们相互扫视了片刻，但没有说话，气氛异常阴冷。

“发表意见吧。”吴月金说。

终于有一个评委站起来，是化学系系主任万达。

“你们不是只给化学系一个指标吗？”万达认真地问，“评了唐卓，周全怎么办？”

所有的评委都把目光集中到万达身上。

“唐老师可以不占指标。”吴月金说。

“为什么？”万达问。

“医院说，唐老师已经没有生还的希望。所以他实际上可以不占指标。”

“原来是这样！”

然后又沉默下来。评委们面面相觑。

“请各位发表意见吧。”吴月金再一次说。

评委们仍然沉默不语。

“那么请举手表决。”吴月金先举起一只手，“同意唐老师升副教授的请举手。”

评委们的手立刻如雨后春笋般举起来。

张秘书迅速对高举的手们进行了清点，然后报告吴月金：“全票通过。”

“好！”吴月金十分满意。

“散会！”吴月金挥手说。

会议开得很短暂，而且取得了预想的效果。这是吴月金主持的无数次会议中开得最为成功的一次。

吴月金再到医院时，唐卓还在急救室里，韩春带着一儿一女两个孩子守在急救室门口，他们的脸上都挂着密密麻麻的泪珠。

“不要过于伤心。”吴月金握住韩春的一只手说。

韩春反而使劲地抽泣了两声。

“唐老师的副教授已解决了。”吴月金庄严宣告。这是他这次到医院要说的最重要的话。

“谢谢领导！”韩春激动地说，两颗美丽的泪珠滴落下来。

四

谁也没有想到唐卓会死里逃生。真的，谁也没想到。然而，伟大的医生硬是把他从死亡的边缘拖回来了。这真是一个奇迹。

唐是在自杀的当天半夜里睁开眼睛的。当时除了医生，在场的还有韩春。当唐卓把眼睛睁开的时候，韩春感觉自己进入了一个神话世界。她足足有一刻钟没能说出话来，后来，唐桌喊了韩春的名字，韩春才相信了眼前的事实。

“老唐！”韩春抑制不住地扑到唐卓的身上，泪如雨下。

“怎么，我没死？”唐卓惊奇地问。

“老唐，你怎么能这样？”韩春呜咽起来。

“你们为什么不让我死？”唐卓望着旁边的医生，大声质问。

韩春紧紧地握住唐卓一只手说：“老唐，你不要激动。我告诉你一个好消息，你的副教授解决啦！”

“你说什么？”唐卓的两眼放出一种奇异的光。

“你的副教投解决啦！”韩春重复一遍。

“真的？！”唐卓要挣扎着坐起来。

“真的，吴校长亲口跟我说的。”韩春按住唐卓没让他起身。

“啊！”唐卓叹了一声，接着双眼轻轻闭上了。他陶醉了。

唐卓死里逃生的消息在第二天就像雪片一样传遍了这所大学。这真是一个特大新闻。

化学系周全博士听到这个消息时，正在家里喝一杯他从美国带回来的咖啡，刚刚品出一点味儿，消息进入了他的耳朵，美丽堂皇的玻璃杯顿时掉在地上打成碎片。原因很简单，他在头天晚上已从吴月金那里知道了职评组把唐卓评为副教授的事。

接下来的情景便可想而知。周全马上去职评组办公室找吴月金。吴月金正好在那里，另外还有张秘书。周全进门时，吴月金仰靠在藤椅上，眼望着天花板正想着什么，额头皱得叫人想到花卷。

“吴校长。”周全喊了一声。他没使用亲戚之间的那个称呼，因为旁边坐着张秘书。周全很注意小节。

“你……”吴月金坐起身来。他似乎明白了周全的来意。

“唐卓他活了！”周全吃惊地说。

“知道。”吴月金说。他像是没睡足觉，眼膜上布满血丝。

“那我的职称怎么办？”周全显得急不可耐，双手一推做了个西洋动作。

“这，我们再开个会研究。”吴月金很原则地说。

会议说开就开。与会者就是头天为唐卓评职称的原班人马。地点仍在职评组办公室。仍是吴月金主持会议。他先喝了一口茶。接着又喝了一口茶。他似乎不知道该如何主持这个会议。后来他使劲咳了一声，才终于把嘴张开。

“唐卓老师得救了！大家可能都已经听说。这是件好事！然而这却给在座的各位评委们带来了一点小小的麻烦。昨天我们开了一个会，把唐老师评为了副教授。大家都知道，那样评的前提是因为唐老师即将离开我们到另一个世界去。他可以不占我们的指标。现在这个前提已不复存在，唐老师已回到我们中间来了。所以，昨天的结论也就要相应地被推翻。今天请各位来，正是讨论这件事情。这实在是一件令人头痛的事情！”

第一个发言的评委是万达。他问：“吴校长，你的意见如何？”

“我们在唐老师出事之前曾经开过一次会，已决定把化学系的那个指标给周全博士。我觉得我们应该坚持那个决定。”

“既然如此，今天开会有什么意义？”万达问。

“听听大家的意见嘛。”吴月金说。

“我们能有什么意见呢？”万达说。

“话可不能这么讲，我们历来是尊重评委的意见的。”

会场出现了一阵沉默。

后来吴月金站起来清清嗓子说：“既然大家没意见，下面就请反对原先那个决定的同志举手。”

无人举手。于是宣布散会。

五

唐卓在医院挂了两天吊针后回到家中。韩春专门在家护理他。两人的感情无比亲密。唐卓的身体渐渐恢复过来。

唐卓没有提起韩春与任重远之间的事。他也许没有看见，也许看见了不愿说。

韩春是这么理解的。当然韩春也没有说。不过她心里一直万分悔恨。她想不管唐卓看见与否，从此一定要与任重远一刀两断，永远忠于唐卓。

校系两级领导曾到家中来慰问过唐卓。他们没有提起职称的事。他们害怕唐卓身体刚刚好转经受不了新的打击。所以他们闭口不谈职称方面的问题，而大谈特谈太阳神等营养品，劝韩春多买一些给唐卓喝，希望唐卓早日康复。

然而纸里终究包不住火。半个月后的一天下午，唐卓终于知道了这一批职称评聘结果。化学系评上了一名副教授，这人不是唐卓，而是周全！

唐卓是从路边两个人的议论中听见的。这两个人不认识唐卓。唐卓开始一点也不相信，于是就去职评组证实。接待他的是张秘书，张秘书如实地给他讲了情况，果然与路人所说一致。唐卓听了差点昏倒在地。

“吴校长呢？”唐卓强打着精神问。

“他回校长办公室去了，职评工作已告一段落。”张秘书说。

唐卓便找到了吴校长办公室。吴月金的办公室在行政楼二楼。他一个人一间房。

唐卓敲门。开门的正是吴月金。他好像长胖了一些。

“好一个吴校长！”唐卓指着吴月金的鼻子说。

他只说了这么一句，然后转身忿然而去。

唐卓从行政楼出来后没有回家。他去了化学系农药教研室。当时已是下午五点多钟，教研室内空无一人。唐卓一进去就再没有出来。

这天半夜里，人们在教研室找到了唐卓。这时候，唐卓已经死去整整七个小时。

他仍然采用了服毒这种方式。农药教研室里放满了各种各样的农药。唐卓喝的是毒性最大的一种。他喝了整整一瓶。

唐卓这一回留了遗书。他用白粉笔在黑板上写了一行小字：“我再不用为职称烦恼！”字写得非常工整，黑板白字，效果极好。

两天之后，校园内几处醒目的地方贴出了内容相同的讣告。其中有这样的句子：“我校化学系副教授唐卓同志于三月十日不幸逝世，享年四十七岁。”

唐卓总算成了副教授。

讣告贴出去的当天傍晚，学校广播里播了最新天气预报，说春寒即将过去，气温就要回升。这真是一个令人欢欣鼓舞的消息。

松油灯

一

打从农历三月猫子叫春的时候起，油菜坡的人便发现瞎子冯丙出门时手里多出了一样东西。从前，冯丙出门时手里只有一根竹棍，那没有什么好奇怪的，大家都知道那是瞎子走路必不可少的一样东西，用打比方的话说，它就是冯丙的眼睛；冯丙现在手里多出的一样东西是一盏灯，这就让人们感到莫名其妙了。你说一个双目失明的瞎子，手里提一盏灯做什么？又是大白天提着，而且也没有点燃。乡亲们都奇怪地问他原因，冯丙却不说，只是神秘地笑一下，还笑得有点儿甜蜜。

不过，冯丙提的这一盏灯倒是挺别致的。这是一盏松油灯，一只不大不小的搪瓷碗被三根细铁丝吊着，铁丝的结合处套着一节竹筒，算是提手柄，搪瓷碗里装着半碗从松树里流出来的油，一根不粗不细的麻线绳插在松油中间，这就是灯芯。油菜坡这地方松树多，很久很久以前，人们差不多都是用这种松油灯照明的，但自从有了煤油灯以后，就很少有人再点松油灯了，松油灯的烟子太大。再后来电灯也牵到了这坡上，于是就再也没人点松油灯了，电灯该有多明亮啊！可以说，松油灯如今在油菜坡已经算得上老古董了，冯丙刚提着松油灯走在路上的时候，人们一时还没认出他提的是一种什么玩意儿呢。

冯丙出门是去帮别人家推磨。他一个人过日子，两只眼睛都是瞎的，一不能外出打工，二不能在家种田，只有靠着帮别人家推磨挣点儿钱吃饭穿衣。冯丙推的是那种大圆盘石磨，主要推玉米、麦子和黄豆，偶尔也推一推红高粱。虽说现在到处都有了不用人推的小钢磨，收费也不高，但油菜坡人总觉得钢磨推出来的东西不好吃，比起来还是石磨推出来的粮食吃着香，所以冯丙的生意一直都不错。冯丙是个实在人，到了别人家磨坊里，将磨杠朝肚子前一横便围着磨盘转个不停，就像一头蒙眼驴。冯丙的力气也大，除了眼睛看不见，其他任何地方没毛病，膀粗腿圆的，浑身上下都是劲儿，所以脚步迈得就特别快，有时候别人还以为他在磨坊里跑步呢。

冯丙推磨是按时间算钱的，以前推一天磨十块钱，从去年秋天开始，人们主动给他涨了价，每天加了五块钱，现在他推一天磨能挣十五块钱了。大家心甘情愿地给冯丙加钱，除了他厚道和能干以外，多多少少还有点儿同情他。冯丙的爹妈在冯丙只有十五岁时就死了，留下两眼一抹黑的他和一个年仅十岁的妹妹冯珍。冯珍可以说是冯丙一手抚养长大的，为了妹妹，冯丙吃的苦受的累三天六夜也说不完。有一年腊月，为了在过年前给妹妹缝一套新衣裳，冯丙一连好几天都日夜不停地帮别人推磨，后来竟晕倒在了别人家的磨坊里。冯珍说起来也还算懂事，她把哥哥的恩情都记在心里。二十岁的时候，冯珍已长成一个水灵灵的大姑娘了，于是就不断有人上门提亲。冯珍说，提亲可以，但她是不嫁的，她要招一个倒插门女婿来帮忙照顾瞎子哥哥。冯珍人长得好，愿意倒插门的人也多，她最后从黄坪那地方选中了一个风水先生的儿子。那个风水先生的儿子刚倒插门过来时对冯丙还不错，一口一声哥地叫着，粗活细活都能干，冯丙也还喜欢这个妹夫。可是还不到一年时间，妹夫便提出要带上妹妹回他的黄坪。他说冯丙这个屋场的风水不好，将来还可能生出瞎子来。冯珍当时正挺着一个六个月的大肚子，她被丈夫的话吓坏了，于是就跟着风水先生的儿子去了黄坪，将瞎子冯丙一个人扔在了这里。油菜坡这地方的人都有一颗同情心，大家都觉得冯丙可怜，于是能帮他的地方就帮他一把。

冯丙说起来也真是够可怜的，三十多岁了还打着光棍儿，日子过得一点滋味也没有。尤其是冯珍跟着风水先生的儿子走了以后，他连一个说话的人都没有了，一到夜里，家里一没灯光，二没声音，冯丙仿佛又是瞎子又是哑巴。油菜坡的人都说，如果冯丙能讨上一个老婆就不会这么可怜了！冯丙其实长得不丑，虽说是个瞎子，却生得浓眉大眼，人也讲卫生，无论是家里的摆设还是身上的穿着，都收拾得整整齐齐，干干净净。在冯珍还没有去黄坪的时候，曾经有一个哑巴女人愿意嫁给冯丙，她是自己从一个名叫老湾的地方跑来的，个子高高的，屁股有脚盆大，人也勤快，一来就给冯丙洗衣服。妹妹冯珍很想成全哥哥这门亲事，还把哑巴女人留在家里住了两天。可是妹夫不同意，他对冯珍说，你还嫌照顾一个瞎子哥哥不够吗？难道还想再服侍一个哑巴嫂子？就因为妹夫反对，冯丙失去这个千载难逢的机会。后来，冯丙就再没有找到愿意嫁给他的女人。后来，油菜坡没结婚的女人大都跑到南方去打工了，有的还一去不复返，留在村里的女人是一天比一天少了。好多眼睛亮堂堂的男人都一直打着光棍，瞎子冯丙又怎么可能讨上老婆呢？人们都遗憾地说，冯丙这一辈子恐怕连女人的味儿都尝不到了！

事实上冯丙是非常渴望女人的。这也不能怪冯丙，虽然眼睛是坏的，但身体上的其他地方都好好的，甚至比别的男人还要好，所以他要想女人。其他光棍想女人的时候还能用眼睛看一看别人的老婆，可以望梅止渴；而冯丙呢，却连看一看别人的老婆都不行！即使别人的老婆脱光了站到他面前，他也看不见啊！这样说来，冯丙真是天底下最可怜的男人了。在想女人想到十分难受的时候，冯丙会竖起耳朵去听女人，听女人说话，听女人走路，听女人洗澡，甚至还听过女人屙尿。油菜坡的许多人都目睹过冯丙听女人的情景，他将头歪着，脖子伸得长长的，嘴巴微微张开，红通通的舌头如一只绣花鞋垫子吊在嘴唇上，舌尖那里还挂着一些口水，看上去像清晨草尖上的露珠，晶莹剔透，摇摇欲坠，最引人注目的当然还是他的两片耳朵，它们像野兔的耳朵那么直直地竖起来，因为充血了，所以看上去红红的，亮亮的，仿佛两片用烟火熏过的黄牛肉。

其实冯丙是一个很正派的男人，仅仅就是听听女人而已。他从来不和村里的女人们动手动脚，也不打情骂俏，更不会像有些光棍那样，在神不知鬼不觉的时候去找那些风骚娘儿们。正因为这样，油菜坡才有那么多人家请冯丙推磨，如果他作风不好的话，谁敢把他请到家里去呢？那不是引狼入室吗？

自从手里多了一盏松油灯，冯丙出门推磨突然变得频繁了。以前，他一个月顶多出门十五次，冯丙虽说人品好，但他也有自己的古怪脾气，并不是每户人家请他推磨他都去推的，他有他的选择，比如那些到处脏兮兮的家庭，那些吝啬小气的家庭，那些喜欢搬弄是非的家庭，还有那些经常乱搞男女关系的家庭，这些人家冯丙一般来说都是不去推磨的。然而，提上一盏松油灯以后，不管哪户人家请推磨，冯丙都去，他二话不说就去。现在，冯丙一个月少说也要出门二十次。油菜坡的人都知道，冯丙突然如此频繁地出门推磨，毫无疑问与他手里提的那盏松油灯有关，但又都不知道这中间的关系究竟是什么。

时间一晃就到了五月，冯丙手提盏松油灯出门推磨已经两个月了，算起来已推了四十几户人家的磨。在这么长一段时间中，乡亲们一直都在关心着冯丙的这盏松油灯，大家不停地打听，不断地琢磨，嘴唇都问裂了，脑壳都想破了，却还是没弄明白瞎子冯丙为什么每次出门都要提着那盏松油灯。人们后来又不止一次地问到冯丙，而冯丙却始终笑而不答，他笑得还是那么神秘而又甜蜜。乡亲们于是对这盏松油灯越发感到奇怪了，这盏松油灯在乡亲们眼里完全成了一个谜。

二

松油灯的确是个谜。但是，这个谜的谜底连冯丙自己也一时无法解开。松油灯之谜出现在农历三月初三那天晚上，那天是冯丙的生日，他那天满三十六岁。

在油菜坡这地方，三十六岁是人们十分看重的一个生日，都说它是人生中的一个坎儿，所以都过得很隆重。过生日的人事先要给亲朋好友发请帖，接着就备酒备肉，买烟买茶，到了生日这天，唢呐一清早便吹将起来，鞭炮一直要炸到天黑，吃饭放的是流水席，七八张大方桌一刻不闲，往往是一群人刚下板凳，又一群人便坐了上来，热气腾腾的蒸肉是用大土碗端上来的，香喷喷的苞谷酒一喝下去，每个人的脸上便立刻桃花灿烂。人们都说，三十六岁生日这么热热闹闹地一过，日子本来就过得好的会过得更好，原先日子过得不顺的也会顺起来。

然而，瞎子冯丙的三十六岁生日却过得很凄凉。早晨快到吃早饭的时候，冯丙才想到今天满三十六岁，就给自己下了一碗长寿面，端起来祝自己长寿时，忽然鼻腔一酸，就吃不下去了。中午冯丙没烧火，将早晨没吃完的半碗面连汤带水喝了。煮晚饭时，冯丙特意多下了一个人的米，还煮了一块腊肉，他想妹妹冯珍有可能会来陪他吃一顿饭。在这个世界上，冯丙只有妹妹冯珍这么一个亲人，他想冯珍肯定会来为自己的瞎子哥哥过三十六岁生日的。但冯珍没有来，冯丙后悔不该多下一个人的米的。冯丙把煮好的腊肉还是炒了一大碗，他平时最喜欢吃腊肉了，但从来舍不得放开嘴巴吃，他想今天就让自己一次吃个够。可真到吃的时候，他刚吃了一片就怎么也吞不下去了。

这时候，窗外突然传来两串猫子叫春的声音，一串是公猫叫出来的，另一串是母猫叫出来的，开始它们在两个不同的地方叫，公的叫一声，母的叫一声，公的又叫一声，母的又叫一声，像从前一男一女在山上对歌似的，它们越叫越近，叫着叫着就叫到一起了。听着那婉转而淫荡的猫叫，冯丙猛然想到了女人，心想自己已经满三十六岁了，却连个女人都没挨过！一想到这里，两行来路不明的酸泪一下子就顺着鼻沟流了下来。那天冯丙为自己准备了半斤酒，他一边流泪一边抓过酒瓶就喝了起来。冯丙酒量不大，平时也不怎么喝，而那天他却一口气将那瓶中的酒喝去了一半。

冯丙喝下那酒就有些迷糊了。在迷迷糊糊中，他感觉有一个人从半掩着的大门里进来了。谁？冯丙惊恐地问了一句。他还以为进门的是小偷。那个人没有说话，却快步走到冯丙身边将他手中的酒瓶夺了，接着就用衣袖轻轻擦他脸上的泪。冯丙马上意识到进来的不是小偷，同时还听出那是一个女人！冯丙的耳朵本来就灵活，喝酒之后显得更加敏感。冯丙是从那个人的呼吸中听出她是女人的，女人的呼吸声比男人的细，比男人的密，比男人的软，如果把男人的呼吸声比成一根拴牛的棕绳，那么女人的呼吸声就是绣花的丝线。冯丙虽然没挨过女人，但他听过好多女人的呼吸。一听出是女人，冯丙顿时就激动起来，心跳得怦怦直响，仿佛有两把铁锤在他心坎上此起彼伏地敲着，砸着，打着。

女人擦完冯丙脸上的泪，轻柔的脚步声突然朝大门响过去。冯丙以为女人要走，顿时焦急起来，刚才剧烈的心跳突然停止了。不过他的心跳只停了几秒钟便恢复过来，因为女人并不是要走，她是去关大门的，咿呀一声响过之后，两只脚又慢慢地慢慢地朝冯丙响了回来。女人走到冯丙身后停下来，她轻轻地叹了一口气，然后将一只热乎乎的手伸到了冯丙的肩头。那只手在冯丙肩头拍了两下。她拍得不轻不重，不快不慢，好像在给冯丙暗示什么。你是谁？冯丙又奇怪地问了一声。女人还是不说话，她拍过冯丙的肩头之后就朝床那个方向走去了。

冯丙的脖子马上转了一下，然后将一只耳朵对着床那边高高地竖了起来。女人的脚步声一走到床头就停了，冯丙接下来听见了几丝难以辨认的摩擦声，那声音若有若无，仿佛一朵桃花落进了水池，又像是一只蝴蝶在花丛中翻飞。不过冯丙还是很快猜出了女人在干什么，莫非她在脱衣裳？冯丙一下子激动异常，全身上下的血在一刹那间都沸腾起来。床离饭桌不远，七八步的样子，冯丙迅速从饭桌边起身，只用三大步就迈到了床边上。冯丙从饭桌迈向床的过程，有点儿像电影中的慢镜头，他伸着头，咧着嘴，身体朝前倾倒着，两只手呈八字形张开，好像随时准备迎接什么。冯丙的耳朵真神，女人刚才的确在脱衣裳，冯丙一到床边就摸到了一个一丝不挂的身体。刚触摸到女人温热而光滑的皮肤时，冯丙不由大吃了一惊，双手马上触电似的缩了回来。过了一会儿，冯丙那双手又快速伸出去了，他撒开十指，先在女人的肩头和背上乱摸了一阵，接着就准确而有力地抓住了两个肥硕的奶子。

冯丙的两只手抓住那两个奶子后就停止了游走，他一手抓一个，像抓着两条活蹦乱跳的鱼，他抓得紧紧的，抓得牢牢的，抓得死死的，仿佛一不小心它们就会从他手指缝里溜走。冯丙抓住女人的奶子足足有五分钟没动，只有那十根充血的指头在奶子上微微颤动，他看上去像是在聚精会神地阅读两本刚到手的盲文书。五分钟过后，冯丙似乎将那两个奶子读懂了，于是猛然一伸头，将自己的脸深深埋进了女人的乳沟里。女人的乳沟真深，差不多把冯丙的鼻子嘴巴和眼睛都吞没了。冯丙突然之间觉得自己被一股熟悉而又陌生的晕眩击中了，他头昏脑涨，口干舌燥，呼吸艰难，感到自己在一瞬间死过去了。

不过冯丙没死过去，他正在渐渐停止呼吸的时候，女人开始解他的衣裳扣子了。冯丙打了一个激灵，埋在乳沟里的脸立刻扬了起来，他一下子就活过来了。冯丙一活过来就变得很清醒，他马上明白女人要和他干什么了。冯丙觉得让女人一个人脱衣裳太慢，没等女人把他上衣的扣子解完，他就自己动手脱自己的裤子。冯丙的手脚麻利，他双手随便一扯就把裤子扯了下来，而且是把长裤子和短裤子一道扯下来的。与此同时，女人把他的上衣也脱掉了，冯丙于是也变成了一个一丝不挂的身体。然而，当两个一丝不挂的身体搂到一起的时候，冯丙又一次觉得自己死过去了。

冯丙再一次清醒过来的时候，女人已经坐到床沿上开始穿衣裳了。冯丙慌忙从床上坐起来，赶紧拉住女人的一条膀子问，你到底是谁？女人愣了片刻，依旧还是没说话。过了一会儿，女人将她的膀子从冯丙的手中轻轻挣脱出去，然后继续穿衣裳。女人很快把衣裳穿好了，冯丙听见她的屁股离开了床沿，接着就听见两只脚悄悄地朝大门那里走去。冯丙一下子好难受，他真不想女人这么快就从他身边离开。冯丙本想喊她一声，然后请她留下来，哪怕再多停留一分钟也好！但是，冯丙却伤心得什么话也说不出来了，他只是朝着女人的背伸出了一只手，并默默地挥了许久，好像在说，转来吧，转来吧，我舍不得你走啊！

女人的脚步迈得并不快，经过吃饭的那张桌子时，女人突然停了下来。她伸手在桌子上取了一样东西，但她犹豫了一会儿没有带走，冯丙听见她又将那东西放回到了桌子上。冯丙想，女人拿起又放下的是什么呢？冯内还没想出一个眉目，女人就打开大门出去了，冯丙听见大门咿呀响了一下，又咿呀响了一下。

女人一出门，冯丙一下子就慌了神。他想他一直还不知道这个女人是谁呢！冯丙立刻从床上翻下来，光着脚就跑去开门。他想他一定要一把抓住那个女人，让她说出她是谁，如果她不说就坚决不放她走。然而，等到打开大门追出去，冯丙已经追不上女人了，他听见女人已走出很远了，她的脚步迈得像风一样轻快。冯丙想，今晚月光肯定很好，不然女人即便手拿电筒也走不了这么快的。女人的脚步声从冯丙耳朵边消失后，冯丙独自在屋檐下站了许久许久。冯丙在心里一遍又一遍地问，她到底是谁呢？她到底是谁呢？但冯丙问到半夜也没找到答案。

冯丙回屋后没有急着去床上睡觉，他先走到吃饭的那张桌子边，一站定就伸手去摸那张桌子。冯丙突然想弄清那女人临出门时究竟在桌子上拿起过什么。他小心翼翼地摸了一会儿，首先摸到的是筷子和碗，接着就摸到了那个被女人从他手中夺下来的酒瓶，最后摸到的是一样陌生东西。冯丙一摸到那陌生东西就有点儿激动，他想这东西肯定就是那女人拿起来后又放下去的。冯丙将那件陌生东西捧在怀里，仔细地摸着，认真地想着，足足琢磨了半个小时后，他终于明白了它是什么。一盏松油灯！冯丙欣喜地叫了一声。

冯丙在他八岁的时候曾经玩过一盏松油灯，那是他爹刚刚废弃的。在那之前，煤油灯已在油菜坡一带普遍使用了，只有少数几家像冯丙爹这样的困难户还点着松油灯。冯丙八岁那一年，上面为了让每户人家都能点上煤油灯，便给几个困难户拨了一点救济金，冯丙爹用救济金买回煤油灯之后，那盏松油灯就成了冯丙的玩具。

捧着女人留下的松油灯，冯丙开始想象那个女人了。他想那个女人一定对他的情况很熟悉，知道他家里夜晚没有灯，不然她为什么要自己提一盏灯来呢？女人在来冯丙家的路上，月亮应该已是挂在天上了，所以用不着点灯。她的松油灯八成是到了冯丙家屋檐下才点燃的，她提着松油灯走进大门，正看见冯丙独自坐在桌边喝酒流泪，便快步走到他身边。女人先将松油灯放在桌子上，然后就在松油灯的照耀下，夺了冯丙手中的酒瓶，接着又用衣袖擦去了冯丙脸上的泪，后来她就去床那里脱光了自己的衣裳，再后来她就让冯丙尝到了女人的滋味。女人完事后离开时，那盏松油灯还亮着，她本来想把它提走的，但提到手里以后又改变了主意。女人当时可能是这么想的，瞎子冯丙虽然不需要灯，但家里有一盏灯亮着还是好一些！女人这么一想，就把松油灯又放回到了桌子上，她把它留给了瞎子冯丙。那个女人在冯丙的想象中已经栩栩如生，简直呼之欲出了，但冯丙却不知道她是谁。这让冯丙感到幸福而又不安。

自从满了三十六岁以后，冯丙每天都离不开那盏松油灯了。白天出门推磨，他将它提在手上，晚上回家睡觉，他将它抱在怀里。冯丙做梦都想找到那个女人，可一直没找到。冯丙想，在没有找到那个女人之前，自己是不可能放下这盏松油灯了。实际上，在冯丙眼里，这盏松油灯也是一个谜！冯丙每天都在想，我什么时候才能解开这个谜啊。

三

现在，冯丙几乎每天都要出门推磨。出门时，他手里总忘不了提上那盏松油灯。冯丙出门推磨都提着松油灯，显然有他的目的，他的目的就是为了找到那个女人。冯丙觉得，要想解开松油灯这个谜，就必须找到那个女人，那个女人就是谜底。

从松油灯出现的那个晚上起，冯丙就开始猜测谁是那个女人了。回想起那个女人从头到尾都没说过一句话，冯丙最初就怀疑那女人有可能是个哑巴，他甚至还想起了多年前曾在他家住过两天的那个哑巴女人。老实说，冯丙是从心眼儿里喜欢那个哑巴女人的，那个哑巴女人肯定也是从心眼儿里看上了冯丙，不然被妹夫赶走时她不会哭得那么伤心。但冯开又觉得不会是她，她自从走后就再无音信，一个不能说话的女人，谁知道她流落到什么地方去了？还有，那个女人是天黑以后才来冯丙家里的，一完事就慌慌忙忙地走了，这说明她住的地方离冯丙家不会很远，如果路途遥远的话，她怎么会来去匆匆呢？想到这一层，冯丙就越发觉得不会是那个哑巴女人了。冯丙接下来想，会不会还有另外的哑巴女人呢？他想来想去也没想到一个值得怀疑的对象。油菜坡如今一个哑巴女人也没有，听说邻村望娘山和铁厂垭倒是哑巴女人多，但没有一个跟冯丙有来往，从没来往过的女人怎么会主动跑到家里和他做那种好事呢？冯丙想，如果世上真有这样的女人，那自己也不会三十六岁还打光棍啊！

那几天，冯丙的脑子像是安了轮子一样转得飞快，不断有新的思路闪现出来。有一天冯丙想，既然在哑巴女人中找不到那个女人，那会不会是那个女人在那天晚上故意装哑巴呢？这个想法让冯丙激动不已。他想如果那个女人压根儿就不是哑巴的话，那他寻找起来就容易多了。冯丙反复回想了那天晚上的一些细节，他曾三次问那个女人是谁，那个女人三次都不回答，并且一丝声音都没发出来，这恰恰说明她是在故意装哑巴，如果她真是哑巴的话，那她无论如何也要发出一些莫名其妙的声音。冯丙这时又想到了那个差点儿做了他老婆的哑巴女人，当时冯丙问她什么，她的嘴里总是发出一种怪里怪气的响声。这么一回忆一比较，冯丙就越发觉得那个女人是假装的哑巴了。接下来，冯丙就把猜想的重点放在了油菜坡的女人中间。经过一遍又一遍筛选，冯丙觉得有三个女人最有可能在那天晚上到他家里去。第一个是周紫竹，第二个是田作美，第三个是邱子红。

周紫竹虽然才三十出头，但已经是四个孩子的妈了。她男人是一个封建脑袋，一天到晚想着香火和传宗接代这些事，总盼着周紫竹给他生个儿子，而周紫竹却只会生丫头，一连生了三个丫头之后，他男人又逼着她生第四胎，结果第四胎又是一个丫头。儿子没得到，还要交罚款，家里因为孩子多本来就困难，哪有钱罚？几个负责计划生育的人从镇上下来收钱，没收到钱就把她家里的两头肥猪赶走了。后来她男人还要她接着生，如果不是上级派人来把她男人抓到计生站动了刀子结了扎，那周紫竹现在身后恐怕已有六七个孩子了。因为孩子生得太多，加上男人手术后身体不好，周紫竹现在差不多可以说是油菜坡最困难的人了。初春的一天，冯丙去给周紫竹的邻居推磨，收工时碰到周紫竹，冯丙便向她家要不要推磨，周紫竹叹着长气说，家里穷得一分钱都没有，哪能请人推磨？每回都是我自己推。冯丙忙问，你男人怎么不推？周紫竹说，他结扎后总是腰疼，从来不推磨的。冯丙听了周紫竹的话心里很难过，觉得她怪可怜的，同情心便油然而生。第二天，冯丙免费去给周紫竹推了一天磨，把周紫竹感动得一整天都眼泪不干。傍晚收工时，周紫竹把家里仅有的五个鸡蛋拿出来，递到冯丙手边说，冯大哥，你为我累了一天，我却一分钱都开不起，这几个鸡蛋，你拿回家煮了吃吧！我实在想不出用什么来感谢你！但冯丙死活没收那鸡蛋，他说，你还是攒着吧，攒多了就拎到供销社去换点零用钱。周紫竹没想到现在还有冯丙这么好的人，当即就抓着冯丙的手说，冯大哥，你的心肠真是太好了！你说我该用什么感谢你？只要你说，我一定……周紫竹没有把后面的话说完，只是把冯丙的手抓得更紧了，冯丙同时还感到有两颗热泪滴在他的手背上。

田作美是一个善解人意的嫂子，曾几次牵线搭桥帮冯丙找老婆，最后都因女方的原因没弄成。田作美总觉得很对不住冯丙，说让冯丙花了时间又花了钱，结果竹篮打水一场空！她还给冯丙开玩笑说，每次人家女方不同意，我都心里不好受，恨不得自己陪你睡一觉！去年夏天，田作美家多了个小妯娌，小妯娌不是油菜坡人，她的娘家在鸡冠河，鸡冠河那地方的女人和男人一样喜欢下河洗澡。田作美的小妯娌嫁来油菜坡不久就出了一次义务工，洪水把村里的那条机耕路冲垮了，村长安排每家出两个劳力去修路 。被洪水冲垮的那段路离一个堰塘不远，修路打歇的时候，小妯娌怕热就下到那个堰塘里去洗澡，她本来约田作美一道去洗的，但田作美不会游水。不过田作美还是去了堰塘边，小妯娌让她坐在堰塘边帮她看着脱下来的衣裳，同时也帮着望风，不让修路的男人跑去偷看。小妯娌那天是穿着一条花裤衩下堰塘的，其他衣物都脱下来交给了田作美。那天的日头很毒，堰塘边上又没树遮阴，田作美抱着那些衣服在堰塘边坐了一会儿就觉得日头烤得头皮疼。碰巧冯丙出门推磨路过这里，田作美就把冯丙喊到堰塘边，将那些衣物递给他，请冯丙替她在堰塘边坐一会儿。田作美当时咬着冯丙的耳朵说，有个新媳妇正穿着花裤衩在堰塘里洗澡呢，你坐这儿好好听听！冯丙开始不同意，说与她的小妯娌连话都未说起过一句，怎么好意思偷听人家洗澡呢？田作美央求着说，冯丙，你就替我在这儿坐一会儿吧，我的头皮都快被日头晒破了口。实在没办法，冯丙就在堰塘边坐下来了。冯丙坐在堰塘边，果然听见堰塘里有那种双腿分开又合拢的声音，便一下子把耳朵高高地竖了起来。田作美的小妯娌还没见过冯丙，也不知道他是瞎子，起岸时看见一个男人如醉如痴地坐在那里，就以为是流氓在偷看她洗澡，顿时又羞又气，走上去不问青红皂白就给了冯丙两耳光，还大喊了一声流氓！田作美当时正坐在附近一棵油桐树下歇阴凉，听见骂声就赶紧跑到了堰塘边。冯丙被几巴掌打蒙了，听到田作美的声音才清醒过来。修路的人们这时都涌过来了，他们都听见了小妯娌的骂声。冯丙像一个罪人一样站在那里，羞得不敢抬脸，人们看见他的泪珠子像断了线一样往下掉。田作美这时把她的小妯娌狠狠骂了一通，然后走到冯丙身边小声说，都怪我，嫂子我一定找机会给你补偿一下！她说着还用自己搭在肩上的毛巾为冯丙擦干了眼泪。

邱子红是油菜坡最风骚的女人，她是从窝塘那一带嫁过来的。窝塘那地方的女人都风骚得很，她们把和男人睡觉看作最快活最光荣的事情。邱子红的男人叫肖加长，他们是在九女沟挖矿认识的，当时邱子红在那里给挖矿的民工们做饭。邱子红跟很多民工睡过，肖加长就是其中的一个。邱子红长得白净又丰满，饭又做得好吃，许多跟她睡过的男人都想娶她当老婆，肖加长更是想得厉害。邱子红后来选中肖加长，是因为肖加长的那东西大。邱子红是一个口无遮拦的女人，刚嫁到油菜坡时，有人问她怎么看上了肖加长，她说，我在九女沟睡过那么多男人，就数肖加长的家伙大，又粗又长，像一只手电筒。今年二月间，桃花正艳的时候，冯丙被肖加长请去推磨。一斗玉米推完后，冯丙到磨坊后门口的菜地边上去屙尿，当时他憋急了，就没去听周围有没有人，一出门就掏出那东西对着菜地屙。屙完后正要把那东西收进裤子时，冯丙才知道菜地里一直蹲着一个人，这个人就是邱子红。邱子红惊奇地说，啊！瞎子哥的家伙好大呀！冯丙一听就吓坏了，赶忙将它塞进去，然后红着脸说，对不起，我没想到菜地里有人！邱子红说，看你说的，你刚才让我开了眼界，我还应该感谢瞎子哥呢！肖加长当时在大门外忙着装犁，邱子红就显得格外大胆。她接下来朝冯丙走进一步说，以前我总以为肖加长的家伙最大，今天一见到你的，天啊，你比肖加长的还要大呢！要说肖加长的像一个电筒，那也只是一个装两节电池的电筒，而你瞎子哥的，是一个装三节电池的电筒啊！冯丙实际上是一个胆小的人，虽说平时想女人想得发疯，可真碰到女人了又心惊胆战，邱子红话没说完，冯丙就转身朝磨坊走了。邱子红的胆子倒是越来越大，她对着冯丙的背影说，瞎子哥，你什么时候把你的电筒借给我用一下呀？

冯丙心想，那天晚上到他家里来的那个女人，没准儿就是她们三个中间的一个。但究竟是哪一个呢？是周紫竹吗？像！是田作美吗？也像！是邱子红吗？还是像！后来，冯丙就决定提着那盏松油灯分别去她们三家推磨。他想，谁要是认了这盏松油灯，谁就是他要找的那个女人！冯丙首先去了周紫竹家，一进门就将松油灯提到额头问，这是你的灯吗？周紫竹说，不是。冯丙接着去了田作美家，一进门就把松油灯朝她伸了过去说，我给你还灯来了！田作美说，这不是我的灯。冯丙后来又去了邱子红家，一进门就把松油灯放在她家桌子上说，你那天晚上把灯忘在了我家里，今天顺便给你提来了！邱子红说，我什么时候去过你家？再说我也没有这种灯。

那天，当冯丙提着松油灯从邱子红家出来时，他的眉头锁得紧紧的，显得心事重重。三个最有可能去他家的女人中居然没有一个人认识这盏松油灯，这是冯丙事先没料到的。有那么一刻，冯丙差点儿傻掉了。

冯丙回到家里，又双手捧着松油灯冥思苦想，除了这三个女人，难道还会有别的女人来我家吗？如果有，那她又会是谁呢？冯丙是一个执着的人，他想他无论如何也要找到那个女人。接下来，冯丙就更加频繁地出门推磨了。冯丙想，他要一股劲儿把油菜坡每家每户的磨都推遍。他想，假如把油菜坡的磨都推遍了还找不到那个女人的话，那他就提着松油灯到邻村的望娘山和铁厂垭去推磨。冯丙还想，要是在邻村这两个地方还是找不到那个女人，那他将会提上松油灯到更远一点儿的地方去推磨，比如妹妹冯珍所在的黄坪。冯丙坚信，他总有那么一天会找到那个好心的女人的。冯丙想，当他找到那个女人的时候，他一定要把这盏松油灯当场点燃。

挽救豌豆

一

豌豆不是吃的那种豆子，她是杨聪表弟的媳妇。

农历七月初六，杨聪的父亲满七十岁。离父亲的生日还有四五天，杨聪就从城里请假回到了油菜坡。杨聪是个孝子，父母每年过生日，他都要亲自回老家。杨聪是自己开车回来的，他在电视台工作，又编又导，收入相当可观，不仅买了私家车，还在城郊买了别墅。他本来要把父母接到城里与自己一起生活的，但父母不去。父母在农村过惯了，他们不愿意到城里去住。

杨聪是七月初一回来的。给父亲祝寿的客人们大都会在七月初五那一天到家里来，杨聪想提前回来做些准备。从城里开车回油菜坡要五个小时，杨聪那天是下午从城里走的，回到老家天都黑了。第二天，杨聪打算睡一个早床。可是，还不到早晨七点，母亲就上楼来敲他的门了。母亲一边敲门一边说，快起来，快起来，家里来客人了。杨聪一边揉眼睛一边说，今天才初二呢，怎么这么早就有客人了？母亲说，别人不是来给你爹做生的，他是专门来找你的。杨聪从床上坐起来问，谁找我呀？母亲说，你表弟葛根。

葛根是杨聪舅舅的第二个儿子，也就是豌豆的丈夫。

杨聪下楼时，葛根正在客厅里埋头抽烟，烟子像云雾一样缠绕着他。听见杨聪的脚步声，葛根马上抬起了头。看清下楼的是杨聪，葛根就赶紧站起来了。他慌忙扔掉手中的烟头，快步朝杨聪走了过来。

表哥！葛根激动地喊了一声。他一边喊一边把他的两只手朝杨聪伸过来，似乎想跟杨聪握个手，可他的手刚一伸过来就缩回去了，让杨聪伸出去的手扑了个空。葛根比杨聪小十岁，但看上去却比杨聪大十岁，三十刚出头，头发就白了一半，嘴上胡子拉碴的，看上去像个小老头。杨聪问葛根，你怎么知道我回来了？葛根扭头看着门口的停车场说，我隔壁的人家说看见姑妈门口停着一辆红轿车，我就知道肯定是表哥回来了。

杨聪问葛根，你这么早来找我，有什么要紧的事吗？葛根连忙说，有，有要紧的事，有非常要紧的事！杨聪赶紧问，什么事？葛根迅速朝杨聪走近一步，十分严肃地说，表哥，我要请你去帮我挽救一下豌豆！

杨聪一听就慌了，急切地问，豌豆怎么啦？葛根皱着眉头说，豌豆要进城去打工，我想请你去劝劝她，让她别去！。杨聪听了禁不住冷笑一声说，嗨，我还以为真有什么要紧的事呢！

六月的天气，一大早就闷热得很。杨聪对葛根说，走，我们到外面去吹吹风吧。他说完就转身往门外走。葛根随后也出了门。葛根紧紧地跟在杨聪的身后，显出很着急的样子，两道眉毛都挤到一堆了。

他们来到了停车场边的一棵枇杷树下，这里果然有一丝风，比屋里凉快多了。杨聪背靠枇杷树站着，眼睛朝自己的那辆红车看了过去。车顶上落了一只鸟，杨聪出神地看着它。杨聪没看葛根，他像是把葛根刚才说的事忘了。葛根一直在等杨聪说话，等了半天没动静，就有点儿等不住了。葛根突然喊了杨聪一声说，表哥，刚才我求你的事，你肯帮忙吗？

杨聪把目光慢慢从车上收回来，又慢慢投到葛根的脸上，然后要紧不慢地说，豌豆要进城打工，又不是什么坏事，她想去你就让她去呗。再说，打工还能挣钱呢。葛根马上说，表哥呀，事情可不是你想的这么简单，你不知道，那些小丫头和小嫂子说起来是进城去打工，其实，她们在城里大都是在做那种事啊！

杨聪听了大吃一惊问，是吗？葛根先沉重地点点头，然后降低声音说，是的！过了一会儿，葛根又说，我宁愿没钱，也不能让豌豆进城去！杨聪沉吟了一会儿说，如果情况真是这样，那的确不能让豌豆进城，否则就会捡了芝麻丢了西瓜啊！

杨聪的父亲这时在屋里大声喊杨聪，说茶泡好了，让他把葛根请进屋里去喝茶。杨聪还没来得及跟父亲搭腔，葛根就一把抓住了他的手。葛根迫不及待地说，表哥，你可一定得答应我，帮我劝住豌豆啊。要是豌豆真进了城，那她这个人就算完蛋啦！

杨聪没马上回答葛根，他进屋端出了两杯茶。杨聪自己留一杯，将另一杯递向葛根。葛根接过茶杯看也不看就放在了身边的石桌上，他像毫无心思喝茶。杨聪倒是大大地喝了一口，然后一边吐茶叶一边对葛根说，既然你不同意豌豆进城，那你这个当丈夫的可以直接劝阻她嘛。葛根苦笑了一下说，唉，要是豌豆能听我的话，我还会来麻烦表哥吗？你应该知道，豌豆一直都有点儿看不起我，我的话对她来说连耳旁风都不如啊。实话告诉你吧，我已经劝了她无数次，可半点儿效果都没有。听了葛根这番话，杨聪忽然心一软，不禁有点儿同情他了。

过了一会儿，杨聪问葛根，你的话豌豆不听，那你就没请别人去劝劝？葛根说，怎么没请？我们本家的，她娘家的，还有她从前的老师和同学，我前前后后请的人，加起来不下于十个。但是，没有一个人把豌豆劝住。豌豆这个人，长得有几分姿色，又读过一年高中，心气儿高得很，一般人的话，她压根儿都听不进去呀。

杨聪赶紧接过葛根的话头说，那么多人都劝不住豌豆，她会听我的劝告吗？葛根双眼一亮说，会的！豌豆肯定会听你的劝的！不然我怎么会这么早来请你呢？杨聪有些疑惑地问，葛根，你凭什么说豌豆会听我的劝告？葛根低头想了一下，然后猛然抬起头来说，表哥是名人呢，豌豆一直崇拜你！

杨聪的眼睛陡然胀大了一圈，他愣愣地看着葛根的嘴，简直不敢相信刚才的这句话是从他嘴里说出来的。在城里，杨聪倒是经常能听到这类赞美或奉承他的话，但在老家油菜坡，他这还是第一次听到。杨聪感到无比惊喜。在葛根说出这句话之前，杨聪还在犹豫是否去劝说豌豆。现在，他便毫不犹豫了。杨聪想，既然表弟这么看得起我，那我就一定得给他帮这个忙，并且要千方百计劝住豌豆不要进城！

二

杨聪当天上午就去了豌豆家。葛根说豌豆打算再过七八天就进城了，他希望杨聪尽早去劝阻她。杨聪也感到时间紧迫，一吃过早饭就去了。葛根和豌豆还住在那栋土墙黑瓦的房子里。杨聪老远就看见了那栋房子，墙面没有粉刷，黑一块白一块的，有些地方还生出了绿霉。房顶上的瓦被风刮跑了不少，缺瓦处用塑料布盖着，看上去像瘌痢头。

杨聪是和葛根一道去的，临近家门口时，葛根突然停了下来。他对杨聪说，我就不回家了，你一个人进去吧，我到田里去扯一会儿草。杨聪疑惑地问，你为什么不回家？葛根说，你最好单独劝豌豆，有我在场效果不好。杨聪开个玩笑说，豌豆那么漂亮，你就不怕我对她动手动脚？葛根说，你这样的大名人，怎么会看得上一个农民的老婆？对你，我放心得很。他说完就转身去他的责任田了。

豌豆当时正坐在门槛上补一只旅行包，看样子她已经在为进城做准备了。豌豆的确有几分姿色，额头和下巴都生得特别好，像画家画出来的。也许是读过一年高中的缘故吧，豌豆的打扮也和乡村的女人不同，乡村的女人都喜欢穿大红大绿，而豌豆却穿得很素净，上身是一件黄色T恤衫，下身是一条黑色牛仔裤。杨聪一边看着豌豆补旅行包一边想，难怪她想进城呢!

杨聪在豌豆门口的土场边站了好半天，直到豌豆补好那只旅行包，他才走到她身边去。豌豆没想到杨聪会去她家，她看见杨聪后不禁欣喜若狂，脸红得像盛开的桃花。豌豆激动了好半天，手足无措，六神无主，连椅子都忘了让杨聪坐。杨聪的心情本来是很平静的，但看到豌豆见到自己如此兴奋，内心深处的某一根弦也忍不住颤动了两下。

过了几分钟，豌豆终于镇定下来。她先把杨聪请到堂屋里坐下，接着就去给他泡来了一杯茶。递茶的时候，豌豆又激动起来，杨聪看见她的手指头像弹钢琴一样跳个不停。在杨聪低头喝茶时，豌豆迅速在杨聪对面的一把木椅上坐了下来。

杨聪喝了几口茶，便开始用关心的语气询问豌豆的情况。杨聪问，你儿子呢？今年几岁了？豌豆说，去上学了，已经八岁了。杨聪又问，葛根怎么不在家？他最近好吗？豌豆说，他一大早就出门了，可能是去玉米地里扯草了。他的身体嘛，一直都好，就是穷！豌豆说话时，头一会儿低下去一会儿抬起来，动作像啄木鸟一样。停了片刻，杨聪接着问，你和葛根的感情怎么样？豌豆低下头说，说不上好，也说不上坏，农民夫妻嘛，也只能这样了。杨聪紧接着问，你长得这么漂亮，不会哪一天抛弃我的表弟吧？豌豆猛地扬起脸说，怎么会呢？他虽然穷一点，但人勤快，心肠好，我从来都没想过和他分手。杨聪满脸堆笑说，有你这句话，我这个当表哥的也就放心了。豌豆补充说，我要是想抛弃他，那早就和他拜拜了！怎么会等到今天呢？杨聪笑笑说，那是那是。

豌豆是个聪明女人，她这时双眉一挑问，表哥今天来我家，莫不是有什么任务吧？杨聪趁机说，当然有任务，我是特地来挽救你的。豌豆一愣说，挽救我？我怎么啦？杨聪故弄玄虚地说，昨晚我做了一个梦，我在梦中见到了你。豌豆突然一喜说，哇，我一个农村女人能入你的梦，真是三生有幸啊！快说说，你梦见我怎么啦？杨聪阴下脸色说，哎呀，是个不好的梦，我梦见你进城打工，结果被人贩子把你骗进了妓院，那些可恶的嫖客们把你折磨得人不像人鬼不像鬼。豌豆憋着呼吸问，你在梦中挽救我了吗？杨聪说，到了梦中那个地步可就没法挽救了，要想挽救你必须得提前。今天我来就是想告诉你，如果你有进城打工的念头，我劝你赶快打消。城里现在乱得很，女人进城，凶多吉少啊！

豌豆听到这里，脸一下子变得通红。沉默了一会儿，豌豆试探着问，表哥，你是不是听谁说我什么了？杨聪支吾了一下说，没有啊，只是做了个噩梦。豌豆说，你别骗我了，肯定是有人对你说了我的事。告诉你吧，我确实准备进城打工，打算月中就走。不过请表哥放心，我进城后不会出现你担心的那种事的，我只是想去有钱的地方凭劳动挣点儿钱回来，然后把我们家的房子修一修。你也看见了，我们这栋房子再不修就要垮了！

杨聪顿时感到有点儿紧张，因为他刚才绕了几大圈说的话对豌豆一点儿作用也没起到。不过，杨聪没有丧失信心，他想他是有能力劝住豌豆的。杨聪又喝了一口茶。豌豆心细，她发现杨聪的茶杯里应该加水了。豌豆轻盈地去了厨房，一眨眼工夫便拎着开水瓶走了出来。她麻利地给杨聪加了水。

豌豆加过水正欲转身，杨聪又开始说话了。杨聪问，豌豆，听别人说你很崇拜我，有这回事吗？豌豆赶紧转过身去，背对杨聪说，崇拜你怎么啦？难道一个农村女人就不能崇拜一个人吗？杨聪说，我不是这个意思，如果你真是崇拜我的话，那我要好好感谢你呢。只是我觉得我这个人没什么值得你崇拜的。豌豆走到原来的地方坐下来，微微勾着头说，你值得我崇拜的地方可多呢，十七岁就考上了名牌大学，毕业后又分到电视台工作，还写了那么多电视剧，人又这么温文尔雅的，哪个女人不崇拜你呀！说了不怕你笑话，我从读初中时就开始崇拜你了，教我们语文的那个老师当年教过你，他总是给我们讲你读书的故事，他还保存着你初中时代写的作文，一到上作文课时就把你的作文读给我们听，你的文采真好，我听着听着就崇拜你了！读高一的时候，我们的校长把你请回母校给我们做报告，那是我第一次看见你，你坐在主席台上，口若悬河，滔滔不绝，一边讲一边做着手势，那风采真迷人啊！报告结束时，好多人都跑上去请你签名，我是第一个跑上去的，你还给我题了词呢。说来你可能不会相信，你当年给我题的词我至今还保存着。豌豆说到这里，突然起身走进了里屋。

杨聪听了豌豆刚才的一番倾诉，感到自己就像喝了一壶陈年老酒一样陶醉了，仿佛身上的每一个毛孔都充满了幸福和欢乐。

豌豆从里屋出来了，她手中捧着一个红封面的笔记本。豌豆走到杨聪身边，打开笔记本，指着扉页说，你看，这就是你给我题的词！杨聪定睛一看，果然是自己的笔迹。杨聪立刻兴奋到了极点。在极度的兴奋中，杨聪情不自禁地将一只手伸出去，拍在了豌豆的肩头。豌豆顿时被一种莫可名状的惊喜击中，不仅脸唰地一下红了，而且耳朵和脖子都红得像霞。杨聪没有急着将那只手拿开，他按着豌豆的肩头说，豌豆，既然你这么崇拜我，那我求你一件事情可以吗？豌豆用异样的声音说，什么事？你说吧，我一定答应你！杨聪这时把另一只手也伸出去了，放在豌豆的另一个肩头。杨聪用双手按着豌豆的双肩说，豌豆，请你答应我，不要到城里去！

没等豌豆回答，杨聪突然松开了豌豆。他迅速从身上掏出钱包，又从钱包里掏出了两千块钱。杨聪把两千块钱塞进豌豆手里说，这点儿钱，你拿着修房子吧，不够再找我。话音未落，杨聪便离开了豌豆，大步走出了那栋土墙黑瓦的房子。

杨聪走出门口土场后，回头朝大门那里看了一眼，没发现豌豆出来为他送行。

三

葛根来给杨聪的父亲祝寿时，一手拎着烟酒，一手拎着一只鸡。他把烟酒给了杨聪的父亲，把鸡给了杨聪。杨聪有些奇怪地问，你给我拎一只鸡干什么？葛根憨厚地笑着说，谢谢你挽救了豌豆，没什么好感谢你，就拎一只鸡给你，你带回城里杀了你们一家三口吃吧。杨聪听葛根这么一说，在心上悬了几天的一块石头总算是落了地。他问，豌豆不进城打工了？葛根摆着头说，你劝她不进城，她怎么还会进城呢？我那天就说过，你是名人呢，豌豆崇拜你，只有你能挽救她。葛根对杨聪说这番话时，周围站着不少客人，所以杨聪听了心里有一种说不出的满足感，觉得特别受用，同时也感到自己在老家人面前更有面子了。

第二天，杨聪没有按原计划离家返城，父母留他住一天再走。这天吃过午饭，杨聪的父母到杨聪的舅舅家去了，他们说把过生日没吃完的豆腐给舅舅送一些去。杨聪有睡午觉的习惯，父母走后，他就上到楼上卧室里去睡午觉。这是一间精心设计和装修的卧室，无论是顶上的灯光还是地上的地毯都达到了五星级宾馆的标准，空调是国内最流行的海尔牌，音响装置也是一流的，还有一排书柜，古今中外的文学名著应有尽有。杨聪先打开空调，再放上音乐，然后就脱下外套躺在了床上。杨聪这天放的是那首著名的萨克斯曲《回家》，他喜欢在音乐中渐渐进入梦乡。

杨聪刚刚有点儿睡意，忽然有人轻轻地敲卧室的门。敲门的肯定不是父母，他们说好等太阳下山后再回来的。杨聪一边起床一边纳闷，谁这会儿来敲我卧室的门呢？当时，杨聪一点儿也没想到会是豌豆。开门看见是豌豆，杨聪除了感到突然之外，还觉得有点儿尴尬，因为他身上只穿了一件背心和一条裤头，他顿时脸都吓红了。豌豆这天倒是显得很大方，她直直地看着杨聪说，你的皮肤好白呀！豌豆这么说着就自己闯进了卧室。她一进卧室就叫唤了一声说，啊，你这儿好凉快！豌豆是第一次进杨聪的卧室，她压根儿没想到杨聪的卧室这么豪华。豌豆转着身子东张西望了好半天，然后惊叹说，这好像是天堂啊！

杨聪正要穿长裤，豌豆说，你别穿了，我马上就走的，你接着睡你的午觉吧。听豌豆这么一说，杨聪就没再穿，他赶紧回到床上，拉过空调被盖住了两条光腿子。

杨聪靠在床头，正要问豌豆有何贵干，豌豆先开口了。她走到床边说，我专门给你送借条来的。杨聪迷惑地问，什么借条？豌豆说，你那天给我的两千块钱，算是你借给我的，我给你打一个借条，等我有钱了就还给你。她说着就把一张纸条朝杨聪递过来。杨聪摆摆手说，不，那是我送给你的，不要你还。他没接那张借条。豌豆说，不还不行的，我不能平白无故地要你的钱。她说着就把借条放在了床头柜上。杨聪见豌豆这么坚决，便没再说什么。

豌豆没马上走。杨聪以为她放下借条后就会走的，但她没急着走。豌豆忽然去了书柜那里，她从书柜里抽出一本书随手翻了起来。豌豆背对着杨聪站在书柜前看书，但她看得一点儿也不专心，杨聪发现她不时地扭过头来偷偷地看自己。过了一会儿，豌豆自言自语地说，我看见你父母到葛根爹妈那儿去了，他们估计要等太阳阴下去后才会回来。豌豆这么说着又扭头看了杨聪一眼，目光有点儿怪怪的。杨聪不知道豌豆为什么突然说起父母来，更不明白她为什么用那样一种眼神偷看自己。杨聪感到了一点儿紧张。他同时希望豌豆早点离开这里。

可豌豆还是没走。她索性将那本书拿到了床头旁边的写字桌前，主动坐在了那把转椅上。她伏在桌子上看起书来。刚才那首音乐接近尾声时，豌豆扭头对杨聪说，这首曲子真好听，能再放一遍吗？杨聪说，没问题。他说着就拿过遥控器按了一下重复键。一曲终了，豌豆默默地转过身子面朝杨聪，杨聪看见豌豆泪流满面。杨聪一惊问，豌豆，你怎么哭了？豌豆不回答，只是两眼一眨不眨地看着杨聪。她的泪还在汹涌而下，像源远流长的河。杨聪感到心慌，不知道如何是好。床头放着一个纸巾盒，杨聪指着它对豌豆说，你快擦擦泪吧！豌豆不动，继续流泪。

约莫过了一刻钟，豌豆的泪止住了。她突然站起来，猛地伸出一只手指着杨聪说，我恨你！杨聪一下子蒙了，眨巴着眼睛问，为什么？豌豆说，你那天不该去我家挽救我。杨聪说，你这话是什么意思？豌豆说，你那天不该用手拍我，你把我的心拍乱了！杨聪沉默下来，再无话可说。豌豆这时把手收了回去，低下头，突然降低声音说，我的心本来是平静如水的，可你把它弄乱了，乱得我一连好几天都恍恍惚惚，吃不下，睡不着，眼前总是晃动着你的影子。我，快完蛋了！

杨聪不知不觉出了一身虚汗，他感到有点儿冷。过了许久，杨聪有气无力地说，对不起，豌豆，我不是故意的！豌豆说，一句对不起就能了事吗？杨聪一怔问，那你要怎么样？豌豆蓦然扬起脸来，直直地望着杨聪说，我要你继续挽救我！杨聪木讷地问，都这样了，我还能怎么挽救你？豌豆剜了杨聪一眼说，你知道该怎么挽救我？杨聪说，我不知道。豌豆说，你应该想办法让我的心恢复平静！杨聪说，这我可没有办法。豌豆说，你有办法的！杨聪说，我没有。豌豆两眼突然一亮说，我教你一个办法！杨聪问，什么办法？豌豆颤着声音说，你抱着我睡一觉！

豌豆真是大胆，她话音未落就扑到了床上，接着就用两条膀子像蛇一样缠住了杨聪的脖子。杨聪顿时被吓死了，半天不敢动，呼吸也停了。

许久之后，杨聪清醒过来。他一边推豌豆一边说，对不起，我不能这样！豌豆把杨聪越抱越紧，嘴里梦呓般地说，你答应我，就这一次！杨聪说，对不起，我不能答应你！他说着继续推豌豆。豌豆忽然换一种口气说，你要不答应我，我就变卦！杨聪说，变什么卦？豌豆说，进城打工，然后去卖淫！她说得抑扬顿挫，字正腔圆。

杨聪一下子傻掉了。他没有再推豌豆。

四

这年闰月，有两个七月。

第二个七月初六，杨聪又从城里回到了油菜坡。他想再给父亲过一次生日。时间正好碰上周末，杨聪就携着教中学的妻子和读中学的儿子一起回到了老家。妻子是城市姑娘，儿子是在城里生长的，他们不像杨聪这样对油菜坡有感情，杨聪给他们做了好多工作，他们才答应与杨聪同行。

回家的当天晚上，杨聪就向母亲打听起了豌豆。事实上，在这一个月里，杨聪心里一直都装着表弟的老婆豌豆。他最担心的是豌豆进城。他想如果豌豆最后还是进了城，那他就真是对不起葛根了。

杨聪问母亲，豌豆没进城打工吧？母亲说，没有，她一直都在油菜坡。杨聪听了很高兴，心情顿时轻松极了。杨聪说，没进城就好，葛根就是不放心豌豆进城，怕她进城后变坏。母亲叹一口气说，葛根现在对豌豆可以完全放心了！杨聪一时没听懂母亲的话，就愣愣地问，为什么？葛根从前对豌豆那么不放心的，怎么现在完全放心了？父亲这时在一旁插嘴说，豌豆跟葛根离婚了！杨聪立刻从椅子上弹起来，迫不及待地问，什么？他们为什么离婚？豌豆说她从来就没有和葛根分手的想法呀？父亲说，谁也不知道其中的原因，连葛根都不清楚呢。沉默了一会儿，杨聪又问，他们是什么时候离的婚？母亲回忆了一下说，上个月中旬，记得是在父亲生日过后四五天吧。豌豆离婚前还把那栋房子修了修，刷了墙，加了瓦，当时谁也想不到她要和葛根离婚。杨聪继续问，豌豆离婚后住哪里？父亲说，她什么也没要，房子和儿子都留给了葛根，她自己回了娘家，临时借她哥哥的一间烤烟房住着。

那天夜里，杨聪失眠了。他仰面躺在二楼卧室的床上，一个月前在此发生的事情像电影一样在他眼前反复回放。他感到一切都像梦。

次日一大早，杨聪去了葛根家。葛根的房子果然变了一个样子，墙面上刷了一层白石灰，房顶上的塑料布也没有了。杨聪看见了葛根，他的头发和胡子都更长了，也更乱更脏了，看上去就像个野人。葛根坐在他家门槛上，正在往一件衣服上缝扣子。那衣服很短，杨聪猜那肯定是葛根儿子的衣服。葛根拿针线的手又粗又笨，让人看了哭笑不得。杨聪没有走近葛根，他不敢让葛根看见自己。杨聪不知道如何面对他。他远远地偷看了葛根几眼，就悄悄地转身走了。

豌豆的娘家也在油菜坡，距葛根这里不是太远。离开葛根家以后，杨聪很想到豌豆娘家那里去一趟，他想去看一眼豌豆。但是，杨聪只走到半路上就停下了脚步。那里有一棵大白果树，大白果树下有一块石板，杨聪那天一个人在那块石板上傻坐了半天，先看了一会儿蚂蚁上树，接着又看了一会儿蚂蚁搬家。

你们的大哥

一

毛丫，我的女儿，今天我来找你，是有一件要紧的事和你商量。你虽说只是我的干女儿，但我一直是把你当作亲生闺女看的；我虽说只是你的干妈，而你却一直是把我当成亲妈待的，所以我就来找你了。

这件要紧的事情是，你们的大哥过两天就要刑满释放了。他托人带信给我，让我派一个亲人到沙洋劳改农场去接他，接他回家，他已经坐了十年牢了，他十年没有回家了，可以想象到他是多么想家啊！听到你们的大哥马上就要回家这个好消息，我高兴得一夜没合上眼。你知道我盼这个消息盼了多少年啊！得到消息的第二天早晨，我鸡子叫头遍就起床了，开始琢磨派谁去接你们的大哥。本来我是最想去的，但我一个农村老女人，斗大的字认不到一箩筐，连沙洋在哪个方向我都不清楚，我怎么去呀！再说，我又晕车，一闻到汽油味就吐，听说从油菜坡这地方到沙洋要坐两天的汽车，我说不定坐到半途就晕死了。这么一想，我就打消了亲自去接你们的大哥这个念头，决定在他的三个弟弟中找一个去沙洋。然而让我伤心的是，我跑了一整天的路，把老二老三和老四都找到了，可他们竟然没有一个人同意去，他们各有各的理由，各有各的难处，各有各的借口，他们真是把我的心伤透了。你们的大哥虽说是个坐牢的人，是个劳改犯，但毕竟是他们一母所生的大哥呀！后来没有办法，我就只好来找你了。

按理说我是不应该为你们的大哥的事来麻烦你的，你一个刚满二十的姑娘，从来没有出过远门，家里的活又多又杂，我怎能忍心让你去沙洋劳改农场呢？再说，你只是个干妹妹，虽然你小时候总是亲热地喊他大哥，但他和你毕竟没有血脉关系呀。他的几个亲弟弟都不愿意去接他，凭什么让你这个干妹妹去呢？在动身来你这儿之前，我考虑了好久，我还推算了一下，你们的大哥被抓走时，你才十岁，还是个不大记事的小丫头，说不定你对他已经没有什么印象了。在我的记忆中，你们的大哥对你的照顾似乎不多，只记得在你八岁那年，有一天放学后你把钢笔掉在了回家的路上，直到晚上坐下来打开书包要写作业时，你才发现钢笔丢了。当年你是一个最爱哭的小丫头，钢笔丢了，你又心疼又着急，立即就放声大哭起来，哭得像杀猪似的。你们的大哥听到你的哭声时正在吃晚饭，刚吃了半碗，他一听到你的哭声就丢下碗筷往你家跑。听说你的钢笔丢了，你们的大哥显得比你还要着急，马上说他去帮你找。那天晚上，天黑得伸手不见五指，你们的大哥提着马灯，沿着你放学回家的路去寻找你的钢笔，他深深地勾着头，几乎把眼睛贴在了地上，像捉蚂蚁似的。短短的五里路，他走了将近三个钟头，生怕走快了一点点把丢钢笔的地方错过了。功夫不负有心人，后来他终于在你们学校附近找到了那支钢笔，听说钢笔落在路边一个牛脚踩出的泥窝里……除了这件事，我再想不起其他与你有关的什么事情了。我是说，你们的大哥当年对你的关心太少，还不值得你去沙洋接他出狱。但我走投无路，实在找不到一个合适的人去沙洋，所以犹豫再三，还是来找你了。

谢谢你给我泡这么浓的一杯茶，那我就去喝上一口，然后再跟你说吧。我想和你说说我去找老二老三和老四的经过。

二

我那天最先找的是老二。除了你们的大哥，老二就是最大的了，我想要是把去沙洋接你们的大哥作为一个任务的话，那这个任务首先就应该分给老二。还有，老二在镇上粮站里当了这么多年副站长，大小也是个干部，他经常出差，去过好多大地方，早年还当过兵，也算见过世面的人。我琢磨派他去沙洋接你们的大哥是最合适的，所以我头一个就去找了老二。

从油菜坡到镇上有三十里山路，我天一蒙蒙亮就独自上路了。走在路上我想，老二要是知道你们的大哥要出狱，不晓得要高兴成什么样子呢，说不定他当即就会去找站长请假，请假去沙洋接你们的大哥。在他们兄弟四个中间，就老二一个算是吃国家饭的人，其余三个都是务农的。但是要认真说起来，老二能吃上这碗国家饭，还得感谢你们的大哥。可以这么说，没有你们的大哥，老二就不会有今天。老二是当兵复员以后被粮站招去的，那一年全县粮食部门正好招工，县里明文规定优先招收复员军人。老二如果不是出去穿了四年黄衣服，混了一个复员军人证，负责招工的人就是瞎了眼也不会招他。而老二早年能去当兵，说个不能对外人说的话，那是你们的大哥让他去的。那是一九七〇年秋天，公社的武装部长开恩，给油菜坡分了一个新兵的名额。说来也巧，那天武装部长亲自步行来油菜坡摸情况，一进村口刚好就碰到了你们的大哥。村口有一个木炭厂，你们的大哥当时在木炭厂负责点火烧窑。那年你们的大哥刚满二十二岁，个子高高的，浓眉大眼，武装部长第一眼看见他时，他正推着满满一板车木炭从窑洞里出来，黑汗流了一脸。武装部长一眼就看中了你们的大哥，他走到板车跟前拍着你们的大哥的肩头问，小伙子愿不愿意去当兵呀？你们的大哥顿时就喜疯了，马上回答说愿意，同时还给武装部长行了一个军礼。武装部长说，好，你把木炭下了以后过来，打一个鹞子翻身给我看看。武装部长所说的鹞子翻身，就是双手着地，两脚腾空，将身子在地上像鹞子那样翻一圈。你们的大哥平时总喜欢打鹞子翻身，这一回总算派上了用场。你们的大哥匆匆下完木炭，然后跑步前进来到武装部长身边，一连打了三个鹞子翻身，他动作轻巧，武装部长看了非常满意，还情不自禁地拍了两下巴掌，然后说，好，就送你去部队了！武装部长看中了你们的大哥以后，大概还想看看家里的情况，就对你们的大哥说，你别出炭了，赶快回家准备一下，我等会儿和村支书一起到你们家吃午饭。那天你们的大哥一回家就把好消息告诉了我们，当时老二也正好在场。老二那年十八岁，初中毕业回家种了三年田，由于身体瘦弱，常常生病，那天他就是得了重感冒请假在家里休息。老二一听说你们的大哥要去当兵，两只绿豆小眼顿时闪出了火花，只见他从病床上一翻身跳了下来，快步跑到你们的大哥的跟前，双手拉住你们的大哥的双手说，大哥，你把这个当兵的名额让给我吧，我做梦都想去当兵呀！你们的大哥愣住了，望着老二久久不语。老二继续用哀求的口气说，你就答应我吧，大哥，我体弱多病，如果一辈子待在农村，往后的日子怎么过啊！你们的大哥听老二这么说，终于点了点头。不过，我注意到他的头点得十分沉重，可以想象，在那一刻，你们的大哥心情是多么复杂呀！然而，武装部长中午来我们家吃饭时，却没有看上老二，当你们的大哥向武装部长推荐老二时，武装部长只斜着眼睛看了老二一眼就连忙摇头，说不行不行，他弱不禁风，怎么能去当兵？当兵是要准备打仗的，又不是去绣花！老二听武装部长这样一说，顿时就伤心地哭了起来。你们的大哥是一个心慈的人，见老二一哭便跟着难受，于是向武装部长求情说，部长，你就高抬贵手让我二弟去吧，他的身体虽然有些瘦，但力气并不小，今天是因为生病了，才看上去有点虚弱的，再说他还读过初中呢，不像我只读了一个小学毕业。武装部长也不是个古板人，见一个哭一个求，口气也就变了，说，这事我回到公社再研究研究吧。武装部长离开油菜坡的第二天，你们的大哥考虑到武装部长没把话说死，担心情况发生变化，就提出要去公社拜访一下武装部长。我说，这个意见很好，但不能空着手去见武装部长，给他送点儿什么礼呢？你们的大哥说，这我已想好了，就给他背一篓木炭去，冬天烤火用得着。你们的大哥那天是在天黑收工以后背着一篓木炭去公社的，他走得很急，连晚饭也没有吃。那一篓木炭少说也有两百斤，你们的大哥饿着肚子，提着马灯，背着两百斤重的木炭走了三十里山路，听说他到达武装部长家门口时已经半夜，人差不多已快饿昏了……后来的事情不说你也清楚了，老二如愿以偿地去当了兵，你们的大哥却是永远留在了农村。

我一点儿也没预料到老二会是一个忘恩负义的人。那天我在镇上粮站里找到他时，他正在会议室和另外一男一女玩扑克。

他的扑克瘾肯定很大，我说有急事找他把他叫到门口时，他手中还拿着一把扑克没放。我说，你们的大哥要出来了！老二听了并没有怎么激动，只说时间过得真快呀，一晃就十年了。接下来他就无话了，还扭头朝会议室里的那两个牌友看了一眼，那一男一女也都还拿着扑克。我有点儿生气了，便用下命令的口气对老二说，你去一趟沙洋劳改农场，把你们的大哥接回来。老二马上面露难色说，哎呀，这段时间我可是无法脱身哪，老站长要退休了，县粮食局要在我们三个副站长中选一个扶正，正好这几天要下来搞民意测验，你说在这个节骨眼儿上，我怎么能离开呢？我当了这么多年副站长，做梦都想转正啊！当年和我一起当兵回来的，就数我混得最差，我也想奋斗一下呀！听完老二的这番话，我的肺差点儿气炸了。我正准备骂他两句，那一男一女两个牌友在里面大声喊老二，为了给老二在他的同事面前留一点儿面子，我咬牙切齿地把怒火压在了心里，什么话也没说便扭头离开了粮站。

毛丫，谢谢你不停地给我茶杯里加水，今天不知怎么啦，嘴巴里这么干，我差不多喝了两三杯茶水了。不过你的茶叶也特别好，喝在嘴里甘甜甘甜的。

三

在老二那里碰了壁，我就只好去找老三了。你知道，老三当时嫌油菜坡这地方太穷，便到邻村李家沟做了倒插门女婿。那天由于半路上下了一场暴雨，我从镇上赶到李家沟已是下午三四点钟了，更加不巧的是，老三当时不在家里，老三的老婆说，老三到一个姓曾的家里去了，好像是说两家之间正在为一件事情扯皮。我没有心思去管他们的闲事，只是问老三什么时间才能回家。老三的老婆说，那可没准儿，也许天一黑就回来，也许拖到半夜才能回来。我一听急了，央求老三的老婆说，你赶快去曾家把老三给我找回来，我有紧急事情与他商量。

在老三的老婆去找老三的那段时间，我一个人回忆起了许许多多发生在老三和你们的大哥之间的事情。在我的脑海里，四个孩子中挨打最多的是你们的大哥，而细想起来，他挨的打有一多半与老三有关。这里，我随便给你讲两次。

先讲用铜壶煮鸡蛋那一次吧。那一年老三才两岁。有一个星期天，我让你们的大哥在家里照看老三，同时让他守着两只母鸡生鸡蛋。那个年代我们农民穷得叮当响，吃盐点灯的钱全靠用几个鸡蛋去换，所以我就把鸡蛋看得特别宝贵，一是生怕鸡蛋生下来以后被别人偷跑，二是自己家的人从不吃鸡蛋。那天我知道有两只母鸡要生蛋，可是我晚上回家时鸡窝里只有一个。还有一个鸡蛋呢？我问。你们的大哥胆怯地对我说，另一个鸡蛋被他用铜壶煮给老三吃了。第二只母鸡生蛋时，老三正好在鸡窝边上。母鸡生下蛋刚喊叫着离开鸡窝，老三便走上前抓住了那个还没有散热的鸡蛋。老三奶声奶气地说，我要吃鸡蛋。你们的大哥马上阴下脸说，这可不行，鸡蛋要换油盐钱呢。他说着就要去夺老三手中的鸡蛋，可老三死活不放，竟然还哭了起来，哭得伤心透了，泪水流了一满脸。我好像跟你说过，你们的大哥心慈手软，见老三哭得如同泪人，他犹豫了一会儿便答应了老三，于是把鸡蛋放在铜壶里煮熟后剥给老三吃了。你们的大哥一边讲，我的脸色就一边沉，等他讲完，我的脸可能已变成了乌云密布的天空，与此同时，我顺手抓起了放在鸡窝旁边的一个棒槌。你们的大哥见我要打他，吓得浑身发抖，马上双膝跪地给我求情，可怜兮兮地说，妈，你别打我，以后我再不煮鸡蛋吃了！当时因为生活所迫，我的心肠变得特别硬，所以你们的大哥求情没起到任何作用，我高举的棒槌最终还是扑扑通通打在了他的屁股上。那是一个洗衣服用的棒槌，我像捶一件破棉袄一样把你们的大哥的屁股捶了好半天，捶得他抽筋似的尖叫。在我打你们的大哥的时候，老三像小偷一样躲在门角落里观看，脸色也吓得煞白。其实，那个用铜壶煮的鸡蛋，你们的大哥一口也没吃。邻居的孩子对我说，当你们的大哥把煮熟的鸡蛋剥光后递给老三又看着老三吃的时候，他忍不住流出了许多口水，他的口水像泡过的粉丝，长长地挂在他的嘴角上。这也难怪，你们的大哥那会儿才八岁，也还是个孩子啊！老三看见你们的大哥的嘴角挂了口水，便把吃了一大半的鸡蛋递给你们的大哥，说大哥你也吃一口吧。而你们的大哥却没有吃，他把老三握鸡蛋的那只手推回去说，你吃吧，我不饿。你们的大哥一边说一边吞了几下口水。他吞口水的声音很响亮，有点儿类似泡菜坛子翻水泡的声音。

接下来我给你讲偷花生那一次。时间是一九七五年，“文化大革命”还没有结束，油菜坡到处用石灰水刷着阶级斗争的标语。那时候老三已经满了二十一岁，媒婆在李家沟给他介绍了一个姑娘。李家沟那地方比油菜坡好，那个姑娘也长得水灵，老三因此就动了心，决定到李家沟那个姑娘家里去做上门女婿。事情就发生在老三即将结婚的前半个月。那个年代农村穷，结婚不用摆酒设宴，来了客人上一支烟递一杯茶就行了，但花生是少不了的。在油菜坡这一带有一个说法，举行婚礼一定要花生，有了花生才会有生育。老三因为是去做上门女婿，所以婚礼就定在李家沟举行。李家沟只产水稻不产花生，而油菜坡却是盛产花生的地方，老三的岳父就要求老三在举行婚礼之前给他背五十斤花生过去。当时正值收获花生的季节，油菜坡的仓库里堆满了花生，但仓库里的花生只有快到过年时才能分给大家，平时谁家需要花生必须出钱买。而我们家那么穷，连油盐钱都要靠鸡蛋去换，哪有钱去买五十斤花生呢？这一回让老三犯难了，一连两天愁眉苦脸。第三天是个雨天，就在那个雨天的夜晚，老三一个人悄悄地出了家门。他出门的时候手里拿着一条空麻袋，我问他天黑了拿着麻袋出去干什么，老三没有回答我，他一眨眼工夫便在夜幕中消失了。老三那天回来很晚，当时我们全家人都睡了，不过我没睡着，我听见了老三推门进屋的声音。谁也没想到老三在那个雨夜会去偷生产队仓库里的花生，直到第二天上午仓库保管员带着两个基干民兵闯到我们家的时候，我才恍然大悟。保管员说，昨晚有人从仓库的透风窗里翻进去偷了公家的花生。我一下子蒙了，正不知说什么，一个面相很凶的基干民兵指着我的鼻子说，盗窃犯就是你们家里的人！我的心一缩，顿时后退了几步。另一个基干民兵这时说，幸亏昨天下雨，为我捉拿盗窃犯提供了线索，我们是跟着盗窃犯的脚印找到你们家的！他们说话的声音很大，老三听到说话声慌慌张张地跑了过来，装腔作势地说，捉奸捉双，拿贼拿赃，你们不能凭空诬蔑人！那个面相很凶的基干民兵一下子火了，大手一挥说，好，我们去搜！说是风就是雨，两个基干民兵和保管员立刻分头冲进了两间厢房和一间耳房。耳房是老三的卧室，保管员进去没多久便从老三的床下找到了那个鼓鼓囊囊的麻袋。当保管员把那个麻袋拎出来的时候，我看见老三顿时滚出了一脸冷汗。你们的大哥本来当时不在家，他天一亮就到山上放牛去了，可是很巧，就在保管员找到花生的当儿，他突然赶着牛回家了。你们的大哥很精明，他很快明白了家里发生了什么事。这时那两个基干民兵也从厢房里出来了，他们都用鼓凸的眼珠瞪着那袋花生。沉默了片刻之后，那个面相很凶的基干民兵指着我们说，赃物已经找到了，谁是盗窃犯？请扛着花生跟我们走一趟吧！我们这时都不由自主地把目光移到了老三的身上，可他却低着头一声不吭。那个面相很凶的基干民兵这时吼叫起来，到底谁是盗窃犯？快走啊！这时候，你们的大哥迈着沉重的脚步走到了那袋花生跟前，只见他弯下腰去，一咬牙扛起了那袋花生，然后什么话也没说就跟着他们走了……我至今也不知道那两个基干民兵是用什么家伙打你们的大哥的，他们把他关在大队民兵室里折磨了两天，第三天放他回家时，只见你们的大哥腿子一走一跛，额上手上到处都是伤口……

那天，天色黄昏时刻，老三的老婆终于把老三从曾家找回来了。因为时间已晚，我一见到老三就把我的来意明说了。老三在得知你们的大哥即将出狱的那一刹那还是很高兴的，这从他的脸色可以看出来，但是当我提出要他去沙洋时，他的脸色便由红转灰了。老三迟疑了一会儿对我说，还是派老四去吧。我马上质问，你为什么不去？老三说，我这几天正在和曾太白扯皮呢。前天，我的一头羊跑到曾太白的菜园吃了他家几株菜，他居然用铁锨打断了我羊的一条腿，你说这人是不是欺人太甚！我找到曾太白让他赔我的羊，不赔羊就赔我一百块钱。曾太白这个人太狡猾，至今还没给我一个痛快话，我明天还要去找他，明天谈不好后天再去，他要不赔，我就永不罢休！老三对我说这番话时，我手里正端着半杯白开水，没等他话音落地，我就气得把半杯水泼在了他脸上，然后将空杯子朝地上一摔，走了！

谢谢你又给我换茶叶，毛丫你心肠真好！

四

我那天从李家沟回到油菜坡已经天黑了，跑了一整天，两腿酸软无力，像抽了骨头似的，肚子也饿得咕咕叫，所以我就没直接去找老四，而是先回到了自己屋里。我想坐下来歇歇腿，再弄点儿东西填填肚子，然后再去找老四。老四虽然和我分了家，但房子连着房子，几步路就可以走进他家的门。更主要的是，我以为如果我安排老四去沙洋，他无论如何也不会推托的。原因很简单，你们的大哥曾经救过老四的命。老四不管怎么样也不会忘记你们的大哥的救命之恩。

那年的三月间，油菜坡满山遍野的油菜花都开了，金黄耀眼，蝴蝶在花上飞着，蜜蜂在花间唱着，景色美极了。可就在这样一个好季节里，老四突然得了急病。他先是咳，一声连一声地咳，开始我们都以为他是抽烟抽多了，便劝他停几天不抽烟。可是烟停了咳还是不止，并且越咳越厉害。我们让老四去找医生看看，因为手头钱少，他没有去镇上的医院，只在村中私人小诊所里买了几粒止咳的药丸。那些药丸喝下去一点儿效果也没有，老四的病反而加重了。他不仅咳，还胸闷，有时还感到上气接不住下气，饭量也减了，一餐只能吃一小碗稀饭。这时候，我去外村找了一位老中医，听说他能治很多疑难杂病，并且他自己采制的中草药非常便宜。老中医来到家里给老四摸了脉，看了舌苔，说了几句血气不和之类的话，然后就开了五剂草药，并说把这五剂草药喝完了病就好了。我们都相信了老中医的话，一连让老四喝了八天的草药汤，那些日子，我们的整个屋里都充满了草药的味道。然而，五大包草药喝完了，老四的病不但没有好转，反而又出现了新的症状。他的肚子开始鼓胀，没几天就鼓得像孕妇一样。饭是一口也吃不下去了，老四的脸色如同死灰。这一下我真的着急了，连夜又去邻村找来了那位老中医。老中医这一回没有摸脉，也没有看舌苔，只看了看老四的肚子就把我拉到一边小声说，这种病就难治了，民间把它叫作鼓症。从前我也碰到过这种病，最后都没治好，等到病人的肚子鼓得不能再鼓了，人也就断气了。老中医没把话说完，我已经瘫坐在了地上，泪水不知不觉就流满了鼻沟。老中医安慰我说，生死由命，富贵在天，你就想开点儿吧，有什么好吃好喝的就弄给儿子吃喝。老中医说完便背着他的牛皮药箱走了。那一天的后半夜，我一直坐在老四的床边，眼皮都没眨过。老四那年才十九岁，多么年轻啊！看着他那越鼓越大的肚子，我真是伤心欲绝。那时候已经分田到户了，农民们可以在家种田也可以外出打工。当时，你们的大哥也出门打工去了，他在一个叫九女沟的地方挖矿石。你们的大哥是头年过了中秋节离开油菜坡去九女沟的，过年也没有回家。临走时他说他打算去挣一笔钱回来修一栋砖房，然后讨一个姑娘作老婆。那年你们的大哥已经三十几岁了，还一直打着光棍。老四开始发病时，我没让你们的大哥回来，我是怕耽搁了他的时间，后来一听老中医说老四患的是不治之症，我便托人给他捎了一个信，让他立刻赶回家。你们的大哥是在我的信捎出去的第三天日夜兼程赶回来的，他进门时我正请了一个木匠在家门口为老四赶制棺材。你们的大哥进门后，连背上的行李包都没顾上放就跑到了老四的床前，一见到老四便热泪盈眶。但你们的大哥没过多久便擦去了眼泪，然后回头问我，怎么不抬到镇上医院去治疗？我说，老中医说这是不治之症！你们的大哥用责怪的口气质问我，没有治怎么知道是不治之症呢？我降低声音说，到镇上住医院要花好多钱，可我们手头……你们的大哥没等我说完就打断了我，告诉我他打工挣了两千多块钱，现在都装在身上，他说他要马上把老四送到镇上医院里去。你们的大哥一向办事果断，他先麻利地用几根竹竿绑了一副担架，然后对那个正在做棺材的木匠说，把你手中的活停了吧，帮我把病人抬到镇上去！在把老四从病床上往担架上移的时候，老四有气无力地说，大哥，你就别为我花冤枉钱了，我这病是治不好的，你把钱留下来做一栋砖房，再给我娶一个嫂子吧！你们的大哥像是没听见，他毫不犹豫地把老四放在担架上，然后与木匠抬起来，以跑步的速度朝镇上奔去……半个月之后，老四自己从镇上奇迹般地走回了油菜坡。原来他患的是胸膜炎，医生给他做了手术，从胸腔里抽出两盆积水之后，病就好了。老四回家第一眼就看见了门口那副还没有完工的棺材，他百感交集哭笑不得。沉默许久之后，老四望着那棺材说，是大哥救了我的命！接着又说，他挖矿石挣的钱都花光了！

那晚我吃了一碗面条之后，两条腿仿佛又有劲了。我一放下面条碗就起身去了老四家。我怕时间太晚了会让老四的老婆不高兴。老四的老婆很厉害，用我们油菜坡的话说是个泼妇，而老四又是一个怕老婆的人，他和他老婆的关系有点类似老鼠和猫。我到老四家时老四正在卧室里给他老婆抚摸肚子。他老婆怀孕了，已经有了八个月，肚子挺得像一个倒扣的锅，她这段时间经常要老四给她抚摸肚子，她是一个很会享福的女人。因为房子连着房子，老四早已从我嘴里知道了你们的大哥将出狱的消息，并且还知道我去找过老二或者老三，所以老四一见到我就问，谁去沙洋？是二哥还是三哥？我说，他们一个也不愿意去，现在只有派你去接你们的大哥了。老四没有立即表态，而是用眼睛看着仰卧在床的孕妇。孕妇望着天花板说，他们都不去，凭什么要老四去？我说，老二和老三都有大事走不开。孕妇马上高声说，他们有大事，老四就没有大事吗？我眼看就要生了，这还不是大事？老四也不能去！老四这时低声低调地对孕妇说，就让我去吧，我快去快回，这两天让我妈给你揉肚子，好吗？孕妇一弹从床上坐起来了，吓了老四一大跳。她张着碗粗的大嘴说，不行，你要去了，我就把这孩子……她没把话说完，却做了一个可怕的手势。老四这一下就害怕了，马上扭头对我说，妈，那你就另外想办法吧！我当时差点儿气死了。那天晚上，我不知道我是怎么回到自己屋里的。

五

毛丫，你就别再往这茶杯里加水了。你真是一个善良的姑娘，二话不说就答应去沙洋接你们的大哥。我真不知道该怎么感谢你才好。不过，你们的大哥以后会想方设法感谢你的，他虽说是个犯过法的人，但他的良心很好。既然你愿意去沙洋，那你就抓紧收拾一下，明天一早就启程吧。

我们应该感谢谁

一

在油菜坡办完父亲的丧事，我们兄妹三人没有急着回到城里去。那天晚上，我们住在老垭镇的一家旅社里。

父亲刚刚入土，尸骨未寒，我们做儿女的不忍心这么快就离他远去。更重要的是，父亲中风后从城里回到老家油菜坡，前后生活了大半年时间，好多乡亲们都对他关心有加，特别是村长尤神，他对我们的父亲就像对待他自己的父亲一样，操了好多心，出了好多力，按人之常情，我们这些当孝子的，在离开老家之前，一定要对他们表示一下感谢才是。

二

我们的母亲在很早的时候就因病去世了，那一年我刚刚满十二岁，弟弟二果才十岁多一点，妹妹三花连八岁都不到。可以说，是父亲一个人又当爹又当妈把我们兄妹三人拉扯成人的。父亲对我们兄妹来说真是恩重如山。

不过我们兄妹也还是很争气的。我们从小都很乖，父亲的话我们从来不当耳边风，读书认真，学习刻苦，成绩一直都很好，后来我们兄妹三人都在城里有了自己的工作。我在政府机关里负点儿小责，也就是一个局长吧。二果在一家公司里做事，当着一个部门的经理。三花在一所中学里教书，前几年还提成了教导主任。说来，我们兄妹也算是为父亲争光了。

父亲一个人在油菜坡生活了许多年。十年前，也就是三花结婚的那一年，我们把父亲从油菜坡接到了城里。本来我们早就要接他进城的，但他却坚决不肯，总是说等到三花成家后再说。父亲是一个知足常乐的人，性格也十分随和，所以进城以后过得还比较幸福。遗憾的是，父亲的身体不是很好，他的血压经常居高不下，隔三岔五都会感到头痛。一位医生说，高血压恐怕是我们父亲身上的最大隐患。那位医生没有说错，今年春天，也就是清明节过后不久，我们的父亲不幸中风了。幸亏医院抢救及时，父亲的性命算是暂时保了下来，但他却只能一天到晚睡在床上吃喝拉撒了，差不多成了一个植物人。

父亲患病卧床之后，他像是陡然之间变了一个人似的，烦躁不安，经常发火，脾气大得不得了。我们兄妹因此都感到焦头烂额。更让我们觉得头痛的是，父亲有一天突然闹着要回老家，他说来日已经不多了，一定要回去死在油菜坡。我们当然能够理解父亲，他提出这个要求是有他的原因的。一方面父亲害怕死在城里会被我们送去火化，他一直都对火化心怀恐惧；另一方面他希望死后能和我们的母亲合坟，事实上他老早就在母亲的坟旁为自己留好了地方。

但是，我们兄妹却一时无法满足父亲的要求。老家的那栋房子早就卖给了别人，父亲回去以后住什么地方呢？还有，我们兄妹在城里都有自己雷打不动的工作，父亲回到油菜坡以后谁去照顾他的生活起居？这一连串的问题摆在面前，我们兄妹真是不知道如何是好。我作为老大更是感到左右为难，一连好几天都吃不下睡不着，头发都急白了。

就在这个时候，村长尤神从油菜坡到了城里。尤神那次进城是找我帮他推销茶叶的，他在油菜坡承包了好几亩茶山，每年春天都要进城通过我的关系推销茶叶。那天尤神把茶叶销完之后去了我家。他每次进城办事都要到我家里去看看我们的父亲。尤神那天进我家门时，父亲正在床上大吵大闹，他一边用手拍打床架一边喊着要回油菜坡。尤神是一个善解人意的人，当我把父亲的情况全都告诉他之后，他先埋头考虑了一会儿，然后他抬起头来对我说，大树，如果你放心，就把你爹交给我吧，我明天就把他接回油菜坡。

尤神的话让我在一片茫然中看见了一线光亮。不过我没有马上答应尤神，我说，这事不是一件小事，等我们兄妹三人商量一下再定吧。那天晚上我就把二果和三花叫到了我家，正式商量父亲的事情。

其实那天晚上我们兄妹没怎么商量就把事情定下来了。我们刚在客厅里坐下，正要说父亲的事，我们的父亲就在他的卧室里尖叫起来。我要回油菜坡！我要回油菜坡！！他的叫声有点儿像喊口号，声嘶力竭，惊心动魄。听见父亲这么一喊，我们兄妹就一致同意让村长尤神把他接回油菜坡了。

父亲从城里回老家，是由弟弟二果亲自护送的。尤神本来说不需要派人送，只要帮着请一辆车就行，但我们兄妹三人都觉得这样不妥，最后还是决定由二果去送。救护车是妹妹三花联系的，她与医院的关系不错。在我们兄妹中间，我的收入相对来说要多一点儿，所以我就给了尤神五千块钱。尤神开始怎么都不要钱，他说老家现在也有吃有穿了，养一个病人不在话下。我握着尤神的手说，操心劳神就拜托你了，但钱一定得由我们出。尤神见我的态度十分坚决，最后只好把钱收下了。

救护车发动以后，我又一次握住了尤神的手，我把他的手握得很紧很紧。尤神奇怪地问，大树，你对我还不放心吗？我说，不是，对你我还有什么不放心的？我只是想知道你打算怎样安置我们的父亲？尤神猛然把他的手从我的手中抽了出去，然后重重地拍着我的肩膀说，放心吧，大树，一切我都会安排好的，我一定让你们兄妹满意！

父亲从城里回老家之后，我的心情有好长一段时间不能平静。虽说是他老人家自己寻死觅活要回油菜坡的，但一想到他身边一个儿女也没有，我心里就无比难受，总觉得他是白白养育了我们一场，我们似乎都是一些不孝之子。由于工作繁忙，加上从城里到老家距离遥远，我们就一直没有回油菜坡看过父亲。再说，我们兄妹也没打算让父亲在老家久住，父亲腊月初八满七十岁，我们兄妹说好了，在父亲过生日之前将他从油菜坡接回城里，过了生日再在城里过年。

村长尤神差不多每隔半个月都要进城一趟，我们从他嘴里可以及时了解到父亲的情况。尤神每次都说我们的父亲很好，有专人给他煮饭，有专人为他洗衣服，还有专人陪他睡觉，让我们不要牵挂，只管安心工作。尤神每次从城里返回油菜坡时，我们兄妹总要买上很多东西托他带给我们的父亲，除了药品和补品之外，还有食物和衣服，有时甚至还买一些生活用具。看着尤神提着大包小包挤上开往老家的班车时，我们兄妹心里多多少少有一丝慰藉。

我们谁也没料到父亲的病情会突然恶化。就在父亲去世的前三天，村长尤神还到过城里，他要买一辆农用车，手头还缺一万块钱，所以进城找我借钱。从银行取钱出来时，我问到父亲的情况，尤神说还好，和过去一样能吃能睡，好像比原来还长胖了一点。谁知尤神这话说了没过三天，我就接到了父亲病危的消息。那个不祥的电话是在半夜打来的，尤神在电话中说，大树，你爹好像不行了！接完电话我就溜到地板上去了，好久之后才从迷糊中清醒过来。我们兄妹在接到电话的当天晚上就从城里出发了，次日上午九点钟就到了油菜坡。但万分遗憾的是，我们兄妹没能为我们的父亲送终，他老人家在天亮之前便闭上了眼睛。我们兄妹赶到时，村长尤神已经为父亲布置好了灵堂。灵堂设在尤神新楼的客厅里，他们将父亲的尸体安放在一张崭新的席梦思床上，四周都是松柏树枝，松柏树枝上挂满了白花和黑纱。

父亲的丧事倒是办得排场而又热闹，这毫无疑问要归功于村长尤神。出殡那天，全村的人都来了，男男女女，老老少少，沿着公路摆了几里长的队伍，他们戴着黑纱，举着花圈，打着彩旗。鞭炮一直炸着，响声震耳欲聋，方圆几十里的空气中都弥漫着火药的香味。两套吹打班子轮换着吹吹打打，喇叭声和唢呐声此起彼伏。父亲睡在那口大红棺材里，被八个壮汉抬着。我们兄妹三人走在队伍的前面，雪白的孝布从我们的头顶一直垂到脚后跟。我双手抱着父亲的遗像，每走几步都要转过身来对着父亲的棺材叩头。当我叩头的时候，弟弟二果和妹妹三花也会跟着我叩头，他们一个在我左边，一个在我右边，我们兄妹总是跪成直直的一排。后来，我发现叩头的多了一个人，扭头一看竟是村长尤神。尤神也和我们兄妹一样披着长长的孝布，使他看起来就像是我们兄妹中的一员。我心里顿时有些感动，觉得尤神这个人真是不错。送葬的队伍到达墓地时，父亲的墓穴已经挖好。当父亲的棺材缓缓落入墓穴时，我们兄妹都忍不住放声大哭起来。哭得最伤心的是妹妹三花，她几次都哭得昏倒了。我看见尤神也哭了，而且他的哭声还超过了我和弟弟二果的。尤神的眼泪也特别多，他的脸看上去像淋了雨一样。尤神又一次让我感动了。我想尤神真是一个好兄弟啊！

那天晚上，在老垭镇的那家旅社里，我们兄妹说话差不多说到半夜。除了回顾我们的父亲，我们谈得最多的就是村长尤神。临睡前我们兄妹商定，除了给乡亲们每人送一包烟表示谢意之外，我们应该去重谢一下村长尤神。

三

第二天一大早，我们兄妹就起床离开了老垭镇的那家旅社，由二果开车，前往老垭镇上一家最大的商店去买礼品。

买过烟之后，我们兄妹站在商店的柜台前讨论给村长尤神买什么礼物。三花说，就买点儿烟和酒吧。二果马上反对说，尤神作为一村之长，烟酒肯定不缺，你看他什么时候不是浑身是烟，嘴上叼着一支，手上捏着一支，耳朵上还夹着两支，酒肯定也是一日三餐，你看他哪天不是满脸通红，酒气熏天？我听后说，那就给尤神买一台电视机好了，他新建的小楼里，家具差不多都是新买的，好像只有电视机是一个旧的。商店的女老板一直用两个明亮的眼睛盯着我们。我的话刚说完，还没等到二果和三花表态，她就说，送电视机最好，别人一看电视就会想到你们。送烟送酒都没意思，人家一吸完一喝光就把你们忘了。我们都觉得女老板说得有道理，兄妹三人便一致同意给尤神买一台电视机。商店里的电视机有两种型号，小一点的一千五，大一点的一千八。就买一千五的吧。二果和三花异口同声地说。女老板却说，要买就买好一点的，俗话说要想发不离八，我建议你们买一千八的。老板娘这么说的时候，我脑海里猛然闪现出尤神在父亲葬礼上披着长孝布叩头和痛哭的情景，心中的某一根弦马上就被什么拨动了，发出一种莫可名状的震颤。我没有征求二果和三花的意见，直接对女老板说，好吧，就买一千八的。

村委会那里原来是一所小学，我们兄妹小时候都在这里读过书。一年前，这所小学合并到邻村那所小学里去了，村长尤神于是就把村委会迁到了这里。小学原来有三排砖房和一间土屋，两排横着的砖房是教室，门窗相互对着，中间是一个操场。还有一排砖房是直着的，处于两排教室的西头，从前是老师的宿舍。那间土屋就在那排宿舍的旁边，比砖房矮一大截，过去是老师们的公共厨房。小学合并出去之后，村长尤神买下了那排教师宿舍，同时把村委会也从别处迁到了南边的那排教室里。北边的那排教室也卖了，听尤神说买主是一个吹喇叭的，名字叫钱春早。后来，尤神嫌他买的那排房子矮了一些，结构也不怎么合理，便推倒后重新建了一栋三层高的小楼。尤神的小楼从设计到施工都挺讲究的，看上去像一栋别墅。

我们兄妹到达尤神那栋小楼门口时，太阳已经从东边的山尖上冒出来了，不过初冬的太阳不怎么灿烂，稀薄的阳光洒在原来小学的那个操场上，看上去若有若无。从车上下来之后，我们兄妹三人在操场上默默地站了许久。父亲的告别仪式就是在这个操场上举行的，眼下地面上还可以看见一些没有清扫干净的冥纸。冥纸是米黄色的，比阳光耀眼多了。一阵寒风这时从远处刮了过来，我看见那些冥纸在风中翻飞着，像是在表演着一种特殊的舞蹈。看着看着，泪水就模糊了我的双眼。

村长尤神这时从他的小楼里出来了。他仍然披着那条又白又长的孝布，风吹着孝布在他背后忽左忽右地飘动着，使他看上去像是一个从天上下来的人。尤神的妻子也跟着出来了，她穿着一件带毛领的黑呢长大衣，脖子里还围着一条粉红色的丝巾，打扮得像一个城里女人。他们知道我们兄妹这天要来，所以事先就做好了迎接的准备。尤神一见到我们就要请我们进屋，说茶都泡上半天了。尤神的妻子说，早饭也差不多做好了，再炒几个小菜就可以开席。

我们没有急着进尤神的家。三花这时把我们买的二十条香烟从车里提出来交给尤神。尤神有些诧异地问，你这是干啥？我说，乡亲们为我们父亲的事帮了不少忙，这些烟就请你给每个帮过忙的人发一包吧。尤神说，大树，你们兄妹真是太客气了！其实不必这么过细的，都是油菜坡的人，大家帮个忙是应该的。尤神边说边收下了烟，然后接着说，那我就替大伙儿谢谢你们了！

靠北边的那排房子这时响起了一阵儿吹喇叭的声音，喇叭吹的时间很短，我刚一扭头，喇叭声就停止了。我看见一个三十几岁的男人正提着一个喇叭站在那排房子的门口。那人长着一张阔嘴，两个腮帮子上吊着肥硕的赘肉。看着这个面貌有点儿特别的人，我的眼睛不禁亮了一下，觉得这个人有些面熟，好像在什么地方见到过，但一时又想不起来了。尤神见我望着那个人发愣，就用嘴贴在我的耳边说，他就是钱春早，吹喇叭的。我顿时想起来了，原来我在父亲的葬礼上看见过他，他吹喇叭的时候两个腮帮子鼓得和气球一样。钱春早没有朝我们走过来，只是站在他家门口默默地看着我们。我发现他的眼神有点儿怪怪的。

二果从车头走到车尾，将车的后厢打开了。尤神马上将脸转过去，一下子看见了那个装电视机的纸箱。这是啥？尤神快步走到车尾问。二果一边往外抱那纸箱一边说，是一台电视机。尤神立刻愣住了，好一会儿没有说话。我这时走过去说，尤神，这台电视机是专门给你买的，算是我们兄妹的一点心意。尤神听了，眼里飞快地掠过一丝惊喜。但他却马上暗下脸来对我说，大树，你们这样也太见外了，压根儿没把我当兄弟看。这电视机我说啥也不会要的。二果这时已经将电视机从车厢里抱出来了，他像抱着一个孕妇，步履蹒跚地朝尤神的小楼里走去。

尤神的妻子走在二果身边，两手微微张着，那样子给人的感觉是，如果电视机一不小心从二果手里掉下来，那她就会迅速伸出双手去将它接住。尤神赶忙朝二果追了几步，嘴里说，二果，你快别往楼里搬，我不会要的！我这时也追了上去，拍着尤神的肩头说，既然买了你就收下吧，不然我会生气的。尤神听我这么说就苦笑了一下，赶紧从二果手中接过了电视机。尤神从前是个瘦个子，自从当村长以后便开始发胖了，尤其是他的肚子，高高地鼓凸着，像是有人在那里扣了一个脸盆。尤神抱着电视机朝前移动的样子有点儿好笑，很像电视上常常出现的那种在沙滩上行走的企鹅。

我和三花开始朝尤神小楼里走的时候，身后忽然响起一串脚步声。我回头一看，是吹喇叭的钱春早，他已经跑到我的身边了。钱春早羞涩地对我笑了一下，然后红着脸说，大树局长，请你抽空到我屋里去喝杯水。他边说边用手指了指他的房子。我说，谢谢，有时间我一定去。

尤神一楼客厅里有一个半新不旧的电视机，所以他直接把新电视机抱上了二楼。二楼也有一个小客厅，尤神把新电视机放在了一个茶桌上。二果精通电器，他很快给新电视机接通了电源，一会儿工夫就调出了图像。电视上在直播一场音乐会，我看见宋祖英正在兴高采烈地唱那首《越来越好》。尤神看着电视，高兴得眉开眼笑，不住地对我们兄妹说着谢谢。尤神的妻子更是乐开了花，嘴唇差点儿都笑翻了。

饭厅在一楼客厅后面，尤神请我们下一楼吃饭时，我突然发现钱春早一个人站在那里，他面朝墙边的电视柜站着，两眼出神地看着那个半新不旧的电视机。听见我们下楼的声音，钱春早赶忙把头扭过来了。他盯着我旁边的尤神说，村长，大树局长给你买了新电视机，你就把这个旧电视机送给我吧，这样也免得我老婆动不动就跑到你家来看电视。尤神的脸上顿时呈现出一种奇怪的颜色，青不青，黄不黄，宛若一片快要腐烂的白菜叶子。尤神还没来得及回答钱春早，尤神的妻子说话了。她说，你想得倒美，我楼上楼下有两个厅，正缺一个电视呢！钱春早的头本来是高抬着的，听了尤神妻子的话，他仿佛被人当头打了一闷棍，那颗头立刻就歪了下来。尤神这时走到钱春早身边说，既然我老婆不同意，那我也就没有办法了，春早你知道，我一向是个怕老婆的人。

尤神说完，钱春早突然又把那颗歪不下去的头抬起来了。我发现钱春早这时把他的目光盯在了我的脸上，他的目光里充满了哀怨和乞求。我知道钱春早为什么用这样的目光看着我，他肯定是希望我能在这个时候说一句话。但是，我那会儿却非常为难，实在不知道怎样开口。钱春早见我久久不语，似乎也失望了，一转身便走出了尤神的大门。

四

那一天在村长尤神家吃早餐，我一点儿胃口也没有，吃了半碗饭就放了筷子。然后，我离开饭桌，一个人悄悄地走出了尤神的小楼。我想独自转一转。刚转到村委会门口，我又听见了一声喇叭响，响声很短促，更像是一声嚎叫。我迅速扭头朝钱春早住的那排房子看了一眼，发现钱春早又握着那个喇叭站在他家门口，刚才的喇叭声毫无疑问是他吹出来的。钱春早显然看见了我，因为他的眼睛正一眨不眨地朝我这边注视着。我忽然产生了一种感觉，觉得钱春早刚才是在用那一声喇叭跟我打招呼。

我的脚不由自主地朝钱春早走了过去，一直走进了他的家。钱春早家里摆设明显比不上尤神家，但也说不上寒酸。一进大门是一个客厅，一张木头的条桌摆在对面的那道墙下，条桌上盖着一层彩色的塑料布，看上去很干净很整洁。我还看见了一台收录机，它醒目地摆在条桌中央。

钱春早见我进门欣喜若狂，对我客气得不得了，不等我坐下就把烟递到了我的手上，接着就对着里屋喊，媳娃子，快上茶，大树局长来了！在我们老家油菜坡一带，男人都把自己的妻子喊作媳娃子。钱春早比我小上十岁，我离开老家时他还是一个小毛孩，说起来我和他几乎没有交往，所以我也不认识他的妻子。

我刚在一把木椅上坐定，一个脸色苍白憔悴的女人端着一杯热茶走到了我的面前。我想她肯定就是钱春早的媳娃子了。她腰里系着一条围裙，浑身散发出一股油烟的气味。钱春早的妻子是双手捧着茶杯递给我的，接茶杯的时候，我被她的一双手吓了一跳。她的两个手背肿得发亮，十个手指都裂了口子，每个口子里都可以看见血丝。钱春早的妻子把茶杯递到我手上，轻轻说了一声请慢喝，然后就转身走了。不一会儿，里屋便传出了铲子在锅里炒菜的声音。

我捧着茶杯，却好半天没心情喝茶。我心里还想着钱春早老婆的那一双手。钱春早把喇叭挂到墙上，也在一把木椅上坐了下来。钱春早刚坐下，我就迫不及待地问，你妻子的手是怎么啦？钱春早说，冻了。我说，怎么会冻成这样？钱春早说，她每天要淘米洗菜为你爹煮饭吃，所以就冻成了这样子。我听了心头一怔，忙问，什么？我父亲的饭是你妻子煮的？钱春早这时站起来把大门掩上，接着把他坐的那把木椅朝我身边移拢一些，然后坐下来低声对我说，大树局长，其实你父亲一直都是由我们照护的，村长他们压根儿都没管过，你父亲从城里回到油菜坡有大半年了吧？这半年多来，你父亲吃的每一顿饭都是我老婆亲手煮的。说一句不该说的话，要不是照护你的父亲，我老婆的手怎么会冻成这个样子？

钱春早的话让我大吃一惊，我顿时产生了一种被人蒙在鼓里的感觉。我做梦也没想到事情原来会是这样，这个世界真是荒唐透顶！钱春早说完之后，便抬起眼睛直直地看着我，似乎在等我说点儿什么，但我却一声不响。此时此刻，我实在无话可说。

许久过后，我如梦方醒般地站了起来，径直去了钱春早的里屋。钱春早的妻子还在灶台上忙着，柴火的烟雾和油锅的水汽一起笼罩着她，使她看上去如一个虚幻的人物。我这时非常想再看一眼她的那一双手，可她的那一双手一直都在忙个不停，我睁破了眼睛也无法看清。进到里屋之前，我本打算跟钱春早的妻子说一声谢谢的，但我后来没有说。面对这样一个冻破双手的劳动女人，我觉得说什么都是苍白和多余的。

离开钱春早的家时，我对钱春早说，我会来感谢你们的！钱春早听我这么说，阴沉的脸上终于露出了笑容，看来他一直都在等着我的这句话。钱春早把我送到门口就回头进屋了，我一个人默默地低着头朝村长尤神的小楼走。没走出几步，我背后便传来了一串欢快的喇叭声。我想，钱春早真是一个喜欢吹喇叭的人啊！

后来，我没有再进村长尤神的家。我刚走到门口，尤神正和二果三花他们一道出来找我。太阳这时已经升起老高了，我便提出要走。二果和三花都说，是该走了，时间不早了呢。

尤神却显出依依不舍的样子，坚决要挽留我们吃了中饭再走。我没有理睬他，大步走到了车前。二果把车发动后，尤神一个箭步冲上来，把头伸进车窗对我说，大树，有空再来啊！我古怪地笑笑说，会来的，说不定一会儿就会再来。尤神显然听不懂我的话，我看见他脸上泛起了一层迷糊。二果和三花听我这么说也觉得莫名其妙，都转过头来用异样的眼神看着我。我这时用命令的口吻对二果说，快开车吧。

车子开出那个操场之后，我把我在钱春早家里的所见所闻都一股脑儿告诉了二果和三花。他们听后都无比吃惊，三花忍不住大叫了一声，二果当即来了一个急刹车。

我们兄妹原打算感谢完尤神之后就返城的，后来我们临时改变了计划。我对二果和三花说，人心都是肉长的，我们一定要好好感谢一下钱春早和他的妻子，否则，我永远也忘不了钱春早妻子的那双手。二果说，钱春早不是没有电视机吗？我们也给他买一台电视机送去。三花说，除了电视机之外，再去给钱春早的妻子买一瓶防冻膏吧。我觉得二果和三花的想法都很好，于是我们又上了一趟老垭镇。

从老垭镇买了电视机和防冻膏再返回油菜坡村委会时，已经快到中午了。太阳悬到了我们的头顶上。在操场上下车后，我仰头看了一眼头顶的太阳，感到它离我们太远了，虽然看上去红彤彤的，但我仍一点儿温暖也感受不到。我站在操场中央转动着身体环顾四周，发现村长尤神那栋小楼的门严严地关着，再朝村委会那边看去，村委会的门也是关着的。我想，这样也好，这样我就可以不看到尤神了。说实话，我真的不想再见到他。接下来我把目光投向了钱春早那边，钱春早家的门倒是敞开着，看上去有点像狮子张开的一个大口。

弟弟二果这时按了两声车喇叭，然后就下车去开后面的车厢。二果刚把电视机从车子后厢里抱出来，钱春早便从他家里跑出来了。钱春早看样子刚从床上起来，他蓬头垢面，一边跑一边系着裤腰带。钱春早离二果只差两步时猛然站住了，眼睛呆呆地望着二果怀里的电视机。二果说，快接着吧，谢谢你们夫妻帮我们照护父亲。钱春早嘿嘿笑了两声说，你们真是太客气了，其实不应该这样破费的！他这么说着就双手一伸把电视机从二果手里接了过去。

三花这时下车问，你妻子呢？钱春早说，上山砍柴去了。三花先是一愣，然后便用责怪的口吻说，你妻子的手冻得那么厉害，怎么还让她上山砍柴呢？你为什么自己躲在家里睡大觉？钱春早红着脸说，我晚上要去给别人家吹喇叭，必须白天睡一觉才行，不然晚上没劲吹。三花这时从包里掏出了那瓶专门为钱春早妻子买的防冻膏，正准备交给他，他却抱着电视机走了。三花只好把防冻膏亲自送到钱春早屋里去。

二果其实是个热心快肠的人，他对着钱春早的背影问，需要我帮你把电视机安上吗？钱春早回头一笑说，那真是太好了！二果于是就快步跟了过去。

我开始是没打算进钱春早家里去的，事实上我已经独自回到车上坐下了。我坐在车上闭着眼睛养了一会儿神。约莫过了一刻钟，我忽然觉得口渴难忍，而水杯里却一口水也没有了。没有办法，我只好又从车上下来，拿着水杯去钱春早家里找开水。进入钱春早家时，二果已经把电视机安装好了，并且已经调出了一些频道，我看见屏幕上正在播一个武打片。

那个武打片看起来很精彩，一男一女正在刀来剑往。当那个男演员一刀捅进那个女演员的心脏时，我突然发现钱春早家里多了一个人，这个人在男演员的刀子进入女演员的心脏的那一刻忍不住发出了一声吓人的尖叫。我迅速朝尖叫的人看过去，但我没看到他的脸。他像磕头那样双膝跪在电视机前，眼睛几乎贴在了荧屏上。我只看见了他的后脑勺，他的后脑勺上只有稀稀拉拉的几根头发，是一个典型的瘌痢头。我想，这个瘌痢头肯定是在我闭目养神的那会儿工夫进入钱春早家里的。

钱春早完全被电视迷住了，我端着空水杯在他背后站了好半天他居然毫无觉察。后来，我忍不住拍了一下他的肩问，有开水喝吗？直到这时他才知道我进了他的家。钱春早赶快朝墙角落的那个水瓶走了过去，可是他刚一提起水瓶就回头对我苦笑了一下。对不起，水瓶没有水了！钱春早有些抱歉地说。他说着就又回到了电视机前。

我想，那个瘌痢头可能是在无意之中看见了我的空水杯。当钱春早又回去看电视之后，他突然从地上站了起来，接着就出门了。不到五分钟，瘌痢头又回到了钱春早家，他回来时，手上提着一个水瓶。瘌痢头直接把水瓶提到了我跟前，并麻利地往我的水杯里倒水。在他朝我水杯里倒水时，我认真地看了看他的脸。实话实说，他长得有点儿丑，一张脸又小又瘦，比拳头大不了多少，但他的鼻子却出奇的大，像一只肥硕的青蛙趴在那里。一看见这张脸，我猛然记起曾在父亲的墓地那里见到过他。那天，当父亲的棺材埋进墓穴之后，乡亲们大都陆陆续续离去了，墓地那里只剩下了我们兄妹三人和五个帮忙的人。那五个帮忙的人都是自愿留下来为我们的父亲砌坟的，他们要从四周扛来石头，然后一块一块地砌到坟上去。瘌痢头就是那五个人中间的一个，我记得他那天扛来的石头最多，少说也扛了一百多块。他扛石头时把脖子长长地伸着，看上去像一头耕田的牛。

瘌痢头给我倒水时，始终不说一句话，后来我对他说谢谢，他还是不言不语，只对我浅浅地笑了一下。瘌痢头提着水瓶出去以后，我便向钱春早打听他的情况。钱春早对电视过于痴迷，我问一句他答一句，而且心不在焉，因此我问了好半天也没能问出多少内容，只算是了解了一个大概。他叫金斗，原先住在油菜坡最高的那个山包上的一间草屋里，后来草屋倒了，就搬到了村委会这地方，住在从前小学老师们煮饭用的那间土屋里，他的父母都死了，又没有女人愿意嫁给他，他长期一个人生活着，情况大致就是这样。最后我问钱春早，金斗怎么不说话？钱春早说，他是个哑巴，九岁那年打针打成哑巴的。

那天从钱春早家出来，我特意朝金斗住的那间土屋看了一眼。我看见金斗正坐在那间土屋的门槛上啃一个生红薯，他啃得津津有味，红薯在他的唇齿之间发出清脆悦耳的声音。我本打算走过去跟他说一声再见的，但弟弟二果和妹妹三花早已上车等着我了，他们都迫不及待要回城里去，我于是也就迅速上了车。车开动时，我看见金斗朝我们这边看了一下，正午的太阳很晃眼，金斗似乎有点儿看不清我们。

五

三天之后，我们兄妹又从城里去油菜坡。按老家的风俗，我们去给父亲圆坟。所谓圆坟就是当孝子的在老人安埋七天之内再去死者的坟前看看，烧几张纸，放几挂鞭，叩几个头，然后再给坟上添几筐新土。

我们那天没有惊动村里的人。父亲的坟离公路不远，我们将车停在公路边上，然后就直接抄一条小路去了父亲的墓地。鞭声响起的时候，一位放牛的老头牵着他的牛来到了我们跟前。这位老头六十多岁，名字叫范仲槐，我们喊他槐叔。槐叔看我时目光有点儿怪怪的，像是对我有什么意见。我正纳闷，槐叔把我拉到了父亲的坟后。槐叔问我，大树，听说你给尤神和钱春早一家买了一台电视机，是吗？我点头说，是的。槐叔阴沉着脸说，你既然这么大方，为什么不给金斗也买一台？我正要解释原因，槐叔继续往下说，金斗真可怜，那天晚上他去尤神家看电视，被尤神的媳娃子赶了出来，金斗也太喜欢看电视了，从尤神家出来后，他又去钱春早家看电视，结果又被钱春早赶出了门。我听了一怔问，有这样的事？槐叔愤愤地说，那天晚上我去找金斗借一样东西，正碰上金斗一个人在那间土屋里流眼泪，我问他为啥这么伤心，他双手比画了半天我才弄清楚是尤神和钱春早不让他看电视。尤神和钱春早他们也太不像话了，要不是金斗日夜照护你爹，他们能从你们兄妹这里得到那么多好处？槐叔的话让我万分震惊，我仿佛遇到了五雷轰顶，顿时傻了，两眼马上像死鱼一样翻了起来。槐叔停了一会儿说，大树呵，为人做事都要凭良心，说实话，你应该也给金斗买一台电视机的，他半年多来天天晚上陪着你爹睡，给你爹端屎端尿，洗这洗那，不容易啊！槐叔说完便牵着他的牛走了，把我一个人丢在了父亲的坟后。

那天给父亲圆完坟，我们兄妹没有直接返城。我让二果掉头把车开到了村委会的操场上。从车上下来之后，我快步走进了位于村长尤神那栋小楼旁边的那间土屋。

我进入土屋时，金斗正坐在一把断了靠背的木椅上补一件破棉袄，他笨手笨脚，看上去又可笑又可怜。金斗压根儿没想到我会到他那里去，他见到我，显得又惊喜又慌张。我这个人有点儿敏感，一跨进土屋的门槛，我便感觉到了一股特殊的气息。金斗连忙站起来给我让座，但我没有坐。

我一下子沉浸到土屋那股特殊的气息中去了，那股特殊的气息让我感到心慌，我感到我的心跳猛然失去了正常的节拍。我不由闭上了眼睛。睁开眼睛后，我开始打量起金斗的土屋来。首先映入我眼帘的是一张大床，它是由两块门板拼起来的，差不多占据了半个土屋，而且床上还放着两个枕头，分别摆在床的两端。看着这张大床和两个枕头，我心里马上咯噔地响了一下。接下来我又看见了一个板栗色的塑料盆，它紧靠一面墙放着，在塑料盆旁边，我还看见了一个木头搓板，也许是搓板用得太多的缘故吧，上面的许多齿都磨秃了。我心里又咯噔地响了一下。我感到我心里已经开始发胀。后来我又在床下发现了一个形状古怪的便壶，它与人们常用的痰盂不一样，初看上去有点儿类似水壶，有提手，有壶嘴，但它没有壶盖，而且壶嘴是敞开的，像一个仰起来的漏斗。看到这个便壶，我心里又忍不住咯噔地响了一下。我感到我的心快要爆炸了。

金斗一直跟在我的身边，我后来将头转向他，深情地将他看了许久。我心里有许多话想对他说，但一时却什么也说不出来。

那天我在金斗的土屋里待了很长时间，具体有多长我也不清楚，总之很长很长吧。弟弟二果和妹妹三花大约是等我等得着急了，便一起来到土屋找我。他们站在土屋的门槛外面对我说，哥哥，时间不早了，我们上车吧，今天还要回城里呢。我没有立刻回答他们。我先不慌不忙地坐在了那张大床上，然后对二果和三花说，我们今天恐怕不能回城了。二果和三花奇怪地问，为什么？我说，也许最应该感谢的人我们还没感谢呢。

后记 我的小说老师何锐

何锐老师有很多头衔，既是编辑家，又是评论家，还是一位文学活动家。当然，他最响亮的名头，应该说是《山花》主编。众所周知，《山花》是在他接手之后才声名鹊起的。然而，我从来没把何锐老师叫过主编，而是始终称他为老师。要说原因，至少有两个。一是，何锐老师一直把我当作学生关爱，对我有传授，有开导，有表扬，有批评，有宽容，有苛求；二是，我一直把他当作老师敬重，逢年过节总要问候他一声，碰到构思上的困惑总要找他请教一番，发表了满意的作品总要跟他汇报一下。虽然何锐老师没在学校课堂上教过我，但我从他那里学到的东西，尤其是关于小说创作的理念与技巧，却丝毫不比学校课堂上少。在内心深处，我一直认为何锐是我的小说老师。

在何锐老师出任《山花》主编之前，我已经在该刊发了三篇小说，最早的一篇题为《无灯的元宵》，发表于一九九〇年第十期，另外两篇叫《黑箱》和《平衡》，分别发表于一九九二年第四期和一九九三年第一期。在我的印象中，何锐老师是一九九四年担任主编的，此前他在《山花》负责编诗歌。甫一走马上任，何锐老师便大刀阔斧地对刊物进行改版。据说，他对稿件的质量要求特别高，所以我有好几年没给《山花》投稿。一九九七年秋天，何锐老师突然来到了武汉，并且还专门到华中师范大学找我约稿。这让我十分意外，同时也受宠若惊。因为在此之前，我和何锐老师从没联系过。那时候我还没有手机，他边走边问，费尽周折，直到傍晚才在文学院找到我。何锐老师说，他是来武汉组稿的，想找我约一篇小说。我听了激动不已，简直是心花怒放。当天晚上，我在学校宾馆招待了何锐老师，请他吃武昌鱼。刚在餐桌上坐下来，何锐老师就跟我谈到了小说。他心直口快地说，你以前在《山花》上发的那三个小说，我都看过，觉得《无灯的元宵》很不错，另外两篇都不怎么样。我愣了一下问，您能具体指点一下吗？他说，《无灯的元宵》很有个性，无论是取材还是剪裁，都有你自己的特点，特别是语言，断断续续的，吞吞吐吐的，还有很多半截子话，读起来很有味道。而另外两篇，构思和表达都有模仿的痕迹。何锐老师的这番比较对我触动很大，可以说让我大吃一惊。《无灯的元宵》写的是农村生活，故事、场景和语言都土得掉渣；《黑箱》和《平衡》写的是大学生活，结构和叙述都比较新潮。见到何锐老师之前，我一直认为后面两篇要比《无灯的元宵》好，没想到他的看法却恰恰相反。那顿晚餐吃了将近两个小时，何锐老师边吃边说，小说一定要写出自己的个性，怎么独特怎么写，千万不能跟风，一跟风就会迷失自我。我渐渐地听懂了他的意思，仿佛突然之间对小说有了新的认识。与何锐老师的那次交谈，真让我有一种听君一席话胜读十年书的感受。那天分手的时候，何锐老师认真地跟我说，再给《山花》写个小说吧，就按《无灯的元宵》那个路子写。年底，我按照何锐老师的要求写了一篇，当成作业寄给了他。不久，他便回复了我两个字：不错。这就是发表于《山花》一九九八年第三期的《失踪者》。

从那以后，我与何锐老师的联系就多了起来。他有时还主动从贵州给我打电话，询问我的创作近况，还给我推荐他新近读到的好小说，并具体告诉我好在哪里。至今，我还记得当时他提到过的许多作品，比如韩东的《艳遇》，刘庆邦的《起塘》，迟子建的《雪窗帘》，范小青的《茉莉花开满枝桠》，东西的《一个不劳动的下午》。这些作品都发表在《山花》上，何锐老师如数家珍。我随后逐一找来细读，果然篇篇精彩，不同凡响，让我爱不释手，获益匪浅。何锐老师打电话的时间都比较长，经常要打到电话发烫才结束。每次接他的电话，我都像是听了一堂让人脑洞大开的小说课。二〇〇〇年第六期，《山花》在小说栏目的头条位置发表我的中篇小说《伤心老家》。为了感谢何锐老师对我这个学生的厚爱与栽培，更为了当面聆听他的教诲，我决定专程去一趟贵阳。我那次是坐飞机去的，还买了一大堆武汉特产。出发之前，我跟何锐老师打过电话，告诉了我乘坐的航班。我这么做，压根儿没奢求何锐老师派车去机场接我，只是希望他那两天不要外出，以免我千里迢迢扑个空。然而，我在贵阳龙洞堡机场下了飞机，拉着行李箱刚到出口，就看见一位年轻人举着写有我名字的接机牌在那等我了。这太让我意外了，同时更让我感动。前来接我的年轻人是一位小车司机，他说是何锐老师派他来的，还说何锐老师正在单位等我。那天，我到达《山花》编辑部已是傍晚了，何锐老师果真还没回家。他一直在编辑部等我，还为我准备了晚餐，帮我安排了住宿。我还清楚地记得，那天的晚餐吃的是地道的贵州菜，其中最好吃的是花江狗肉。陪我一起吃饭的，除了何锐老师，还有时任副主编黄祖康先生和现任主编李寂荡先生。在饭桌上，何锐老师照例讲到了小说。他虽说偏居西南一隅，但对全国的小说态势却了如指掌，对各种小说现象都有自己的看法与见解，并且是真知灼见。他还列举了不少作家和作品，有称赞，有不满。偶尔，我也会提几个问题，想听听何锐老师的意见。比如，您觉得走红作家某某某的小说怎么样？他马上皱起眉头说，不行，连语言都没过关，像中学生作文。又比如，您喜欢某某的小说吗？他马上又眉开眼笑说，不错，地域风情写得特别好，骨子里充满诗意。很显然，关于小说，何锐老师有着自己明确而独特的审美标准。从他的好恶中，我逐步领悟到了什么样的小说才是好小说，从而进一步明确了自己的写作方向。我那次去贵阳，虽然停留时间不长，但却是满载而归。在此之后的几年里，我陆续在《山花》上发表了九篇小说，其中的《老板还乡》《娘家风俗》《为一个光棍说话》等作品，都受到了何锐老师的好评。

二〇〇四年初秋的一个中午，我突然接到了一个来自北京的电话。仔细一听，打电话的居然是何锐老师。他打的是公用电话，环境听上去十分喧闹，好像还有车水马龙的声音。电话刚一接通，何锐老师就兴奋地对我说，我来北京了，现在刚从王府井新华书店出来。逛书店时，我发现了吴义勤编选的《2003年中国短篇小说经典》，其中收了你的《娘家风俗》。听到这个消息，我顿时也兴奋起来，连忙说，太好了，我要想办法去买一本。何锐老师说，我已经给你买了一本，待会儿就去邮寄，直接从北京邮到武汉，以免我背回贵阳耽误时间。我万分感激地说，谢谢您！随即又问，多少钱？我从邮局寄给您。何锐老师说，要什么钱？是我送给你的。那一次，何锐老师只说了两分钟就挂了电话，无疑是我们通话史上最短的一次。我想，肯定是公共电话亭排队打电话的人太多，否则他是不会这么快结束通话的。何锐老师挂了电话以后，我握着话筒迟迟没有放下，感到意犹未尽，十分遗憾。当时，我不禁回想起了之前把《娘家风俗》寄给何锐老师的情景。稿子寄出去只有一个星期，何锐老师就给我回了话。他说，稿子不错，下期就发。我得到喜讯，高兴不已，正打算说几句感谢的话，何锐老师又说起来了。他说，你这篇小说的伏笔用得特别好，看上去很随意，实际上别有用心。他紧接着又说，我最近读了不少来稿，妈的，没几个像样的，读了头疼。他一说起来就滔滔不绝，我连插嘴的机会都没有，结果到头来也没把感谢他的话说出口。何锐老师从北京给我打来电话不久，过了七八天吧，我收到了来自北京的邮件。开始我以为只有一本书，打开才发现有两本，除了吴义勤先生编选的《2003年中国短篇小说经典》外，还有一本《后现代叙事理论》，作者是英国的马克·柯里，由宁一中先生翻译。这两本书对我来说，意义非凡。在那以前，我只知道吴义勤先生是位著名评论家，但和他没有任何交往，因为《2003年中国短篇小说经典》这本书，我才与他建立了联系。此后，吴义勤先生对我的写作更加关注，并多次为我写评论文章，还为我的小说集《金米》写了序。老实说，我早期的小说受传统叙事理论的影响较深，所以缺乏现代意识。读了《后现代叙事理论》这本书，我开始了对小说现代性的思考，并认真研究了后现代叙事技巧，从而使自己的小说出现了一些新的面貌。我想，这也许正是何锐老师送我这本书的良苦用心吧。

万分不幸的是，何锐老师过早地离开了我们。得知噩耗，我如遭雷击，半天说不出一句话，唯有泪水长流。当时，我多想写一篇文字悼念我这位小说老师，但在悲痛中怎么也动不了笔。衷心感谢野莽先生主编这套“锐眼撷花”丛书，让我有机会能用这种独特的方式缅怀恩师。

二〇一九年五月九日于武汉南湖之滨